Com introdução à

MECÂNICA ANALÍTICA

e exercícios resolvidos

Blucher

LUIS NOVAES FERREIRA FRANÇA
Doutor em Engenharia – Escola Politécnica – USP
Livre-Docente junto ao Depto. Eng. Mecânica – Escola Politécnica – USP
Ex-Professor Titular de "Mecânica Geral" – Escola Politécnica – USP
Ex-Professor da Escola de Engenharia Mauá – IMT
e da Faculdade de Engenharia Industrial – FEI

AMADEU ZENJIRO MATSUMURA
Mestre em Engenharia – Escola Politécnica – USP
Licenciado em Matemática – Universidade Mackenzie
Ex-Professor Pleno da Escola de Engenharia Mauá – IMT

MECÂNICA GERAL

Com introdução à
MECÂNICA ANALÍTICA
e exercícios resolvidos

3.ª edição revista e ampliada

Mecânica geral
com introdução à Mecânica analítica e exercícios resolvidos

4ª reimpressão - 2018
Editora Edgard Blücher Ltda.

Capa:
Douglas Watanabe
Conjunto 31 - Criação e Design

Blucher

Rua Pedroso Alvarenga, 1245, 4º andar
04531-934 - São Paulo - SP - Brasil
Tel.: 55 11 3078-5366
contato@blucher.com.br
www.blucher.com.br

Segundo o Novo Acordo Ortográfico, conforme 5. ed.
do *Vocabulário Ortográfico da Língua Portuguesa*,
Academia Brasileira de Letras, março de 2009.

FICHA CATALOGRÁFICA

França, Luis Novaes Ferreira
Mecânica geral / Luis Novaes Ferreira França,
Amadeu Zenjiro Matsumura. - 3. ed. - São Paulo:
Blucher, 2011.

Bibliografia
ISBN 978-85-212-0578-4

1. Mecânica - Estudo e ensino I. Matsumura,
Amadeu Zenjiro. II. Título.

11-06094 CDD-531.02462

Índice para catálogo sistemático:
1. Mecânica para engenheiros 531.02462

"Se vi mais do que Descartes, foi por estar apoiado sobre ombros de gigantes."
NEWTON
(Em carta a Hooke, provavelmente referindo-se a Galileu, Copérnico e Kepler)

"Não sei que impressão terei dado ao mundo, mas, para mim, penso não ter sido mais que uma criança que brinca na praia, divertindo-se em encontrar de vez em quando uma pedrinha mais lisa ou uma conchinha mais bela, enquanto, diante de mim, o grande oceano da verdade se estende desconhecido..."
NEWTON
(Pouco antes de morrer)

Prefácio à 3ª edição

O célebre matemático J. L. LAGRANGE publicou, em 1788, a sua "Mécanique Analytique", na qual expôs a Mecânica Clássica como um ramo da Análise Matemática.

Os problemas de Mecânica Clássica e, em particular, três séculos de pesquisa em Mecânica Celeste estimularam o desenvolvimento de grande parte da matemática que conhecemos atualmente. Não é uma coincidência o fato de ilustres nomes da Mecânica – Newton, Euler, Lagrange, Gauss, Poisson, Hamilton – terem sido todos grandes matemáticos.

Esta edição contém dois capítulos novos. No Capítulo 14, de Introdução à Mecânica Analítica, vê-se que esta disciplina permite equacionar problemas partindo apenas das expressões das Energias, Cinética e Potencial. Isto será evidenciado nesta edição com a exposição de problemas simples. O Capítulo 15 consta de exercícios suplementares.

Nestes dois últimos capítulos a representação de grandezas vetoriais está modificada; não são usadas setas encimando os vetores e sim empregando o tipo negrito.

Na presente edição foram corrigidas as respostas do exemplo 10.5 e parte da solução do exemplo 12.3

Os autores

Prefácio à 2.ª edição

Foram feitas correções sobre a 1.ª edição.

Agradecemos aos Professores da Escola Politécnica – USP, que lecionaram "Mecânica Geral" e, em particular, ao Prof. Dr. Roberto Martins de Souza, que apontaram erros existentes na 1.ª edição, notadamente em respostas de exercícios.

Os autores

Prefácio

Como ex-aluno e agora professor da Escola Politécnica, não há como deixar de reconhecer na presente obra toda a cultura e a tradição do ensino da Mecânica, em outros tempos denominada Mecânica Racional. Dentro desta tradição, o Professor Luis Novaes Ferreira França ocupa lugar de destaque, a um só tempo ímpar e ilustre. Ímpar por sua história de dedicação ininterrupta ao ensino desta disciplina ao longo de cinquenta anos. Ilustre, porque poucos chegam a ser, como o Prof. França, um verdadeiro mestre. Mais do que sabedoria, um verdadeiro mestre transmite simplicidade e humildade, tem o senso do por que estudar, do por que saber. Nas palavras de São Bernardo, conforme citado por Juan C. Egaña Arancibia, em recente defesa de tese de doutoramento em Matemática Aplicada junto à USP: "Um homem pode estudar por cinco razões. Para saber. Para mostrar que sabe. Para justificar sua ganância. Para instruir o próximo. Para instruir a si mesmo. Saber, por saber, é mera curiosidade. Saber, para mostrar que sabe, é vaidade. Saber, por dinheiro, ou honrarias, é comércio culpável. Saber, para instruir o próximo, é caridade. Saber, para instruir-se a si mesmo, é humildade. Somente os dois últimos não abusam da ciência, porque estudam para o bem".

Curiosamente, coube ao ilustríssimo Professor Amadeu Zenjiro Matsumura compartilhar a autoria da presente obra. Enfatizo curiosamente, porque, se por um lado, foi com o Professor França que, no início de 1970 iniciava meus estudos de Mecânica Geral, foi através das aulas do Professor Amadeu e suas "lousas fantásticas" que definitivamente tomei gosto por esta que é uma das mais belas disciplinas da Ciência. Quinze anos depois, ingressando como docente na Escola Politécnica, para lecionar a disciplina de Mecânica Geral, tive a oportunidade e o privilégio de conviver e aprender com o mestre e amigo França. Dez anos mais de lições de Mecânica, lições de princípios, lições de conduta, lições de vida.

Ironicamente, cabe-me agora a difícil tarefa do discípulo a comentar a obra dos mestres. Muito embora arriscando-me à superficialidade, vejo-a abrangente, concisa e objetiva. Conceitual, repleta de discussões de fundamentos, sem contudo penetrar no discutível caminho do rigor matemático excessivo, por vezes impróprio em um primeiro texto de formação. De redação fluente e precisa, notação leve e clássica, merece lugar na biblioteca do estudante das ciências mecânicas e das engenharias. Os exercícios propostos complementam de forma adequada o texto expositivo. Particularmente interessantes são as ilustrações que espelham de forma fidedigna as já mencionadas "lousas do Professor Amadeu". A bibliografia é, a um só tempo, clássica e equilibrada, norteando o aluno pela história da Mecânica e pelo caminho de grandes didatas e mecanicistas do século XX. Em suma, um texto com conteúdo, enriquecido pela simplicidade e concisão de exposição que apenas nos grandes mestres podemos encontrar.

Celso Pupo Pesce
Professor Titular
do Departamento de Engenharia Mecânica
da Escola Politécnica da USP,
na especialidade "Ciências e Tecnologia Mecânicas".

Introdução

A Mecânica Clássica, a justo título, é considerada uma construção principalmente devida a Newton. Na realidade, resultou de uma lenta elaboração que ocupou os maiores físicos e matemáticos de todos os tempos, de Arquimedes a Poincaré.

Com o aparecimento da Teoria da Relatividade e da Mecânica Quântica, a Mecânica Clássica, embora continuando uma disciplina indispensável nos cursos de Engenharia, tornou-se, num certo sentido, praticamente fechada a pesquisas novas.

Sempre é possível, entretanto, apresentar as mesmas ideias sob uma nova roupagem, que seja simples e concisa, adequada a estudantes dos vários ramos da Engenharia.

A justificativa do livro resulta assim de um esforço para apresentar a matéria, em nível de graduação, em um ano letivo; ao mesmo tempo dar uma base sólida aos estudantes que desejarem se aperfeiçoar em cursos de especialização e pós-graduação.

Pretendo, assim, dar uma contribuição didática ao ensino da Mecânica, baseada em minha experiência de 47 anos lecionando esta disciplina na Escola Politécnica da USP.

Do meu ponto de vista, o pré-requisito fundamental para uma introdução à Mecânica é simplesmente a Álgebra Vetorial e ela é amplamente utilizada neste livro.

Mesmo o Cálculo Diferencial e Integral não irá exigir, do aluno, conhecimentos especiais para leitura deste volume. As integrais múltiplas que aparecem para justificar, corretamente, cálculos de baricentros e de momentos de inércia, são, a rigor, exercícios de Cálculo; poderão ser dispensados, a critério do professor que ministrar a matéria, pois seus resultados são de conhecimento geral, graças aos formulários de uso corrente.

Aproveito para agradecer, calorosamente, ao Prof. Dr. João Augusto Breves Filho, Professor Emérito da Escola Politécnica, a quem devo, de maneira especial, minha formação em Mecânica e em Matemática.

Todos os que tiveram o privilégio de terem sido alunos do Prof. Breves lembrar-se-ão de suas aulas brilhantes, magistrais no conteúdo e expostas com didática perfeita. Entre os excelentes professores que tive na Escola Politécnica, o Prof. Breves ocupa um lugar muito especial e sempre continua, para mim, uma figura inspiradora em minha carreira de professor.

Agradeço, muito especialmente, ao Prof. Breves, a permissão para utilizar suas notas de aula, nem sempre divulgadas com o destaque que merecem.

Acredito ser este um momento adequado para agradecer a outros ilustres Professores da Universidade de São Paulo, cujo contato me beneficiou e que contribuíram, de maneira especial, para meu aperfeiçoamento no campo científico. Menciono-os, em ordem alfabética, escusando-me de eventuais omissões:

Abrahão de Moraes, Alexandre Augusto Martins Rodrigues, Giorgio Eugenio Oscare Giacaglia, José Carlos Fernandes de Oliveira, Léo Roberto Borges Vieira, Mauro de Oliveira Cesar, Paulo Boulos, Waldyr Muniz Oliva...

Luis Novaes Ferreira França

Conteúdo

Capítulo 1

INTRODUÇÃO À MECÂNICA CLÁSSICA

Os princípios da Mecânica Clássica foram propostos por Newton em 1687.[1]

Somente em épocas relativamente recentes, no século XX, verificou-se que a Mecânica Newtoniana (geralmente chamada Mecânica Clássica) não é aplicável quando a velocidade do móvel é da ordem da velocidade da luz ou quando as dimensões envolvidas são da ordem das distâncias interatômicas; nesses casos extremos é necessário recorrer à Teoria da Relatividade de Einstein e à Mecânica Quântica.

A quase totalidade dos problemas de Mecânica, em Engenharia, continua, entretanto, sendo resolvida de maneira totalmente satisfatória pela Mecânica Newtoniana; daí o interesse ininterrupto de seu estudo nos três últimos séculos.

Uma exposição crítica dos princípios, propostos por Newton, foi feita por Mach [25]. Tentaremos expor esses princípios, de uma maneira bem concisa, seguindo, por exemplo, os textos de Pérès [33], Breves Filho [8] e Cabannes [9]. Os fundamentos da Mecânica Newtoniana envolvem as noções de comprimento, tempo, massa e força (Cabannes [9]).

Comprimento:

Admite-se a Geometria Euclidiana como adequada para descrever o espaço físico e medir distâncias.

---

1 "Newton did not shew the cause of the apple falling, but he shewed a similitude between the apple and the stars."

Sir D'Arcy Wentworth Thompson

"Where the statue stood
Of Newton, with his prism and silent face,
The marble index of a mind for ever
Voyaging through strange seas of thought alone."
Wordsworth

Movimento:

Dá-se o nome de Cinemática àquela parte da Mecânica que estuda as propriedades geométricas do movimento.

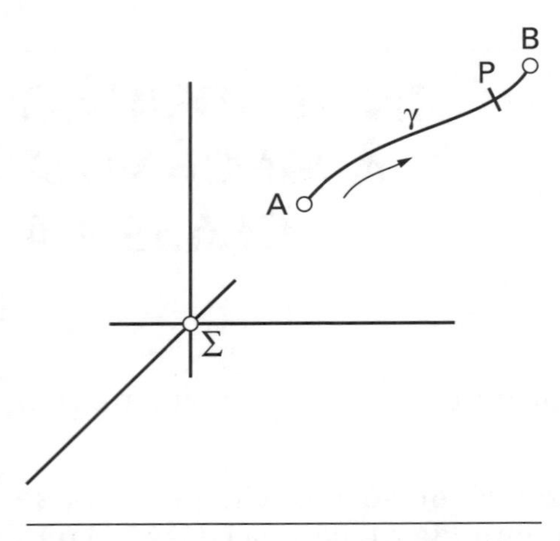

***Figura 1.1** — Movimento de P em γ*

Às noções da Geometria, a Cinemática acrescenta dois novos conceitos: o de movimento e o de simultaneidade.

Dado um sistema de coordenadas $\sum$ e um arco de curva, γ, de origem A e extremidade B, sendo P um ponto variável em γ, vamos admitir como primitivo o conceito de movimento de P em γ, relativamente a $\sum$, de A para B. P é chamado *ponto móvel*, $\sum$ *referencial*; γ, *trajetória*; A e B, *posições inicial* e *final do movimento*.

Tempo:

A partir desses conceitos pode-se, na Cinemática Clássica, dar uma definição de tempo. Chamaremos *tempo uma variável proporcional ao comprimento do arco de trajetória entre a origem e o ponto móvel, num movimento particular chamado "relógio"*. O tempo será indicado por t e suposto definido em todo campo real. As determinações de t serão chamadas instantes.

Outro conceito fundamental da Cinemática Clássica é o de *simultaneidade*, isto é, o de posições simultâneas de vários pontos em movimento. Esta noção é que permite estabelecer correspondência entre movimentos.

Sendo P um ponto móvel qualquer e R(t) o ponto móvel no relógio, cuja posição é simultânea à de P, a função P = P(t) é chamada *lei do movimento* de P. Vamos admitir que o ponto R do relógio volte repetidamente à mesma posição inicial, percorrendo cada vez o mesmo comprimento de arco e, portanto, em intervalos de tempo iguais; isto permitirá definir a unidade de tempo. Para o estudo da Cinemática, qualquer movimento que apresente essa "periodicidade" poderá ser usado como relógio. Veremos que o mesmo não acontece no estudo da Dinâmica.

Para a medida do tempo, na Mecânica Clássica, adotou-se, inicialmente, como "relógio", o movimento de rotação da Terra em relação às estrelas. Foram feitas comparações com os "tempos" fornecidos por outros relógios astronômicos, a saber, movimento orbital da Terra e de outros planetas em torno do Sol. A comparação mostrou pequenas discrepâncias que foram atribuídas a diversos fatores, principalmente ao atrito, no fundo dos mares, causado pelas marés; tal atrito tem um efeito retardador sobre a rotação terrestre. Por esse motivo, a partir de 1967, foi decidido abandonar, no contexto das definições científicas precisas, o movimento de rotação da Terra como relógio. A unidade de tempo passou a ser definida, a partir de 1967, com base no período de radiação do césio 133, que é empregado no relógio atômico.

É interessante notar que, mesmo desejando permanecer no campo da Mecânica Clássica, acabou-se adotando um padrão de tempo que exige a consideração de um fenômeno alheio à Mecânica tradicional; aliás, também para a unidade de comprimento foi adotado, universalmente, um padrão alheio ao campo da Mecânica Clássica, baseado no comprimento de onda do criptônio 86.

Massa:

Admite-se como um axioma que, a cada sistema material (corpo material ou sistema de corpos materiais), é possível fazer corresponder um número positivo chamado a sua *massa*, e tal que a *massa de um sistema material* seja a soma das massas de suas partes.

Forças e vetores aplicados:

A observação e a experiência mostram que o equilíbrio (ou o movimento) de um corpo se modifica por efeito da interação do corpo com outros corpos. Chamamos *força* a grandeza física que mede a ação mecânica, quer se trate de ação de contato, ou de ação à distância, devida à gravitação universal.

Verifica-se que as forças podem ser representadas de maneira conveniente, por meio de vetores aplicados. Chama-se *vetor $\vec{v}$ aplicado em A*, e se indica por $(\vec{v}, A)$, o par constituído pelo vetor $\vec{v}$ e pelo ponto A. O ponto A diz-se *ponto de aplicação* do vetor aplicado $(\vec{v}, A)$. Admite-se assim que as forças são caracterizadas por um número real (*intensidade* ou *módulo* da força), uma direção, um sentido e um ponto de aplicação. O módulo da força será medido em unidades de força.

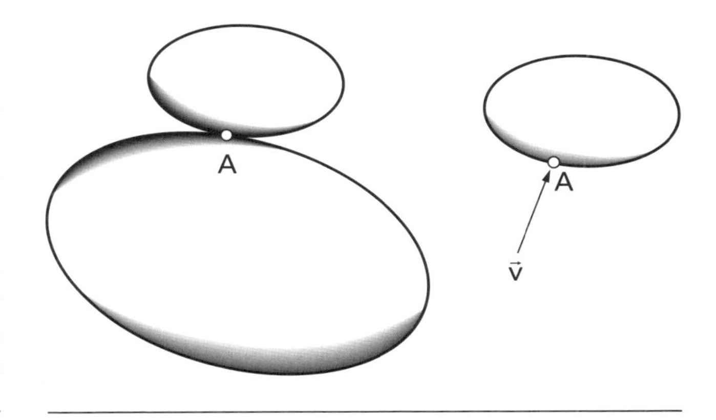

Figura 1.2 — *Força de contato*

Este primeiro modelo, que representa as ações mecânicas por meio de vetores aplicados, não é o único usado na Mecânica Clássica tradicional.

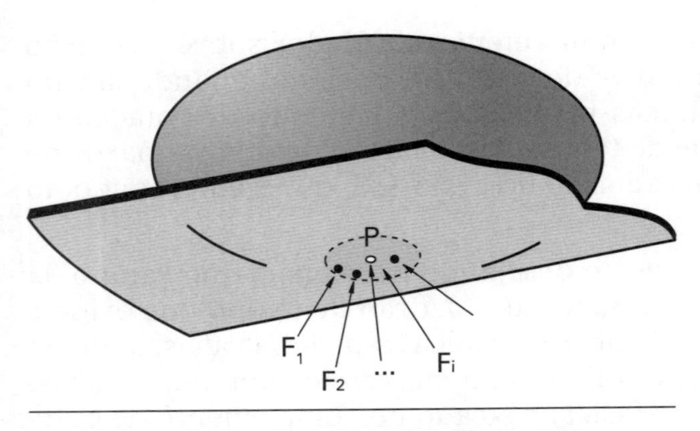

Figura 1.3 — *Forças na área de contato*

De fato, na prática o ponto de aplicação de uma força não é conhecido de maneira totalmente precisa. No caso de corpos materiais em contato, existe sempre uma certa área de contato, onde se desenvolvem as ações mútuas entre os corpos. Essas ações ou forças, distribuídas sobre uma superfície, poderão eventualmente ser substituídas por uma força única, aplicada num ponto conveniente da área de contato.

Um outro exemplo no qual se consideram forças distribuídas é o caso das forças devidas ao "peso", o qual será considerado em detalhe no Capítulo 9 — "Dinâmica do Ponto Material". Nesse caso admite-se que as forças se distribuem, de maneira contínua, por toda a extensão do corpo material considerado; como veremos, essas forças, para muitos efeitos, poderão ser substituídas por uma força única, aplicada no "baricentro" do corpo.

Capítulo 2

FORÇAS E VETORES APLICADOS

2.1 — Sistemas de forças

Um conjunto de forças é chamado um *sistema de forças*. Considerando um sistema de forças $(\vec{F}_i, P_i)$, $i = 1, \ldots, n$, chama-se *resultante* do sistema ao vetor

$$\vec{R} = \sum_{i=1}^{n} \vec{F}_i$$

Escolhido um sistema ortogonal de coordenadas $(O, \vec{i}, \vec{j}, \vec{k})$, sendo (X_i, Y_i, Z_i) as componentes de $\vec{F}_i$, obtém-se para componentes de $\vec{R}$ os escalares X, Y, Z, tais que

$$X = \sum X_i, \quad Y = \sum Y_i, \quad Z = \sum Z_i$$

Linha de ação da força $(\vec{F}, P)$ é a reta

$$X = P + \lambda\vec{F}, \quad (\lambda \text{ parâmetro real})$$

é portanto a reta que contém o vetor aplicado $(\vec{F}, P)$.

2.2 — Momentos de um sistema de forças

2.2.1 — Momento em relação a um ponto

Momento da força $(\vec{F}, P)$ *em relação ao ponto* O é o vetor definido por $\vec{M}_O = (P - O) \wedge \vec{F}$.

Conclui-se, usando as notações da Fig. 2.1, que o módulo do vetor $\vec{M}_O$ será

$$\left|\vec{M}_O\right| = |P - O| \cdot \left|\vec{F}\right| \operatorname{sen}\varphi = \left|\vec{F}\right| \cdot d$$

O ponto O, em relação ao qual é considerado o momento, é chamado *polo*. A distância d chama-se *braço* do momento; é portanto a distância do

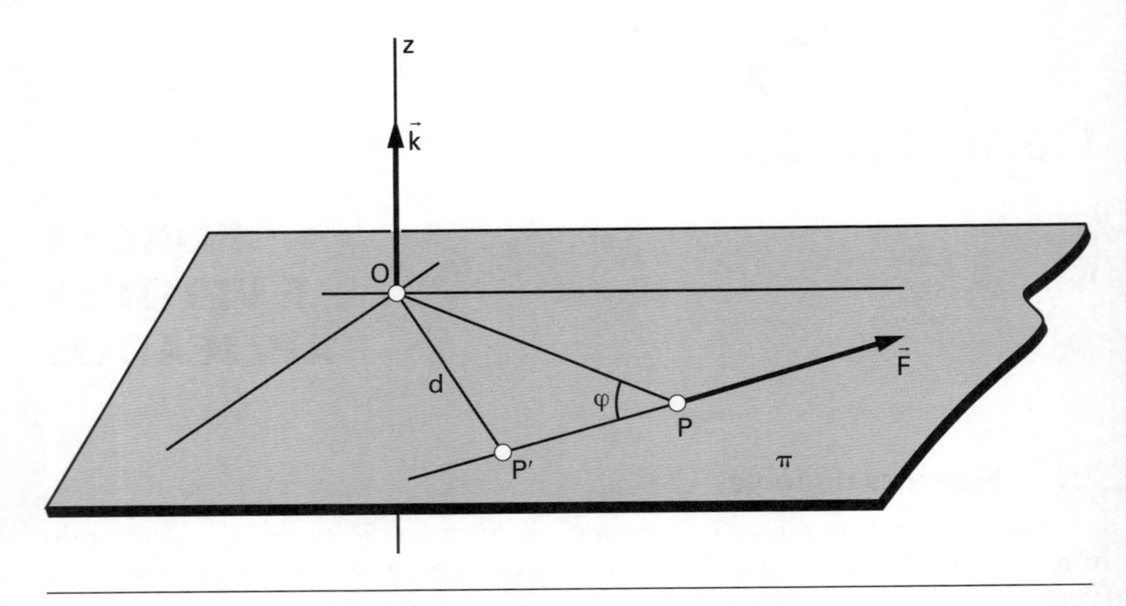

Figura 2.1 — *Momento em relação a um ponto*

polo à linha de ação da força. Evidentemente o valor do braço é dado por $d = |\vec{M}_O|/|\vec{F}|$.

O momento $\vec{M}_O$ não se altera aplicando a força em qualquer ponto da sua linha de ação; de fato, sendo P e P′ dois pontos da linha de ação,

$$(P' - O) \wedge \vec{F} = [(P - P') + (P' - O)] \wedge \vec{F} = (P - O) \wedge \vec{F} = \vec{M}_O$$

Por definição, momento do sistema de forças $(\vec{F}_i, P_i)$, em relação ao ponto O, é o vetor

$$\vec{M}_O = \sum_i (P_i - O) \wedge \vec{F}_i$$

Forças concorrentes são forças que têm linhas de ação concorrentes em um mesmo ponto.

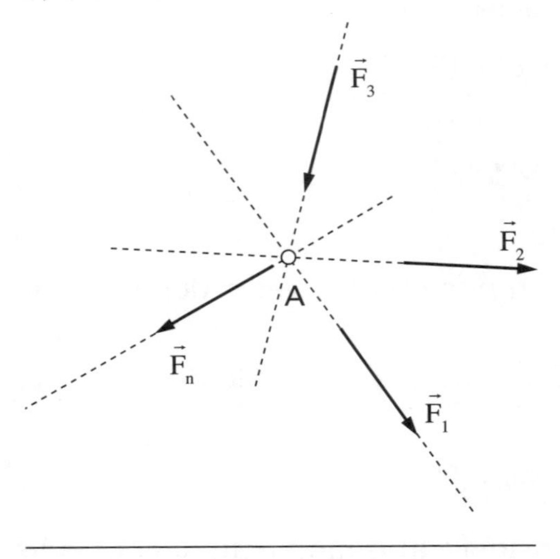

Figura 2.2 — *Forças concorrentes*

Teorema de Varignon:

O momento de um sistema de forças concorrentes, em relação a um polo O qualquer, é igual ao momento, em relação a O, da resultante do sistema, suposta aplicada no ponto de concurso das forças.

De fato, sejam as forças $(\vec{F}_i, A)$:

$$\vec{M}_O = \sum_i (A - O) \wedge \vec{F}_i = (A - O) \wedge \sum_i \vec{F}_i = (A - O) \wedge \vec{R}$$

2.2.2 — Fórmula de mudança de polo

O momento de um sistema $(\vec{F}_i, P_i)$ em geral varia com o polo. Sendo O e O′ dois polos, tem-se:

$$\vec{M}_O = \sum (P_i - O) \wedge \vec{F}_i, \quad \vec{M}_{O'} = \sum (P_i - O') \wedge \vec{F}_i$$

Subtraindo, membro a membro, as expressões acima

$$\vec{M}_{O'} - \vec{M}_O = \sum \; (P_i - O') \wedge \vec{F}_i - (P_i - O) \wedge \vec{F}_i \; =$$

$$\sum \; (P_i - O') - (P_i - O) \; \wedge \vec{F}_i = \sum (O - O') \wedge \vec{F}_i = (O - O') \wedge \sum \vec{F}_i$$

Conclui-se a relação:

$$\vec{M}_O = \vec{M}_O + (O - O') \wedge \vec{R}$$

chamada fórmula de mudança de polo.

Dessa fórmula conclui-se:

1) Se $\vec{R} = \vec{0}$, o momento do sistema independe do polo escolhido.
2) Se for $\vec{R} \neq \vec{0}$, será $\vec{M}_{O'} = \vec{M}_O$ se e somente se (O – O′) for paralelo a $\vec{R}$.
3) Se $\vec{M}_O = \vec{M}_{O'}$ qualquer que seja O′, resulta $(O - O') \wedge \vec{R} = \vec{0}$, para qualquer O′, o que implica $\vec{R} = \vec{0}$.
4) $\vec{M}_O \cdot \vec{R} = \vec{M}_{O'} \cdot \vec{R}$, isto é, a projeção do momento do sistema sobre a direção da resultante é invariante para mudanças de polo. O escalar $I = \vec{M}_O . \vec{R}$ é chamado *invariante escalar* do sistema.

2.2.3 — Momento em relação a um eixo

Considera-se um eixo passando por um ponto O e orientado por um versor $\vec{u}$. Define-se como *momento do sistema de forças* $(\vec{F}_i, P_i)$, *em relação ao eixo* $O\vec{u}$ *o escalar*

$$M_u = \vec{M}_O \cdot \vec{u}$$

O momento em relação a um eixo também será designado como *torque* no eixo.

Sendo O′ outro ponto do eixo, teremos, analogamente:

$$M_{u'} = \vec{M}_{O'} \cdot \vec{u} = [\vec{M}_O + (O - O') \wedge \vec{R}] \cdot \vec{u} = \vec{M}_O \cdot \vec{u} + (O - O') \wedge \vec{R} \cdot \vec{u}$$

O produto misto é nulo por conter os vetores paralelos $(O - O')$ e $\vec{u}$. Portanto $M_{u'} = \vec{M}_O \cdot \vec{u} = M_u$.

Esta invariança, em relação a pontos do eixo, justifica o nome de momento de uma força em relação a um eixo.

O momento de um sistema de forças, em relação a um eixo, é a soma dos momentos, em relação ao eixo, de todas as forças do sistema:

$$M_u = \left[\sum_i (P_i - O) \wedge \vec{F}_i\right] \cdot \vec{u} = \sum (P_i - O) \wedge \vec{F}_i \cdot \vec{u} = \sum_i M_{u_i}$$

Componentes do vetor $\vec{M}_O$:

Consideremos, inicialmente, o caso de ser o sistema constituído apenas pela força $(\vec{F}, P)$. Seja $\vec{M}_O$ seu momento em relação a O. Adotando o sistema ortogonal de coordenadas, $(O, \vec{i}, \vec{j}, \vec{k})$, com origem em O, sejam M_1, M_2 e M_3 as componentes de $\vec{M}_O$ ($\vec{M}_O = M_1\vec{i} + M_2\vec{j} + M_3\vec{k}$).

Observemos que $M_1 = \vec{M}_O \cdot \vec{i}$. Então $M_1 = M_x$ e, analogamente, $M_2 = M_y$ e $M_3 = M_z$; isto é: as componentes de $\vec{M}_O$, na base $(\vec{i}, \vec{j}, \vec{k})$, coincidem com os momentos do sistema em relação aos eixos $(O\vec{i}, O\vec{j}, \text{ e } O\vec{k})$.

Escrevendo

$$\vec{F} = X\vec{i} = Y\vec{j} + Z\vec{k}, \quad P - O = x\vec{i} = y\vec{j} + z\vec{k},$$

obtém-se, de $\vec{M}_O = (P - O) \wedge \vec{F}$,

$$\vec{M}_O = (yZ - zY)\vec{i} + (zX - xZ)\vec{j} + (xY - yX)\vec{k}$$

Portanto

$$M_x = yZ - zY, \quad M_y = zX - xZ, \quad M_z = xY - yX$$

No caso de um sistema $(\vec{F}_i, P_i)$ constituído por n forças, tem-se

$$M_x = \sum_i (y_i Z_i - z_i Y_i), \quad M_y = \sum_i (z_i X_i - x_i Z_i), \quad M_z = \sum_i (x_i Y_i - y_i X_i)$$

Observações:

1) *Se uma força for paralela a um eixo, seu momento em relação a esse eixo será nulo.*

De fato, se for $\vec{F}$ paralela $\vec{u}$, $(\vec{F} = h\vec{u})$, obtém-se $M_u = (P - O) \wedge \vec{F} \cdot \vec{u} = O$, por comparecerem dois vetores paralelos no produto misto.

2) Calculemos agora o valor absoluto do momento M_z, de uma força $(\vec{f}, P)$ ortogonal a Oz:

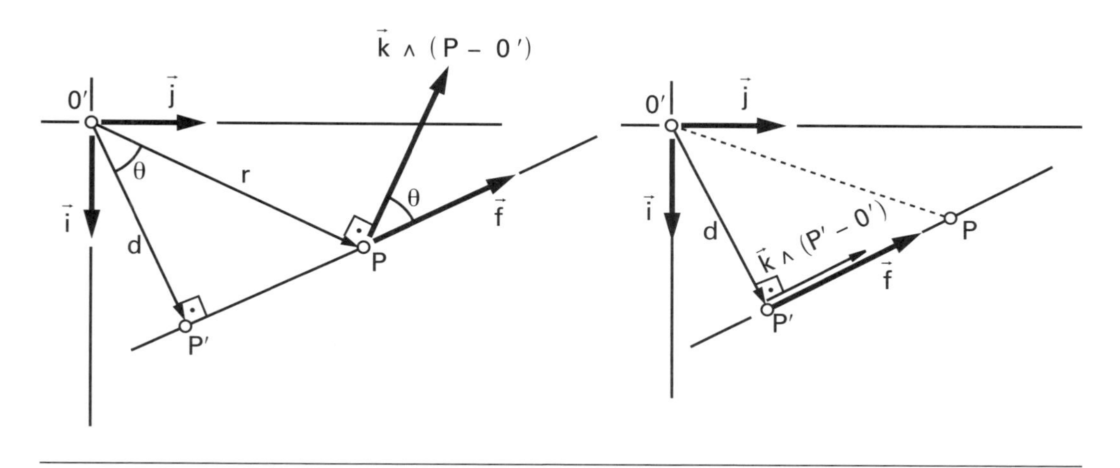

***Figura 2.3** — Momento de uma força ortogonal a um eixo*

Seja O' a interseção de Oz com o plano π, ortogonal a Oz, passando pela linha de ação de $(\vec{f}, P)$.

$$M_z = (P - O') \wedge \vec{f} \cdot \vec{k} = \vec{k} \wedge (P - O') \cdot \vec{f}$$

(pela propriedade da permutação circular, no produto misto)

$$|M_z| = |\vec{k} \wedge (P - O')| \cdot |\vec{f}| \cdot |\cos\theta| = r|\vec{f}||\cos\theta| = |\vec{f}|d$$

(pois $|\vec{k} \wedge (P - O')| = |P - O'|\text{sen}90° = |P - O'| = r$)

Portanto o valor absoluto do momento de uma força ortogonal a um eixo é o produto do módulo da força, pela distância, ao eixo, da linha de ação da força.

3) *Se a linha de ação de qualquer força encontrar um eixo (ortogonal a ela ou não), o momento em relação a ele será nulo.*

Portanto, *só fornecem momentos diferentes de zero, em relação a um eixo, forças componentes ortogonais ao eixo e reversas com ele.*

Para saber o sinal do momento M_z, da força $(\vec{f}, P)$ observemos que $M_z = (P' - O') \wedge \vec{f} \cdot \vec{k}$, sendo $(P' - O')$ normal a $\vec{f}$, pois P' pertence à linha de ação de $(\vec{f}, P)$.

Por outro lado $(P' - O') \wedge \vec{f}$ (que é paralelo a $\vec{k}$) terá o sentido de $\vec{k}$ se o terno ortogonal de vetores $[(P' - O'), \vec{f}, \vec{k}]$ tiver orientação positiva e, nesse caso, M_z será positivo. Se $[(P' - O'), \vec{f}, \vec{k}]$ tiver orientação negativa, M_z será negativo. Conclui-se que:

4) O sinal do momento, em relação a um eixo, de uma força ortogonal a ele é dado pela regra seguinte (do *saca-rolha*):

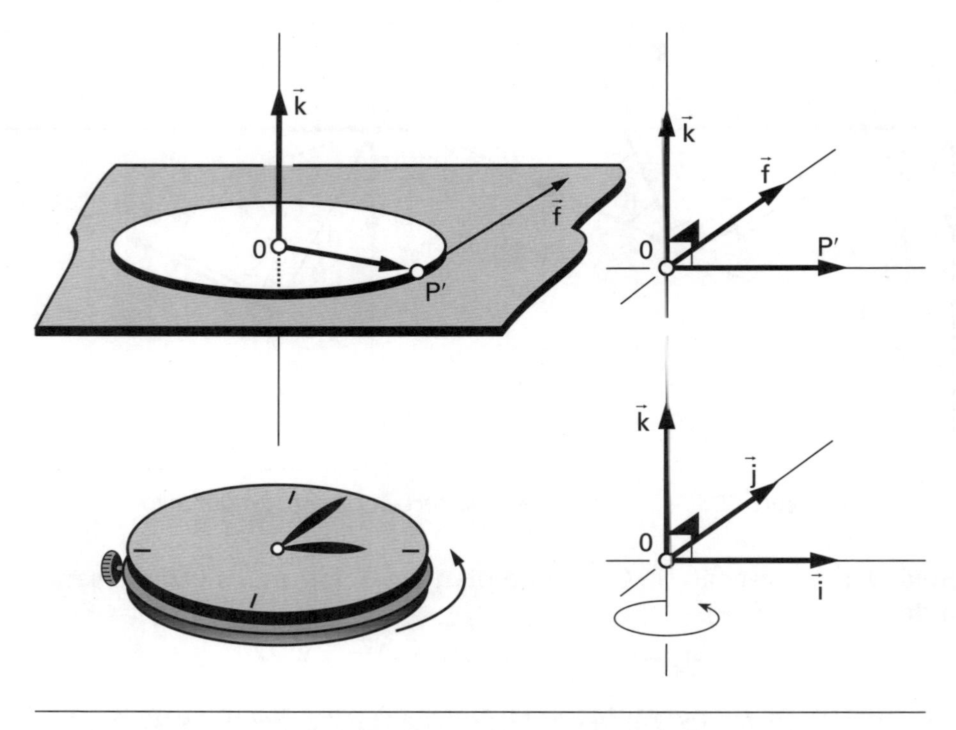

Figura 2.4 — Sinal do momento em relação a eixo

O momento da força será positivo se a força tender a produzir uma rotação no sentido anti-horário, para um observador situado acima do plano π. O momento será negativo se a tendência à rotação for no sentido horário, para um observador situado acima do plano.

A 4ª observação permite interpretar, com facilidade, as expressões cartesianas, já obtidas, do momento em relação aos eixos coordenados; por exemplo: $M_z = Yx - Xy$.

2.2.4 — Binário

Forças opostas são duas forças cujos vetores são vetores opostos: ($\vec{F}$ e $-\vec{F}$). *Forças diretamente opostas são forças opostas que têm mesma linha de ação.*

Binário é um sistema constituído por duas forças opostas, por exemplo as forças $(\vec{F}, P)$ e $(-\vec{F}, Q)$. O momento de um binário independe do polo, pois, nesse caso, $\vec{R} = \vec{F} - \vec{F} = \vec{0}$. Tem-se, para o vetor momento

$$\vec{M} = (P - O) \wedge \vec{F} + (Q - O) \wedge (-\vec{F}) = (P - Q) \wedge \vec{F}$$

Sendo o resultado de um produto vetorial, o vetor $\vec{M}$ é ortogonal ao plano definido pelas linhas de ação das forças do binário. O módulo de $\vec{M}$ é

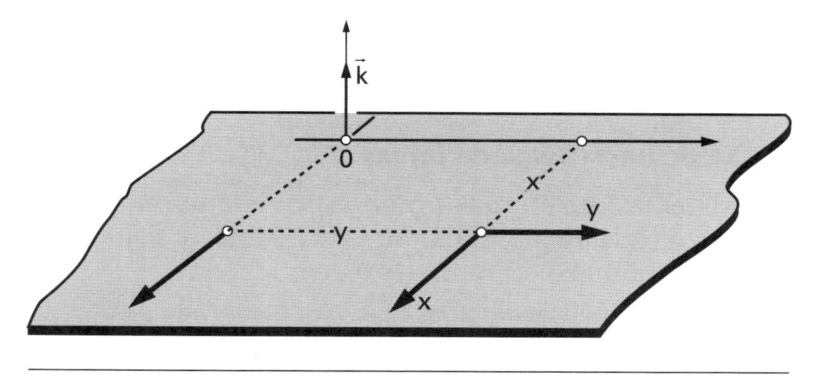

Figura 2.5 — Momento em relação ao eixo Oz

$$|\vec{M}| = |P - Q| \cdot |\vec{F}| \operatorname{sen}\varphi, \qquad |\vec{M}| = |\vec{F}| \cdot d$$

onde d é a distância das linhas de ação das forças do binário, chamada braço do binário.

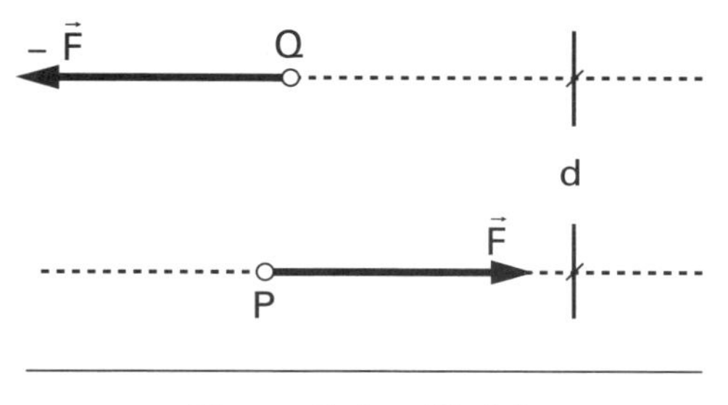

Figura 2.6 — Binário

■ **EXEMPLO 2.1** ■

Um binário tem um vetor $\vec{v} = 2\vec{i} + \vec{j} + \vec{k}$ aplicado no ponto A (1,0,1); achar o ponto de aplicação B do outro vetor, sabendo que esse ponto deve estar no plano Oxy e que o momento do binário é $\vec{M} = -2\vec{i} + 3\vec{j} + \vec{k}$; calcular o braço do binário.

☐ **Resposta:**

B = (2, 1, 0); $d = (\sqrt{21})/3$.

2.3 — Sistemas equivalentes e redução de um sistema de forças

Dois sistemas, S e S′, de forças, dizem-se equivalentes se tiverem mesma resultante e mesmo momento em relação a um ponto. Da fórmula de mudança de polo conclui-se que dois sistemas equivalentes terão momentos iguais em relação a qualquer ponto.

A importância da noção de sistemas equivalentes será totalmente avaliada na Dinâmica. Verifica-se, por exemplo, que, nas mesmas *condições iniciais* o movimento de um corpo rígido será o mesmo desde que, a ele, sejam aplicados sistemas equivalentes de forças.

2.3.1 — Redução de um sistema de forças

Reduzir um sistema S de forças é obter outro sistema, equivalente a S. Em geral deseja-se fazer a redução máxima, isto é, obter o sistema que, sendo equivalente, tenha o número mínimo de forças.

Observemos, de início, que o acréscimo de um binário conveniente permite *transportar* uma força de um ponto de aplicação a outro. O momento do binário denomina-se *momento de transporte*. De fato, seja transportar uma força $(\vec{F}, A)$ para o ponto de aplicação B. Para isto aplicam-se em B as forças diretamente opostas $(\vec{F}, B)$, $(-\vec{F}, B)$. Obtém-se o sistema, equivalente à força inicial, constituído pela força $(\vec{F}, B)$ e pelo binário $(\vec{F}, A)$, $(-\vec{F}, B)$.

Da definição de sistemas equivalentes resulta que qualquer sistema S de forças é equivalente à sua resultante, aplicada num ponto O, arbitrário, e mais um binário cujo momento é o momento de S em relação a O. O polo O chama-se polo de redução do sistema de forças.

Casos possíveis de redução de sistemas de forças:

1) $\vec{R} = \vec{0}$; $\vec{M}_O = \vec{0}$.

   O sistema é *equivalente a zero*, isto é, equivalente ao sistema cujas forças são todas nulas.

2) $\vec{R} = \vec{0}$; $\vec{M}_O \neq \vec{0}$.

   O sistema é equivalente a um binário de momento $\vec{M}_O$.

3) $\vec{R} \neq \vec{0}$; $I = 0$.

   Verifiquemos que este sistema, S, é equivalente a uma única força, desde que aplicada em ponto conveniente.

Observemos que se tem, neste caso, $I = \vec{M}_{O'} \cdot \vec{R} = 0$, sendo O′ um ponto qualquer (consequência da fórmula de mudança de polo).

Sabe-se que S é equivalente a um sistema constituído pela força $(\vec{R}, O)$ e mais um binário de momento $\vec{M}_O$. Vamos escolher, convenientemente, as forças do binário. Consideremos o plano π, passando por O e normal a $\vec{M}_O$; a força $(\vec{R}, O)$, sendo normal a $\vec{M}_O$, estará contida nesse plano.

Se considerarmos, como uma das forças do binário, a força $(-\vec{R}, O)$, a outra força do binário, $(\vec{R}, E)$, estará contida no plano π. A distância das retas

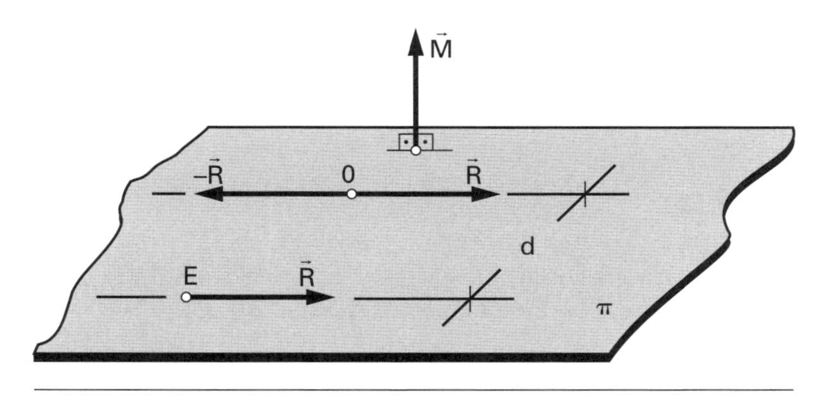

Figura 2.7 — Caso de redução $\vec{R} \neq \vec{0}$; I = 0

(O, $\vec{R}$) e (E, $\vec{R}$) será $d = |\vec{M}_O|/|\vec{R}|$. O sentido de $\vec{M}_O$ determina, de maneira unívoca, a reta (E, $\vec{R}$).

Portanto o sistema S é equivalente à única força ($\vec{R}$, E). Note-se que o ponto E, no qual deve ser aplicada esta força única, pode ser qualquer da reta (E, $\vec{R}$).

Observações:

(I) O momento do sistema em relação a qualquer ponto fora da reta (E, $\vec{R}$) não é nulo (por causa do momento de transporte). Daí se conclui que a reta encontrada é única (isto é, não depende de O).

(II) São exemplos deste 3º caso ($\vec{R} \neq \vec{0}$, I = 0):

a) *Forças concorrentes* num ponto O, com $\vec{R} \neq \vec{0}$ (a reta passa por O).

b) *Forças coplanares* (isto é, com linhas de ação num mesmo plano), com $\vec{R} \neq \vec{0}$; basta tomar O no plano das forças para verificar a condição $I = \vec{M}_O \cdot \vec{R} = 0$.

c) *Forças paralelas*, com $\vec{R} \neq \vec{0}$. De fato, suponhamos todas as forças paralelas a um vetor $\vec{u}$, podendo-se escrever: $\vec{F}_i = h_i\,\vec{u}$. Obtém-se:

$$\vec{M}_O = \sum_i (P_i - O) \wedge \vec{F}_i = \sum_i (P_i - O) \wedge h_i\vec{u} = \left[\sum_i h_i(P_i - O)\right] \wedge \vec{u}$$

e, sendo $\vec{R} = \left(\sum_i h_i\right)\vec{u}$, resulta $\vec{M}_O \cdot R = 0$. (Veremos que este caso é realizado, por exemplo, pelo sistema das *forças-peso*, de um sistema material.)

4) $\vec{R} \neq \vec{0}$; $I \neq 0$.

Este é o caso mais geral. O sistema é equivalente a $(\vec{R}, O)$ e mais um binário de momento $\vec{M}_O$.

■ EXEMPLO 2.2 ■

Dado o sistema
$$\vec{v}_1 = a\vec{i} + \vec{j} + 2\vec{k}, \qquad A_1 = (1, 0, 1)$$
$$\vec{v}_2 = \vec{i} + b\vec{j} - \vec{k}, \qquad A_2 = (0, 1, 2)$$
$$\vec{v}_3 = \vec{i} - 2\vec{j} + c\vec{k}, \qquad A_3 = (-1, 0, 2)$$

determinar as constantes a, b, c para que o sistema seja equivalente a um binário. Qual o momento desse binário?

□ Resposta:

$a = -2, \quad b = 1, \quad c = -1; \quad \vec{M} = -\vec{j} + 2\vec{k}$.

■ EXEMPLO 2.3 ■

Deseja-se formar um binário de momento $\vec{M} = 6\vec{i} - \vec{j} - 4\vec{k}$ com vetores aplicados em A (0, 1, –1) e B (1, –1, 1). Achar os vetores $\vec{v}_A$ e $\vec{v}_B$ sabendo que a terceira componente de $\vec{v}_A$ é 1; calcular o braço do binário.

□ Resposta:

$\vec{v}_A = \vec{i} + 2\vec{j} + \vec{k}$; $d = (\sqrt{318})/6$.

■ EXEMPLO 2.4 ■

O momento de um binário é $\vec{M} = -\vec{i} - 3\vec{j} - 5\vec{k}$ e seus vetores estão aplicados nos pontos A (0, 1, –1) e B (1, –1, 0). Achar esses vetores sabendo que o módulo de um deles é $(\sqrt{6})$.

□ Resposta:

$\vec{v}_A = 2\vec{i} + \vec{j} - \vec{k}$ ou $\vec{v}_A = (7\vec{i} + \vec{j} - 2\vec{k})/3$.

■ EXEMPLO 2.5 ■

Os momentos de um sistema de vetores aplicados são:

$\vec{M}_A = \vec{i} + 2\vec{k}$ no polo A (1, 2, 0)

$\vec{M}_B = \vec{i} - 3\vec{j} - 4\vec{k}$ no polo B (2, 0, 1);

achar sua resultante sabendo que ela é da forma $\vec{R} = \vec{i} + R_y\vec{j} + R_z\vec{k}$.

□ Resposta:

$R_y = 4, \quad R_z = -2$.

■ EXEMPLO 2.6 ■

No tetraedro OABC, indicado, age o sistema das 4 forças:

$(\vec{P}, A)$, $\vec{P} = \lambda(A - O)$; $(\vec{Q}, B)$, $\vec{Q} = \mu(B - A)$; $(\vec{R}, C)$, $\vec{R} = \nu(C - B)$; $(\vec{S}, O)$, $\vec{S} = \rho(O - C)$

Determinar:

1) A resultante $\vec{F}$ e o momento $\vec{M}_O$ do sistema.

2) A relação entre λ, μ, ν e ρ para que o sistema seja equivalente a
   a) Um binário;
   b) Uma única força.

□ Resposta:

1) $A - O = a\vec{i}$; $B - O = a\vec{j}$; $C - O = a\vec{k}$
   $B - A = a\vec{j} - a\vec{i}$; $C - B = a\vec{k} - a\vec{j}$
   $\vec{F} = \vec{P} + \vec{Q} + \vec{R} + \vec{S} = a\,[(\lambda - \mu)\vec{i} + (\mu - \nu)\vec{j} + (\nu - \rho)\vec{k}]$
   $\vec{M}_O = (B - O)\wedge \vec{Q} + (C - O)\wedge \vec{R} = a^2\,(\nu\vec{i} + \mu\vec{k})$

2) a) $\vec{F} = \vec{0}$ e $\vec{M}_O \neq \vec{0}$
   $\lambda = \mu = \nu = \rho \neq 0$

   b) $\vec{F} \neq \vec{0}$ e $I = \vec{F} \cdot \vec{M}_O = 0$
   $\lambda \neq \mu$, ou $\mu \neq \nu$, ou $\nu \neq \rho$, e $I = \lambda\nu - \rho\mu = 0$.

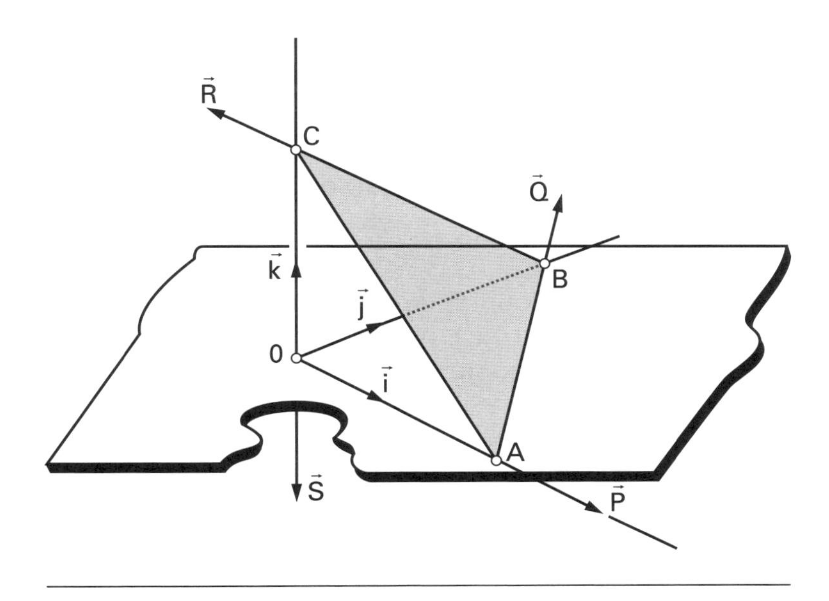

Exemplo 2.6

2.3.2 — Eixo central

Antes de introduzir o conceito de *eixo central*, vamos resolver uma equação vetorial, que será usada a seguir.

Uma forma de equação vetorial da reta:

Seja a equação vetorial

$$\vec{x} \wedge \vec{a} = \vec{b}$$

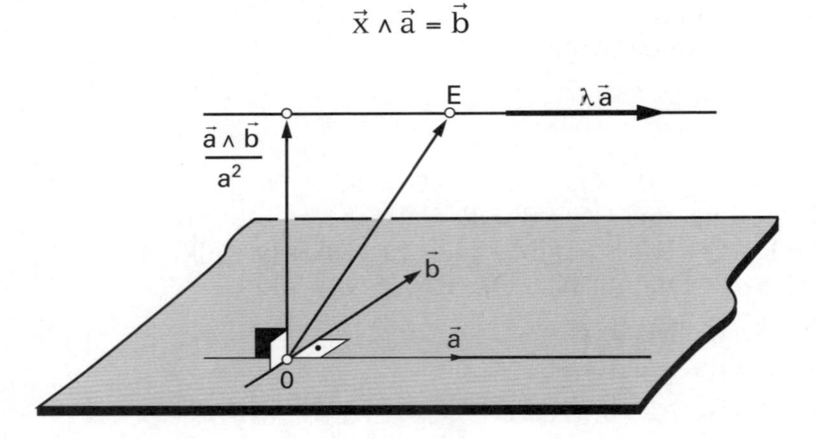

Figura 2.8 – Equação da reta

no vetor incógnita $\vec{x} = \overrightarrow{(E - O)}$. Como $\vec{a}$ e $\vec{b}$ devem ser ortogonais, a existência de solução exige $\vec{a} \cdot \vec{b} = 0$. Suponhamos, sempre, $\vec{a} \neq \vec{0}$. Procuremos uma solução particular da forma $\vec{x} = p\vec{a} \wedge \vec{b}$, sendo p um escalar não negativo a ser determinado. Substituindo na equação obtém-se

$$(p\vec{a} \wedge \vec{b}) \wedge \vec{a} = \vec{b}$$

Sendo $\vec{a}$ e $\vec{b}$ ortogonais, a igualdade dos módulos dos dois membros exige $p|\vec{a}|\cdot|\vec{b}||\vec{a}| = |\vec{b}|$, decorrendo $p = 1/(a^2)$. Acrescentando a $\vec{x}_0$ um vetor arbitrário, paralelo a $\vec{a}$, obtém-se a solução geral procurada

$$\vec{x} = \frac{\vec{a} \wedge \vec{b}}{a^2} + \lambda\vec{a}$$

sendo λ um parâmetro real. Esta equação (sempre para $\vec{a} \neq \vec{0}$) representa uma reta paralela a $\vec{a}$.

Eixo central:

Seja S um sistema de forças com resultante diferente de zero; o lugar geométrico dos pontos E para os quais o momento do sistema é paralelo a $\vec{R}$, $(\vec{M}_E = h\vec{R})$, é uma reta, paralela a $\vec{R}$. Tal reta é chamada *eixo central* do sistema S e é única.

De fato, na fórmula de mudança de polo

$$\vec{M}_E = \vec{M}_O + (O - E) \wedge \vec{R}$$

impondo $\vec{M}_E = h\vec{R}$, obtém-se

$$(O - E) \wedge \vec{R} = \vec{M}_O - h\vec{R} \quad (2.1)$$

Entretanto, da condição de existência de solução para a equação obtida acima, decorre $\vec{R} \cdot (\vec{M}_O - h\vec{R}) = 0$, resultando

$$h = \left(\vec{R} \cdot \vec{M}_O\right)/R^2 = I/R^2$$

onde I é o invariante escalar do sistema, definido em 2.2.2, após a dedução da fórmula de mudança de polo.

Substituindo este valor de h, em (2.1), obtém-se

$$(E - O) \wedge \vec{R} = \vec{M}_O - \left(I/R^2\right)\vec{R}$$

Esta equação, que representa uma reta paralela a $\vec{R}$, admite a solução, escrita na forma paramétrica

$$E = O + \left(\vec{R} \wedge \vec{M}_O/R^2\right) + \lambda\vec{R}$$

Por outro lado, pela fórmula de mudança de polo, verifica-se que o momento do sistema em pontos P, situados fora da reta (E, $\vec{R}$) encontrada, é

$$\vec{M}_P = h\vec{R} + (E - P) \wedge \vec{R} \quad (2.2)$$

A expressão (2.2) mostra que $\vec{M}_P$ não é paralelo a $\vec{R}$ porque é a soma de um vetor paralelo com outro ortogonal a $\vec{R}$; portanto a reta encontrada é a única a possuir a propriedade considerada. Esta reta é chamada *eixo central* do sistema de forças.

(2.1) também mostra que o momento do sistema é mínimo, em módulo, nos pontos da reta (E, $\vec{R}$). De fato, fora desta reta, o momento tem uma componente, normal à componente (sempre presente), $h\vec{R}$. A componente normal só pode aumentar, em módulo, o momento $\vec{M}_P$.

A reta (E, $\vec{R}$), considerada no caso 3, da redução de sistemas de forças ($\vec{R} \neq \vec{0}$; I = 0) era, naquele caso, o eixo central do sistema, pois $\vec{M}_E = \vec{0}$ e $\vec{R} \neq \vec{0}$.

■ EXEMPLO 2.7 ■

O momento de um sistema em relação ao polo A = (–2, 1, –1) é $\vec{M}_A = \vec{i} + 2\vec{j} - 2\vec{k}$. Sabendo que sua resultante é $\vec{R} = \vec{i} - \vec{j} + \vec{k}$, determine o polo B = (x, y, 1) para que o momento seja $\vec{M}_B = -2\vec{i} + 3\vec{j} + 2\vec{k}$.

□ Resposta:

x = 1, y = 2 e, portanto B = (1, 2, 1).

■ EXEMPLO 2.8 ■

Dado o vetor $\vec{v} = \vec{i} + \vec{j} + 2\vec{k}$ aplicado em A = (1, 0, 2), em qual ponto B do plano Oxy deve-se aplicar outro vetor de modo a formar um binário de momento $\vec{M} = 2\vec{i} + 4\vec{j} - 3\vec{k}$?

☐ Resposta:

B = (2, –2, 0).

■ EXEMPLO 2.9 ■

A resultante de um sistema de vetores aplicados é $\vec{R} = 2\vec{i} + \vec{j} + 2\vec{k}$ e o momento, em relação a A = (1, 1, –1), é $\vec{M}_A = \vec{i} + 2\vec{j} - \vec{k}$; calcular o momento do sistema em relação ao eixo que passa pelos pontos B = (1, 0, –1) e C = (0, 2, 1).

☐ Resposta:

$M_u = \pm 5/3$.

■ EXEMPLO 2.10 ■

Dado o sistema: $\vec{v}_1 = \vec{i} + 2\vec{j} + \vec{k}$, $A_1 = (0, 1, 1)$;
$\vec{v}_2 = \vec{j} + 2\vec{k}$, $A_2 = (-1, 1, 0)$;
$\vec{v}_3 = 2\vec{i} - \vec{j} + \vec{k}$, $A_3 = (1, 0, 2)$,

determinar seu momento em relação ao eixo $2x + y - z = 2$, $x + 2y + z = 4$

☐ Resposta:

$M_u = \pm (8\sqrt{3})/3$.

■ EXEMPLO 2.11 ■

Dado o sistema: $\vec{v}_1 = \vec{i} + 2\vec{j} + \vec{k}$, $A_1 = (1, 0, 1)$;
$\vec{v}_2 = 2\vec{i} + 2\vec{j}$, $A_2 = (0, 1, 1)$;
$\vec{v}_3 = \vec{j} + \vec{k}$, $A_3 = (-1, 1, 0)$,

determinar seu momento em relação ao eixo que passa pelo ponto P (1, –1, 0) e é orientado por $\vec{u} = -\ 2\vec{i} + \vec{j} + 2\vec{k}$.

☐ Resposta:

$M_r = -5$.

Capítulo 3

CENTRO DE FORÇAS PARALELAS — BARICENTROS

3.1 — Introdução

Consideremos o sistema S de forças paralelas $(\vec{F}_i, P_i)$, tal que $\vec{F}_i = h_i\vec{u}$ ($\vec{u}$ vetor cte.) e suponhamos a resultante $\vec{R} = \sum_i \vec{F}_i \neq \vec{0}$

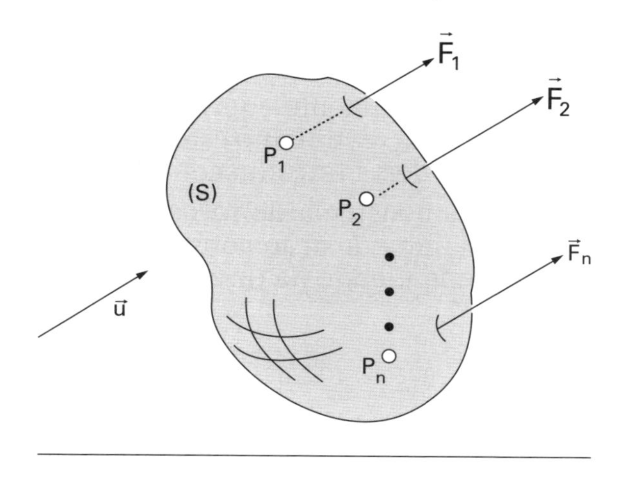

Figura 3.1 *— Forças paralelas*

Subentendendo sempre o índice i debaixo do sinal de somatória, pode-se escrever

$$\Sigma\,\vec{F}_i = \Sigma\,h_i\vec{u} = (\Sigma\,h_i)\vec{u} \neq \vec{0} \Rightarrow \Sigma\,h_i \neq 0$$

Verifiquemos que existe um ponto C, em relação ao qual o momento de S é nulo, qualquer que seja $\vec{u}$:

$$\vec{M}_C = \Sigma(P_i - C) \wedge \vec{F}_i = \Sigma(P_i - C) \wedge h_i\vec{u} = \vec{0}$$

(qualquer que seja $\vec{u}$).

Deve-se ter $\left[\sum_i h_i (P_i - C)\right] \wedge \vec{u} = \vec{0}$, qualquer que seja $\vec{u}$, o que exige:

$$\Sigma\, h_i (P_i - C) = \vec{0}, \tag{3.1}$$

Essa equação pode ser escrita

$$\Sigma\, h_i\, (P_i - O) - (C - O) = \vec{0} \quad \text{ou} \quad \Sigma\, h_i (P_i - O) = \Sigma\, h_i (C - O)$$

Portanto a equação (3.1) é satisfeita pelo ponto C, tal que

$$C - O = \frac{\Sigma\, h_i (P_i - O)}{\Sigma\, h_i} \tag{3.2}$$

O centro C é único. De fato, suponhamos que (3.1) também fosse verificada por outro ponto C′; teríamos

$$\Sigma\, h_i(C' - C) = \vec{0} \Rightarrow (\Sigma\, h_i)(C' - C) = \vec{0} \Rightarrow C' = C$$

C chama-se *centro das forças paralelas definidas* por (h_i, P_i). Se os escalares h_i forem massas $(h_i = m_i)$, C recebe o nome de *centro de massa* ou *baricentro*. Nesse caso costuma-se denotar C por G. Dada a importância desse caso, vamos modificar a notação e nos referir sempre ao centro C como sendo o baricentro G de um sistema (m_i, P_i).

O sistema $(\vec{F}_i, P_i)$ será naturalmente equivalente à sua resultante $(\vec{R}, G)$ mais um binário de momento $\vec{M}_G$; entretanto este último é nulo, pela definição de baricentro, dada no início desta Introdução.

Já havíamos visto que um sistema de forças paralelas é equivalente à sua resultante, aplicada em linha de ação conveniente; agora verificamos a existência do ponto G, independendo da direção de $\vec{u}$.

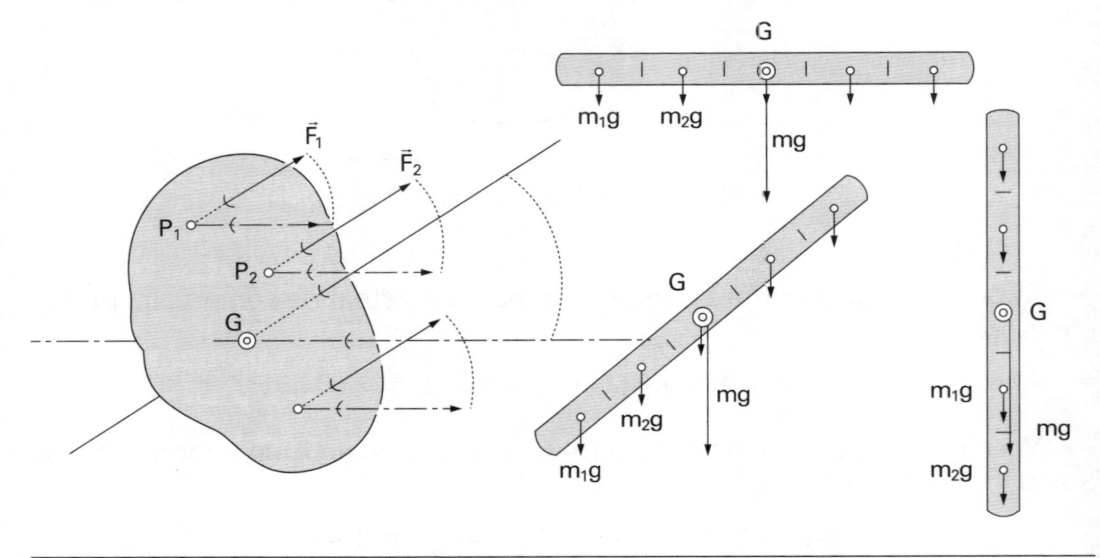

***Figura 3.2** — Linha de ação da resultante passando sempre por G*

3.2 — Expressões cartesianas

Sendo $P_i - O = x_i\vec{i} + y_i\vec{j} + z_i\vec{k}$, $G - O = x_G\vec{i} + y_G\vec{j} + z_G\vec{k}$, substituindo em (3.2), tem-se para as coordenadas de G

$$x_G = \frac{\Sigma\, m_i x_i}{\Sigma\, m_i}, \quad y_G = \frac{\Sigma\, m_i y_i}{\Sigma\, m_i}, \quad z_G = \frac{\Sigma\, m_i z_i}{\Sigma\, m_i},$$

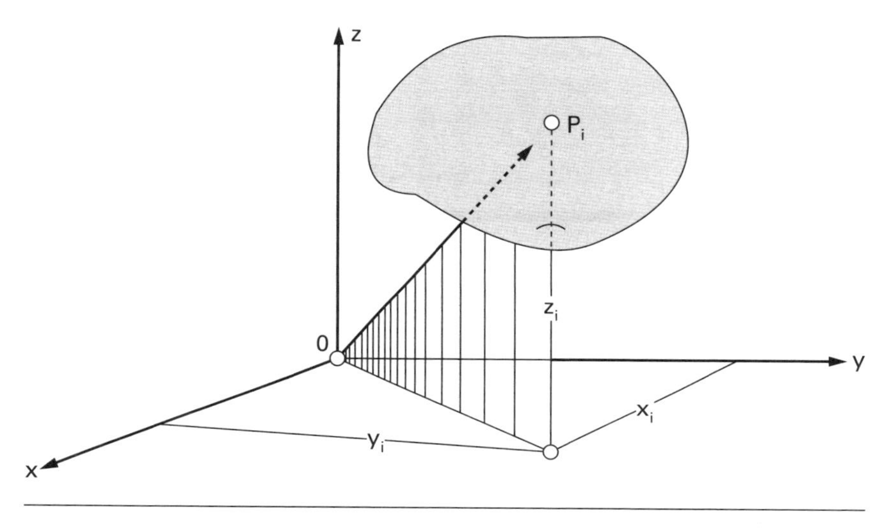

Figura 3.3 *— Coordenadas cartesianas*

3.3 — Propriedades do baricentro

1) ***O baricentro G de (m_1, P_1) e (m_2, P_2) é o ponto que divide o segmento P_1P_2 em partes inversamente proporcionais a m_1 e m_2.***

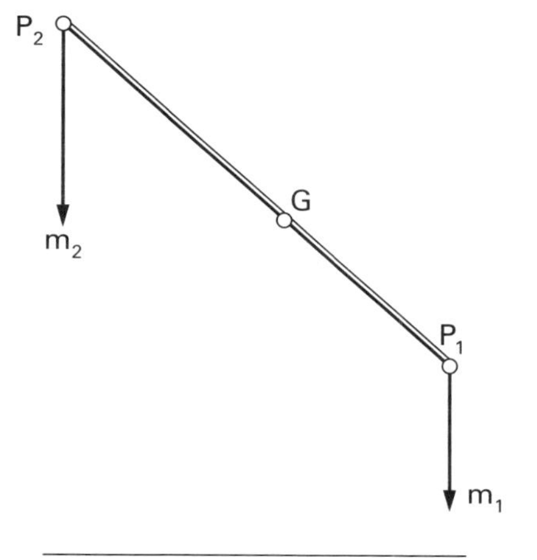

Figura 3.4 *— Baricentro de dois pontos*

De fato,

$$G - O = \frac{m_i(P_i - O) + m_2(P_2 - O)}{m_i + m_2}$$

Fazendo O coincidir, sucessivamente, com P_1 e P_2 obtém-se:

$$G - P_1 = \frac{m_2}{m_i + m_2}(P_2 - P_1) \quad \text{e} \quad G - P_2 = \frac{m_1}{m_i + m_2}(P_1 - P_2)$$

2) Se os pontos P_i pertencerem a um plano π, ou a uma reta r, G pertencerá respectivamente a π ou a r.

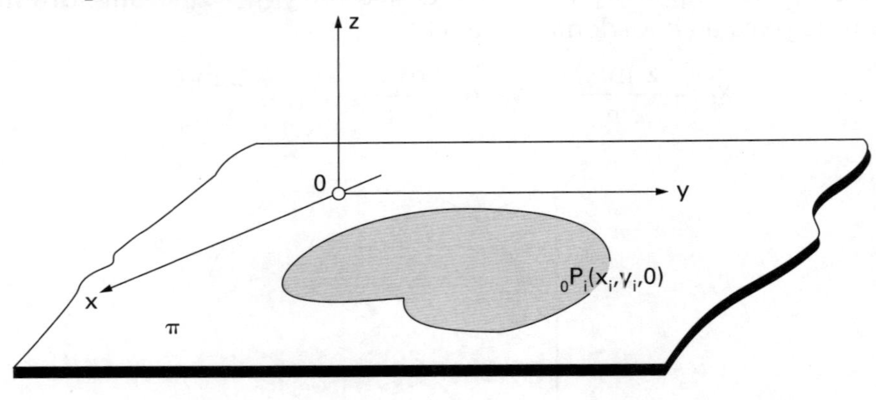

Figura 3.5 — Pontos pertencentes ao plano π

a) De fato, se $P_i \in \pi$, adotemos o plano Oxy coincidente com π e escrevamos como antes:

$$G - O = x_G\vec{i} = Y_G\vec{j} = z_G\vec{k}, \quad P_i - O = x_i\vec{i} = Y_i\vec{j} = z_i\vec{k}$$

A equação para z_G fornece:

$$z_G = \sum m_i z_i / \sum m_i = 0,$$

pois todos os z_i são nulos; portanto $G \in \pi$.

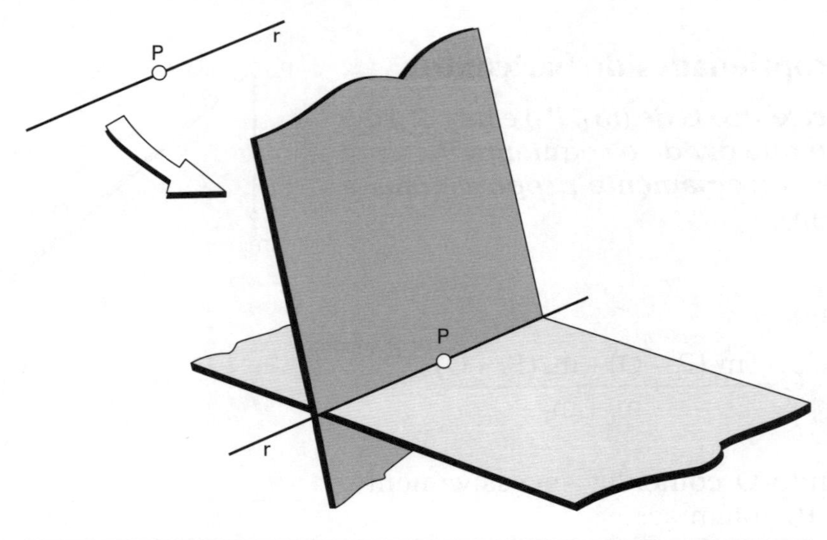

Figura 3.6 — Pontos pertencentes à reta r

b) Se os P_i pertencerem a r, basta considerar dois planos pertencentes a r; aplicando o resultado anterior, conclui-se que $G \in r$.

Observação:

Usando, daqui por diante, a notação $\sum_{i=1}^{n} m_i = m$, pode-se escrever:

$$G - O = \frac{\sum_i m_i (P_i - O)}{m}$$

3) Propriedade da concentração de massas:

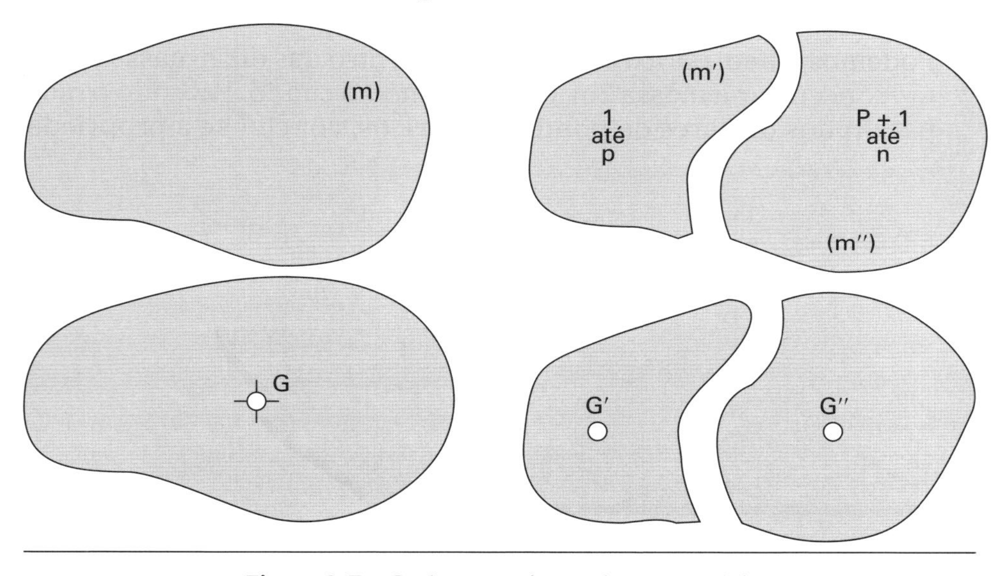

***Figura 3.7** — Baricentros dos conjuntos parciais*

Se subdividirmos os pontos P_i em dois conjuntos, de maneira que as massas totais de cada conjunto sejam m′ e m″, e os baricentros G′ e G″, respectivamente, o baricentro G do sistema todo (m_i, P_i) coincide com o baricentro das duas massas (m′, G′) e (m″, G″).

De fato, escrevamos

$$m = \sum_{i=1}^{n} m_i, \quad m' = \sum_{i=1}^{p} m_i, \quad m'' = \sum_{i=p+1}^{n} m_i$$

$$G - O = \frac{\sum_{1}^{n} m_i (P_i - O)}{m} = \frac{\sum_{1}^{p} m_i (P_i - O) + \sum_{p+1}^{n} m_i (P_i - O)}{m' + m''} =$$

$$= \frac{m' \dfrac{\sum_{1}^{p} m_i (P_i - O)}{m'} + m'' \dfrac{\sum_{p+1}^{n} m_i (P_i - O)}{m''}}{m' + m''} = \frac{m'(G' - O) + m''(G'' - O)}{m' + m''}$$

Pode-se generalizar a propriedade, considerando a subdivisão das massas m_i em mais de dois conjuntos parciais.

4) Propriedades de simetria material:

a) *Se os pontos P_i admitirem um plano π, de simetria material, de maneira que as massas existentes em pontos simétricos sejam iguais, então G pertencerá a π.*

De fato, sendo P_i' e P_i'' pontos simétricos, o baricentro de (m_i, P_i') e (m_i, P_i'') é o ponto médio de $P_i'P_i''$ o qual pertence a π.

Podemos então, para o cálculo do baricentro das duas massas iguais a m_i, concentrar a massa $2m_i$ no ponto médio citado. Fazendo o mesmo para todos os pares de pontos simétricos, conclui-se a propriedade.

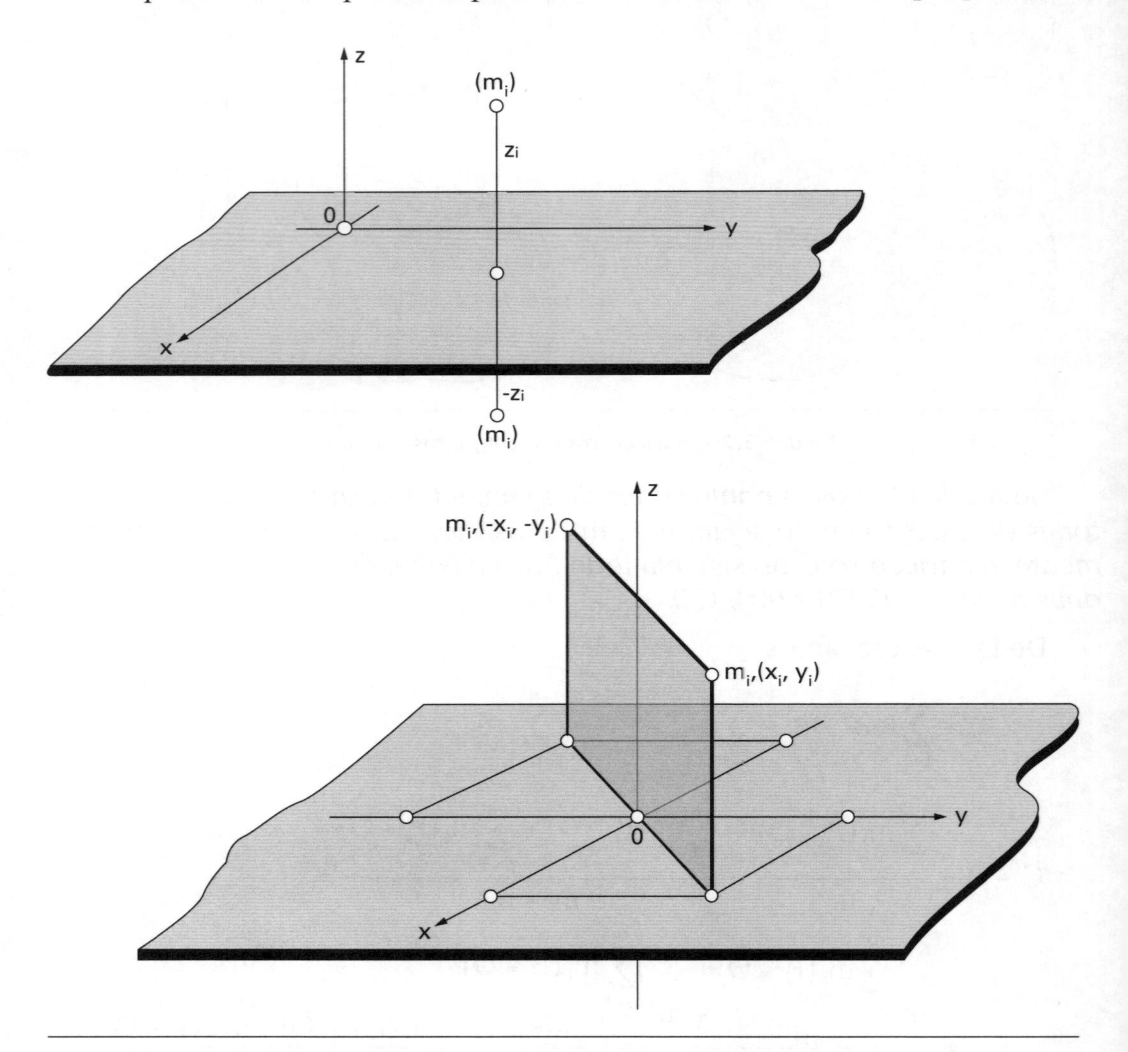

Figura 3.8 — Propriedades de simetria material

b) Se os pontos P_i pertencerem a uma reta r de simetria material, por uma razão análoga conclui-se que G pertence a r.

c) Se os pontos P_i tiverem um centro Ω de simetria material, então G coincide com Ω, ainda por uma razão semelhante.

3.4 — Massas distribuídas

Outro modelo usado pela Mecânica Clássica é supor a massa de um corpo material distribuída de maneira contínua sobre uma linha, superfície ou então uma região ocupando um certo volume. Nesse caso não se admitirá, unicamente, que as ações mecânicas se exerçam em pontos isolados (os pontos materiais), mas que elas possam também se *distribuir* sobre todo o corpo material.

Estendem-se a noção e as propriedades de baricentros, substituindo-se as somatórias por integrais convenientes.

Vamos detalhar, apenas, o caso de *corpos homogêneos*, isto é, tais que, chamando m a massa de uma parte do corpo e V seu volume, a relação $m/V = \rho$ seja cte., para *todas as partes do corpo* (isso no caso de as massas estarem distribuídas sobre uma região tridimensional). No caso de uma placa (figura plana) homogênea, consideraremos como constante a densidade superficial m/S, onde S é a área da parte considerada. No caso de uma barra (corpo unidimensional) homogênea, consideraremos constante a densidade linear m/s, onde s é o comprimento da parte considerada.

Nos casos mais simples, o cálculo da posição do baricentro pode ser feito apenas usando as propriedades de concentração de massas e de simetria.

Em geral, no caso de massas distribuídas, a posição do baricentro é obtida por meio de integrais de linha, superfície ou volume.

■ EXEMPLO 3.1 ■

Achar o baricentro de uma barra homogênea com a forma de um arco de circunferência de raio R e ângulo central 2α.

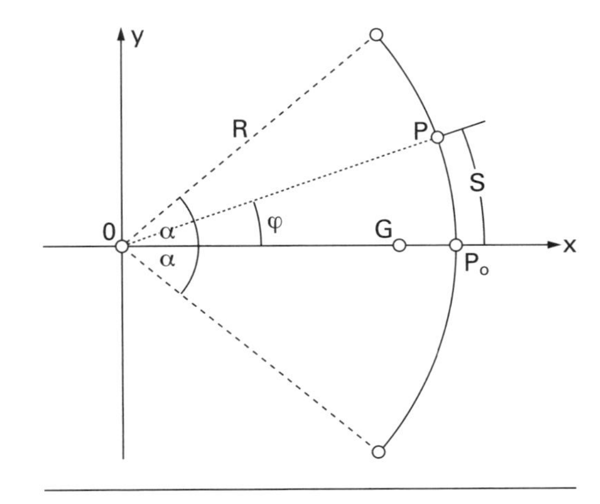

Exemplo 3.1 *— Baricentro de arco de circunferência*

□ Solução:

A simetria implica $y_G = 0$. Para achar x_G ,em vez de somatórias empregam-se seus limites, que são integrais de linha (estendidas ao arco de circunferência, γ):

$$x_G = \int_\gamma x dm / \int_\gamma dm.$$

Sendo a densidade linear $\rho = m/s$ e, portanto, $m = \rho s$, obtém-se

$$x_G = \int_\gamma x\rho ds/\rho s = (1/s)\int_\gamma x ds.$$

Usando como parâmetro o ângulo φ, indicado, medido a partir do ponto P_0, tem-se para o comprimento do arco: $s = R\varphi$, $ds = Rd\varphi$, e

$$x_G = (1/s)\int_{-\alpha}^{\alpha} xR\,d\varphi = (R/s)\int_{-\alpha}^{\alpha} R\cos\varphi\,d\varphi = R^2/R2\alpha[\text{sen}\varphi]_{-\alpha}^{\alpha} =$$
$$= R/2\alpha[\text{sen}\alpha - \text{sen}(-\alpha)]$$

Portanto

$$x_G = (R\,\text{sen}\,\alpha)/\,\alpha.$$

■ EXEMPLO 3.2 ■

Para barras homogêneas, em forma de quadrante de circunferência e de semicircunferência, achar a distância dos respectivos baricentros ao centro da circunferência.

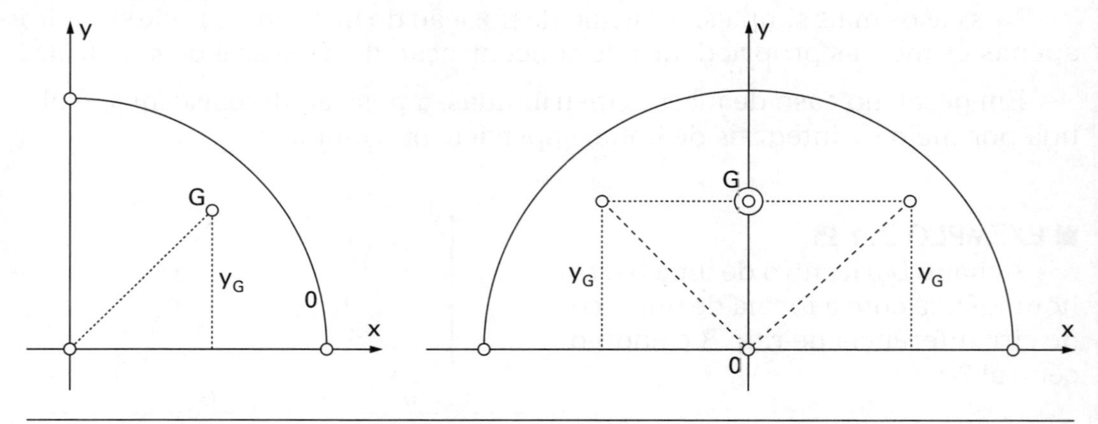

Exemplo 3.2

□ Solução:

Para o caso do quadrante, a aplicação da fórmula obtida fornece:

$$OG = R\text{sen}(\pi/4)/(\pi/4) = 4R\left(\sqrt{2}/2\right)/\pi = 2\left(\sqrt{2}/2\right)/\pi$$

decorrendo $y_G = OG\cos(\pi/4) = 2R/\pi$.

No caso da semicircunferência poderíamos proceder de maneira análoga. Outra alternativa seria considerar a semicircunferência como a união de dois quadrantes de circunferência com um ponto comum como indicado na figura; a fórmula da composição de figuras mostra imediatamente que, também neste caso,

$$y_G = 2R/\pi \approx 2R/3{,}14$$

3.5 — Teoremas de Pappus-Guldin

1º Teorema[1]**:**

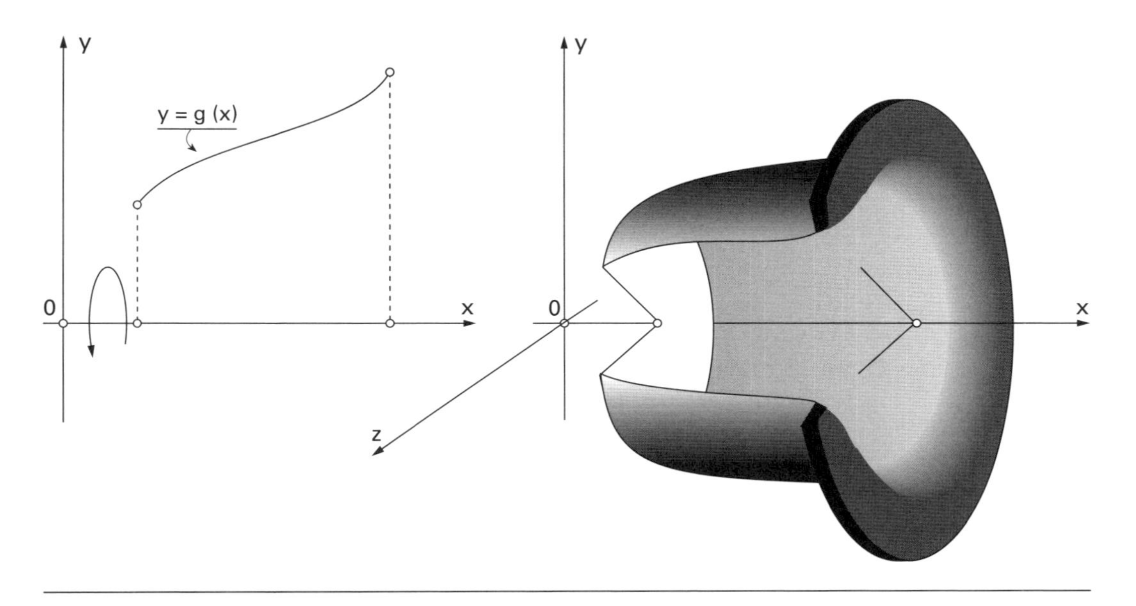

Figura 3.9 — 1º Teorema de Pappus-Guldin

Seja $g(x) \geq 0$ uma função com derivada contínua em [a, b]. A área lateral, S, da superfície obtida pela rotação, em torno do eixo Ox, do gráfico de g, é dada por

$$S = 2\pi\, s\, y_G,$$

onde s é o comprimento do gráfico, e y_G é a distância, a Ox, do baricentro do gráfico.

2º Teorema:

Seja A a área limitada: 1) Pelo gráfico da função g(x), contínua em [a, b] e tal que $g(x) \geq 0$; 2) Pelo eixo Ox e pelas retas x = a e x = b.

[1]*Para este teorema e o seguinte, ver [18], capítulo 13.*

O volume V do sólido obtido pela rotação, em torno do eixo Ox, da área A, é dado por

$$V = 2\pi A y_G,$$

onde y_G é a distância, a Ox, do baricentro da área A.

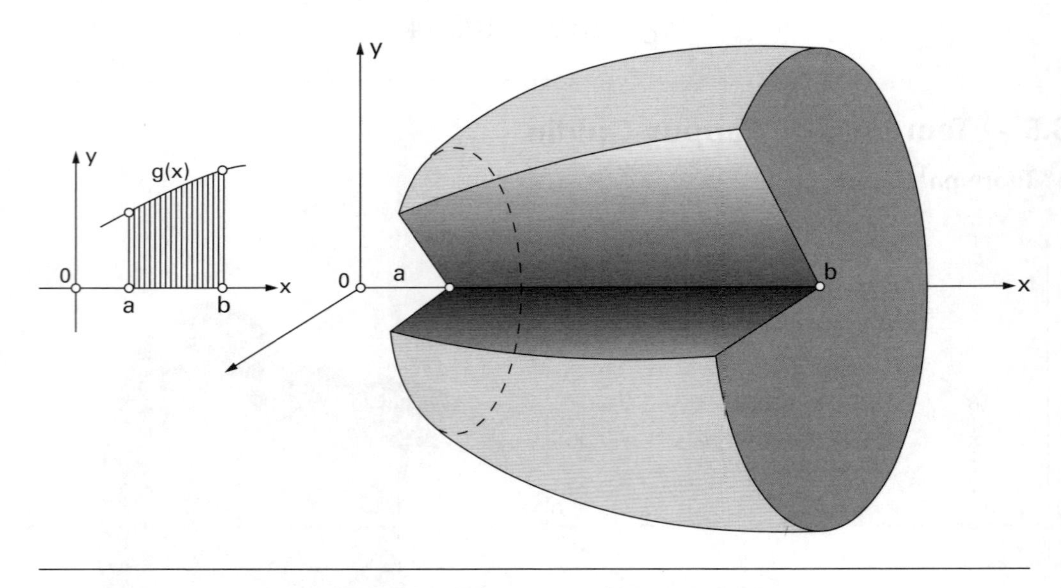

***Figura 3.10** — 2º Teorema de Pappus-Guldin*

■ EXEMPLO 3.3 ■

Considera-se uma placa homogênea, em forma de triângulo, com altura h. Calcular a distância do baricentro G, da placa, à base do triângulo.

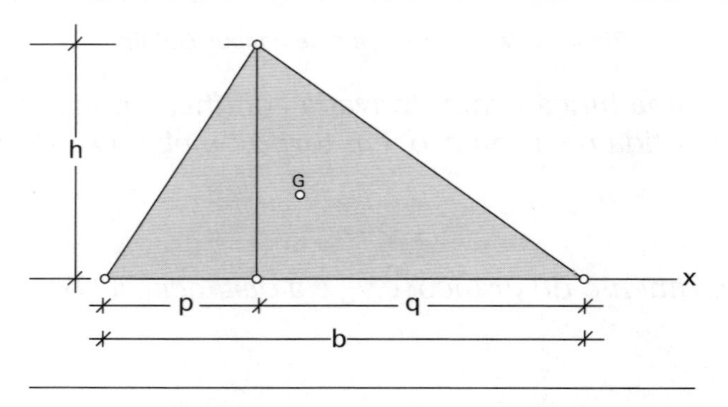

***Exemplo 3.3** — Baricentro do triângulo*

□ Solução:

Sejam p e q os segmentos determinados pela altura, sobre a base do triângulo. Seja b = p + q, a base. O triângulo, girando em torno da base, gera dois cones, de base comum de raio h e de alturas p e q. O volume gerado é

$$V = (1/3)\pi h^2 p + (1/3)\pi h^2 q = (1/3)\pi h^2 b.$$

Aplicando o 2º teorema de Pappus-Guldin:

$$(1/3)\pi h^2 b = 2\pi(1/2)bhy_G,$$

decorrendo $y_G = h/3$.

Como a base do triângulo foi escolhida arbitrariamente, o baricentro de qualquer triângulo está a um terço da altura relativa à base correspondente. Verifica-se então que o baricentro, como se sabe da Geometria elementar, coincide com o ponto de encontro das três medianas do triângulo.

■ EXEMPLO 3.4 ■

Determinar a distância, a um lado, do baricentro de um quadrante de círculo homogêneo.

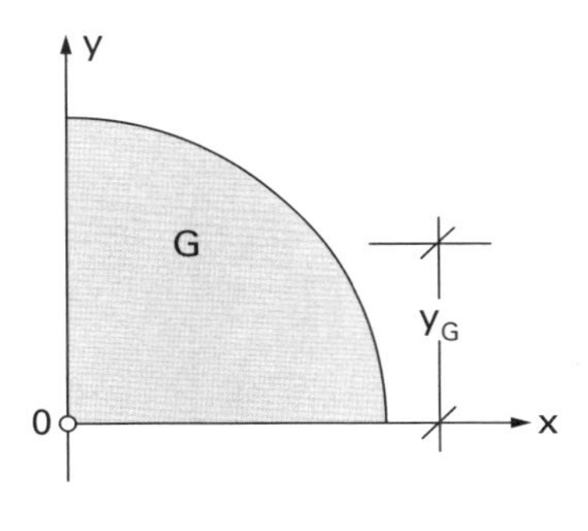

***Exemplo 3.4** — Baricentro de um quadrante de círculo*

□ Solução:

Considerando o hemisfério de raio R, gerado pela rotação de um quadrante de círculo em torno do seu diâmetro, seu volume V será:

$$V = (2/3)\pi R^3 = 2\pi(\pi R^2/4)\, y_G \Rightarrow y_G = (4R/3\pi) = x_G.$$

Observação: O mesmo processo pode ser empregado para obter a posição do baricentro de um semicírculo homogêneo, o qual gera, por rotação, uma esfera. Obtém-se, de maneira análoga, $y_G = (4R/3\pi)$.

Os dois teoremas de Pappus-Guldin valem também numa hipótese mais geral, na qual se considera uma segunda função f (x), tal que $0 \leq f(x) \leq g(x)$, f com derivada contínua, no caso do 1º teorema e f apenas contínua, no caso do 2º. No primeiro teorema considera-se a área lateral, S, da superfície gerada pelos gráficos de f e de g; no segundo teorema considera-se a área A limitada pelos gráficos de f e de g, a qual irá gerar, por rotação, o sólido de volume V.

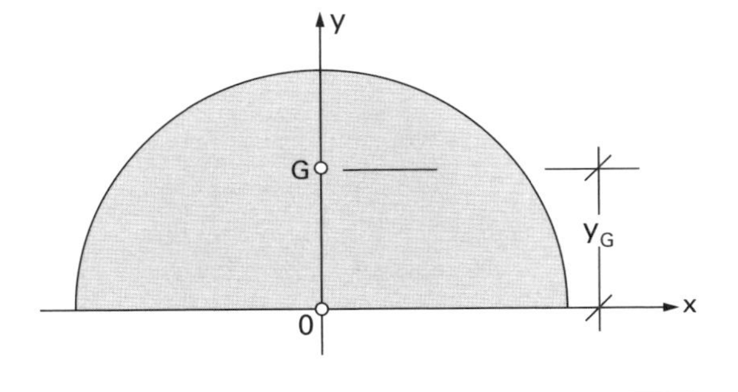

***Figura 3.11** — Baricentro do semicírculo*

■ EXEMPLO 3.5 ■

Calcular a área e o volume do toro obtido pela rotação, em torno do eixo Ox, círculo de raio r, conforme indicado na figura.

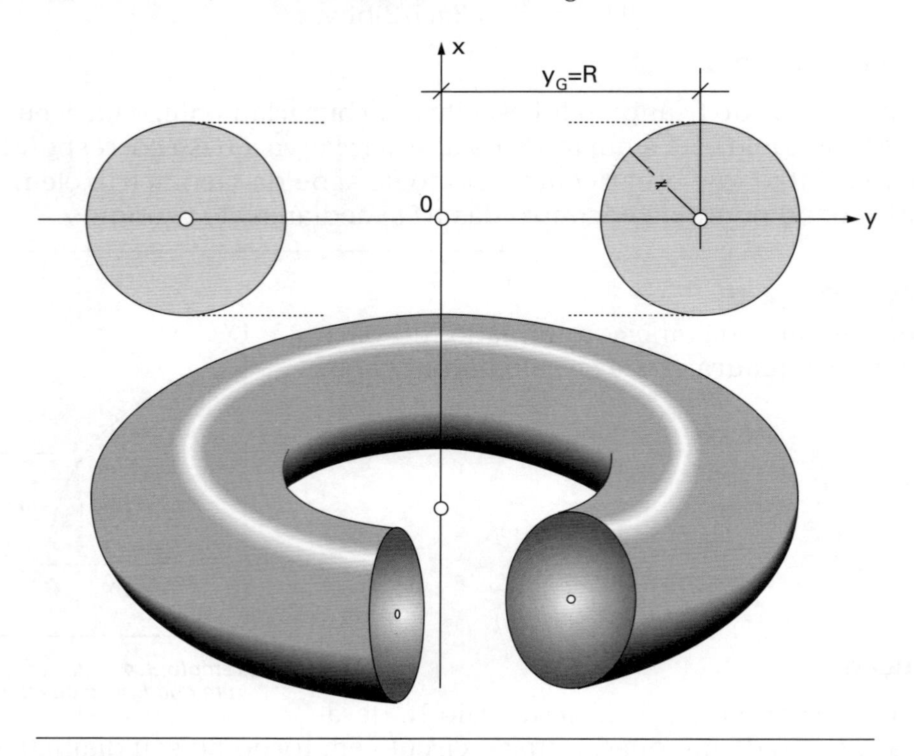

Exemplo 3.5

☐ **Resposta:**

$$S = 2\pi \cdot 2\pi r \cdot R = 4\pi^2 rR \cdot \quad e \quad V = 2\pi \cdot \pi r^2 \cdot R = 2\pi^2 r^2 R$$

■ EXEMPLO 3.6 ■

Calcular a distância, x_G, do baricentro do trapézio homogêneo indicado, à base menor:

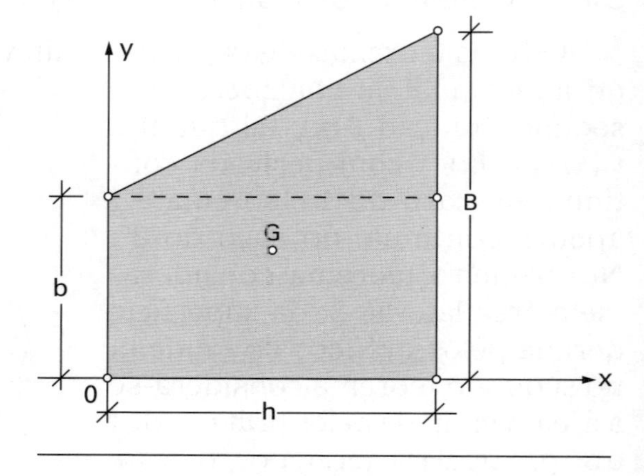

Exemplo 3.6 — Baricentro do trapézio

☐ Resposta:

$x_G = \frac{h}{3}\frac{b+2B}{b+B}$ (Resultado obtido usando a propriedade de concentração de massas).

■ EXEMPLO 3.7 ■

Determinar a coordenada x_P do baricentro da placa homogênea indicada. Dados R, r, e a = OF.

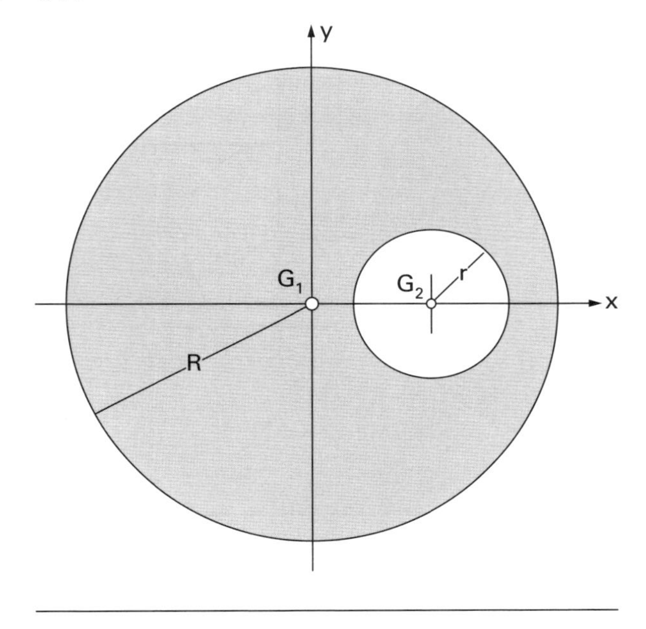

Exemplo 3.7

☐ Solução:

A placa pode ser considerada como a *diferença* de duas figuras: um círculo de raio R, do qual se subtrai um "furo", constituído por um círculo menor, de raio r. O círculo maior (designado por C) será a *união* da placa (designada por P) e do "furo" (designado por F), constituído por um círculo menor do mesmo material (para que a união de P e F forme uma figura homogênea). Teremos assim $C = P \cup F$ e $P = C - F$. Sejam x_P, x_C, x_F as abscissas dos baricentros de P, C e F respectivamente; S_P, S_C e S_F as suas áreas; tem-se:

$$x_C = \frac{S_P x_P + S_F x_F}{S_P + S_F} \Rightarrow x_P = \frac{S_C x_C + (-S_F)x_F}{S_C + (-S_F)}$$

A fórmula obtida é semelhante àquela da concentração de massas; apenas indica que as massas subtraídas, por efeito da *diferença* de figuras, devem comparecer sob a forma de massas negativas. Vamos aplicar este resultado, sem nos preocuparmos em apresentar uma demonstração formal do procedimento.

No caso do exercício considerado temos:

$$S_C = \pi R^2, \quad S_F = \pi r^2; \quad x_C = 0, \quad x_F = a;$$

Obtém-se:

$$x_P = \frac{r^2 a}{R^2 - r^2}$$

■ EXEMPLOS 3.8 e 3.9 ■

Obter x_G para as placas homogêneas indicadas.

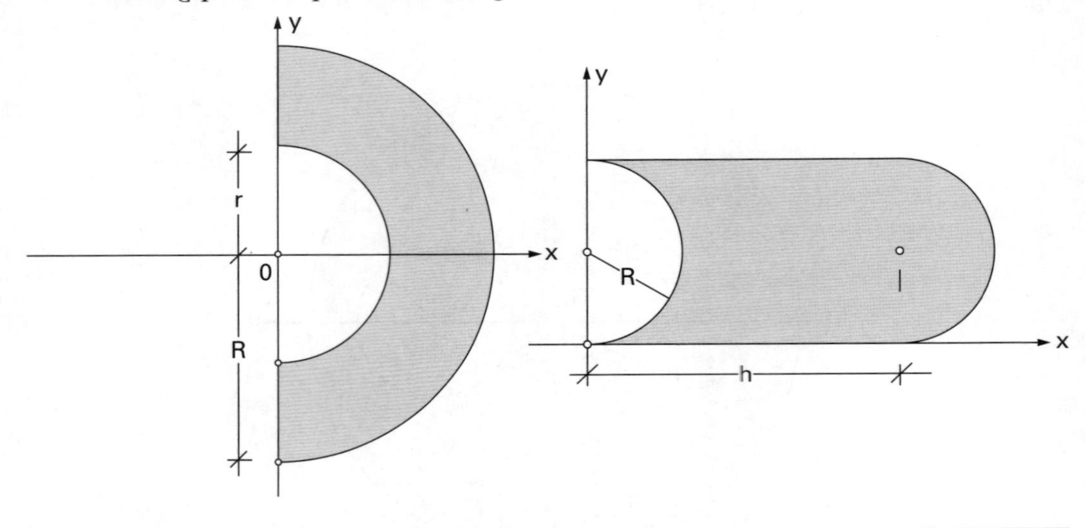

Exemplos 3.8 e 3.9

□ Respostas:

$$x_G = \frac{4}{3\pi}\frac{R^3 - r^3}{R^2 - r^2} \quad \text{e} \quad x_G = \frac{h}{2} + \frac{\pi R}{4}$$

■ EXEMPLO 3.10 ■

A placa homogênea indicada é limitada pela parábola de equação $y = bx^2/a^2$, o eixo Ox e a reta de equação $x = a$. Achar as coordenadas do seu baricentro.

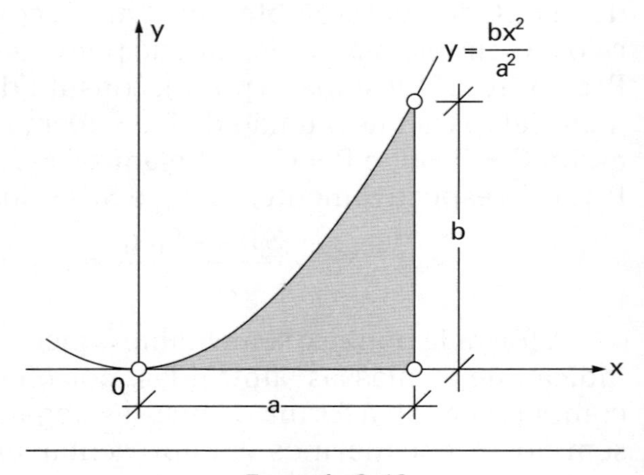

Exemplo 3.10

Resposta:

A área da figura que representa a placa é

$$A = \iint dx\,dy = \int_0^a dx \int_0^{bx^2/a^2} dy = \int_0^a \left(bx^2/a^2\right) dx = \left(b/a^2\right)\left[x^3/3\right]_0^a = ab/3.$$

$$\int_0^a dxd \int_0^{bx^2/a^2} dy \int_0^a \left(xbx^2/a^2\right) dx = \left(b/a^2\right)\left[x^4/4\right]_0^a = \left(a^2 b/4\right)$$

$$x_G = (a/A)\iint x\,dx\,dy$$

portanto $x_G = 3a/4$.

$$\iint y\,dx\,dy = \int_0^a dx \int_0^{bx^2/a^2} y\,dy = (1/2)\int_0^a \left(bx^2/a^2\right)^2 dx = (1/10)\left(b^2/a^4\right)\left[x^5\right]_0^a$$

$$y_G = (1/A)\iint y\,dx\,dy$$

Portanto $y_G = 3b/10$.

■ EXEMPLO 3.11 ■

Determinar a coordenada y_G do baricentro do sólido gerado pela rotação da figura hachurada em torno do eixo Oy.

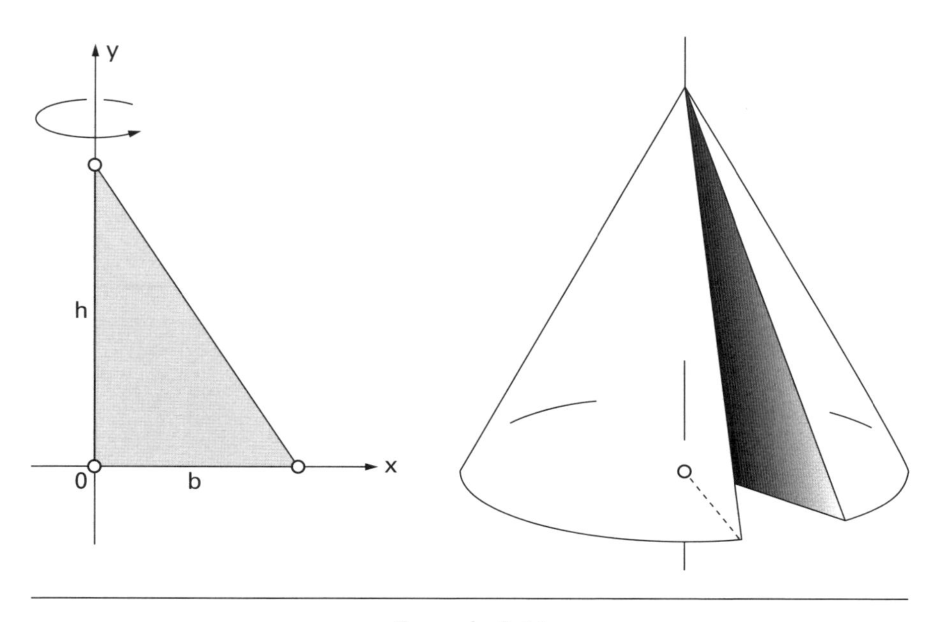

Exemplo 3.11

Solução:

$$h_G = (1/V)\iiint y\,dx\,dy\,dz$$

Ora,

$$\iint y\,dx\,dy\,dz = \int_0^h y\,dy \iint dx\,dz = \int_0^h \pi r^2 y\,dy = \pi \int_0^h (h-y)^2 (b/h)^2 y\,dy =$$
$$= \pi(b/h)^2 \int_0^h \left(h^2 y - 2hy^2 + y^3\right) dy = \pi(b/h)^2 h^4 \left(\tfrac{1}{2} - \tfrac{2}{3} + \tfrac{1}{4}\right) = (\pi/12) b^2 h^2$$

E, sendo $V = (1/3)\pi b^2$, decorre a

☐ **Resposta:**
$y_G = h/4$.

■ EXEMPLO 3.12 ■

Determinar a coordenada y_G do baricentro do sólido gerado pela rotação da figura hachurada em torno do eixo Oy.

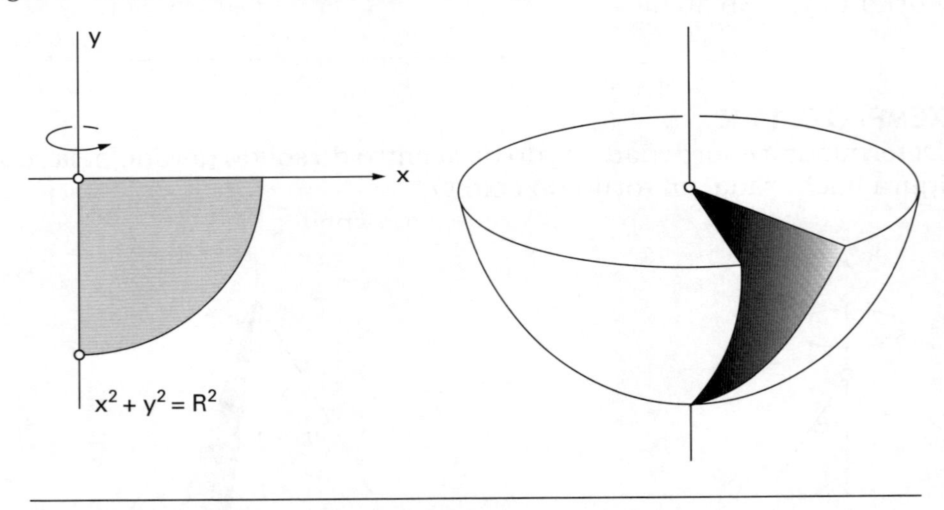

Exemplo 3.12

☐ **Resposta:**
$y_G = -3R/8$.

Capítulo 4

ESTÁTICA DOS SISTEMAS —ESTÁTICA DOS SÓLIDOS

4.1 — Introdução

A *Estática* é a parte da Mecânica que estuda o *equilíbrio* dos corpos materiais. Diz-se que um corpo está em equilíbrio (em relação a determinado referencial) se as coordenadas de todos os seus pontos, em relação ao referencial, não variarem com o tempo.

Consideraremos, inicialmente, condições de equilíbrio somente em relação a certos referenciais, chamados *absolutos* ou *inerciais*. Logo no início do estudo da Dinâmica veremos detalhes a respeito de referenciais inerciais (Capítulo 9 — "Dinâmica do Ponto Material"), e também condições de equilíbrio em relação a referenciais não inerciais.

Tendo em vista o encadeamento lógico, seria então mais adequado começar um curso de Mecânica pela Dinâmica (ou seja, pela Cinemática, que sempre deve precedê-la). A decisão de iniciar a exposição pela Estática se prende unicamente a motivos didáticos. O aprendizado da Mecânica, ao longo do tempo, seguiu, aliás, exatamente esta sequência: primeiro a Estática, com muitas leis já conhecidas dos antigos gregos, especialmente Arquimedes; séculos depois a Dinâmica, cujos primeiros resultados corretos foram devidos a Galileu e Newton.

Consideraremos inicialmente o equilíbrio de corpos rígidos, ou de conjuntos de corpos rígidos. Diz-se que um corpo material é *rígido* quando as distâncias entre seus diferentes pontos não variam com o tempo. Na realidade não existem corpos perfeitamente rígidos, pois todos se deformam sob a ação de forças, quando estas são aplicadas. Por outro lado, quando as forças não ultrapassam certos limites, admite-se que as deformações causadas são proporcionais às forças. Compreende-se que os corpos, com deformações suficientemente pequenas, possam ser tratados como rígidos do ponto de vista da Estática.

Por outro lado verificar-se-á que condições necessárias de equilíbrio, deduzidas para corpos rígidos, são também necessárias ao equilíbrio de quaisquer sistemas materiais deformáveis. Daí o interesse do estudo do equilíbrio dos corpos rígidos.

Por simplicidade vamos, desse ponto em diante, designar os corpos rígidos por *sólidos*, uma vez que não haverá perigo de confusão com os *sólidos elásticos*, fora do escopo deste livro introdutório à Mecânica.

Chama-se *ponto material* um corpo material cujas dimensões são desprezíveis em face das observações feitas sobre ele (e cujo movimento pode, a cada instante, ser assimilado a uma translação, no que diz respeito a suas velocidades e acelerações — Pérès [33]). É portanto um corpo que possui as propriedades dos pontos geométricos.

4.2 — Postulados da Estática — Forças externas e internas

Postulado:

"Se um ponto material estiver em equilíbrio, a resultante das forças que nele atuam é nula" (subentende-se equilíbrio em relação a um sistema inercial, a menos que o contrário seja expressamente dito).

Este postulado decorreria da Lei Fundamental da Dinâmica, mas no estudo isolado da Estática será admitido como um primeiro postulado (é importante notar que *não* vale a recíproca do postulado).

Postulado: "Princípio de Ação e Reação"

"A cada força proveniente da ação de um corpo A sobre um corpo B, corresponde uma força diretamente oposta, proveniente da ação de B sobre A."

Forças externas e internas

Em relação a um sistema de corpos materiais, são ditas *externas* aquelas forças que provêm de corpos não pertencentes ao sistema considerado e *internas* as forças entre corpos do sistema, ou entre partes de um mesmo corpo.

4.3 — Condições necessárias ao equilíbrio

(O estudo do equilíbrio de um corpo qualquer será feito considerando-o um conjunto de pontos materiais.)

Seja M um sistema material em equilíbrio, *i.e.*, tal que todos os seus pontos estejam em equilíbrio.

Pelo 1º Postulado sabe-se que a resultante das forças que atuam em todos os pontos de M é equivalente a zero, *i.e.*, tem resultante e momento nulos.

Pelo Princípio de Ação e Reação conclui-se que o sistema de todas as forças internas a M é equivalente a zero, resultando então o

Teorema:

"Se um sistema material M está em equilíbrio, o sistema das forças externas a M é equivalente a zero, isto é, tem resultante e momento nulos".

As equações

$$\vec{R} = \vec{0}, \quad \vec{M}_O = \vec{0},$$

escritas para as forças externas, são chamadas "Equações universais da Estática". Neste livro elas serão geralmente aplicadas a corpos rígidos, embora sejam condições necessárias ao equilíbrio de qualquer sistema material.

4.4 — Vínculos

Dois ou mais corpos rígidos em contato limitam-se em seus deslocamentos. Diz-se que eles constituem *vínculos*, uns para com os outros.

Do ponto de vista matemático, os vínculos se traduzem em equações de condição, impostas às coordenadas que definem a posição do sistema material.

Admite-se que os vínculos exercem forças, ao limitar os deslocamentos dos corpos. Essas forças de contato são chamadas *reações vinculares, forças reativas*, ou simplesmente *reações*.

As forças não vinculares são chamadas *forças ativas*. Os corpos não sujeitos a vínculos são chamados *livres*.

De acordo com as forças de contato que eles produzem, os vínculos podem ser classificados em externos ou internos, em relação a um dado sistema material.

4.4.1 — Vínculos sem e com atrito

O vínculo descrito a seguir é um tipo importante chamado *vínculo isento de atrito*:

Suponhamos que dois corpos rígidos, C_1 e C_2, estejam em contato de maneira que as superfícies que os limitam possuam um único ponto de contato P, e que, nesse ponto, admitam plano tangente comum. Sendo $\vec{n}$ o versor da normal comum às superfícies, a resultante $\vec{R}$ das forças de contato pode se escrever

$$\vec{R} = N\vec{n} + T\vec{t}$$

onde $\vec{t}$ é um versor normal a $\vec{n}$ (portanto $\vec{t}$ é paralelo ao plano tangente às superfícies).

As componentes $N\vec{n}$ e $T\vec{t}$ da força $\vec{R}$ são chamadas, respectivamente, *força normal* e *força de atrito* entre os corpos em contato.

O vínculo sendo *unilateral* (isto é, que impeça a penetração, mas não o afastamento entre os corpos), a força normal tem sentido bem determinado (só pode haver "compressão" entre as superfícies).

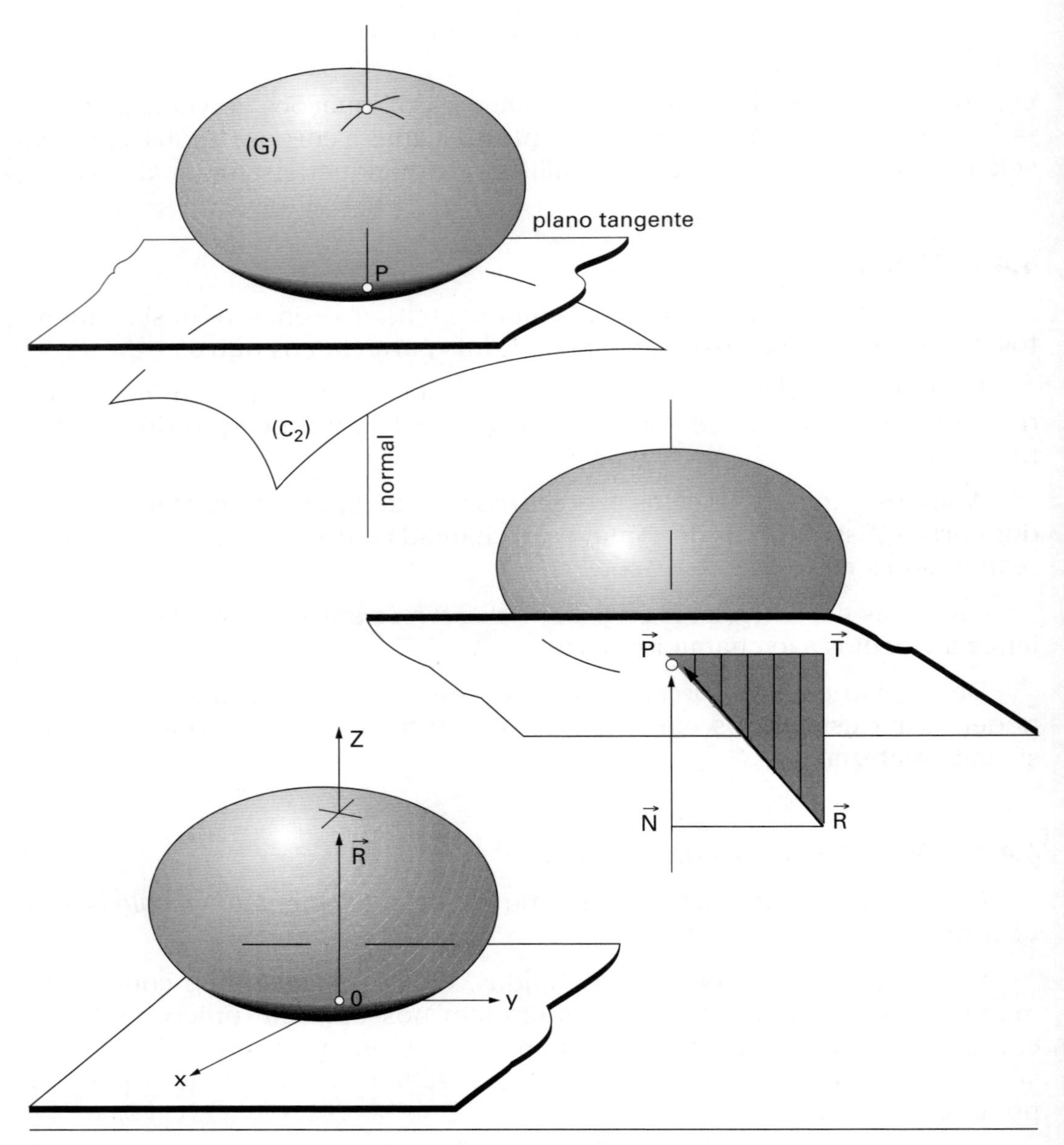

Figura 4.1 *– Vínculos sem e com atrito*

O versor $\vec{n}$ é escolhido de maneira que seja sempre $0 \leq N$ (considerando a força normal que for exercida sobre aquele sólido cujo equilíbrio ou movimento estiver sendo equacionado.

Se a resultante $\vec{R}$ tiver, em cada ponto, a direção da normal comum, diz-se que o vínculo é *sem atrito*.

Quando o contato se faz "com atrito", pode existir, em cada ponto, a componente, $\vec{T}$, da força de contato.

A descrição dos vínculos a seguir, classifica-os pelo tipo de força de contato que eles são capazes de produzir.[1]

4.4.2 — Principais tipos de vínculos, sem atrito, de um sólido

Articulação:

Articulação ou *rótula* é o vínculo capaz de fornecer uma força de qualquer módulo, direção e sentido, aplicada num ponto determinado.

A articulação mantém unidos e coincidentes dois pontos pertencentes a dois sólidos diferentes.

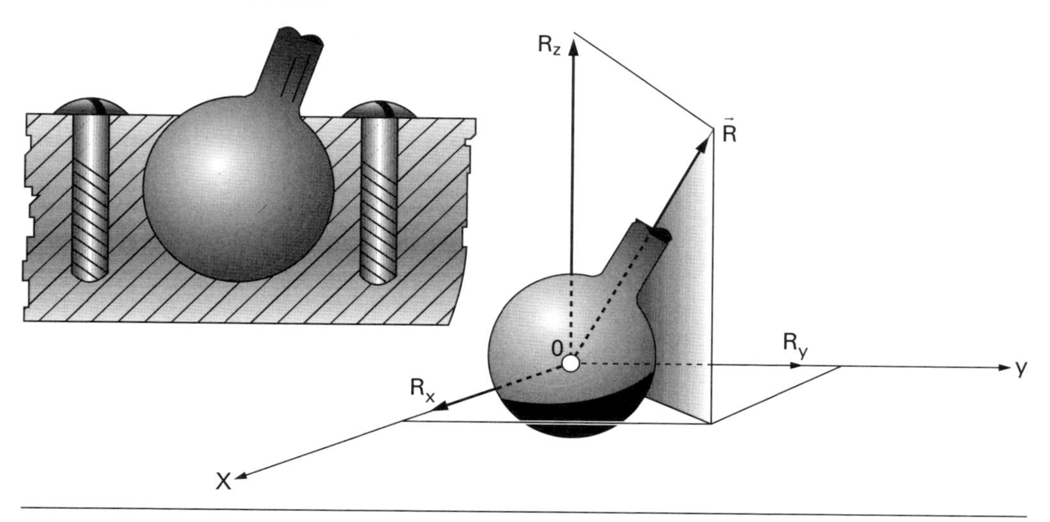

***Figura 4.2** – Articulação*

Uma articulação pode ser realizada fisicamente por meio de uma esfera, pertencente a um sólido, podendo girar, sem atrito, no interior de uma superfície esférica, concêntrica, pertencente a outro sólido.

Num sistema cartesiano, a determinação da força, $\vec{R}$, introduzida pela articulação, corresponde à determinação das componentes, R_x, R_y e R_z, da força, segundo os três eixos coordenados.

[1] *Esse ponto de vista é especialmente conveniente porque evita a introdução de conceitos cinemáticos, que só serão expostos mais adiante. Para a descrição desses vínculos, contribuíram decisivamente as trocas de ideias com o Prof. Dr. José Luiz de A. N. Junqueira Filho.*

Uma articulação será sempre representada por uma pequena circunferência, cujo centro indica o ponto de aplicação da força introduzida por este vínculo.

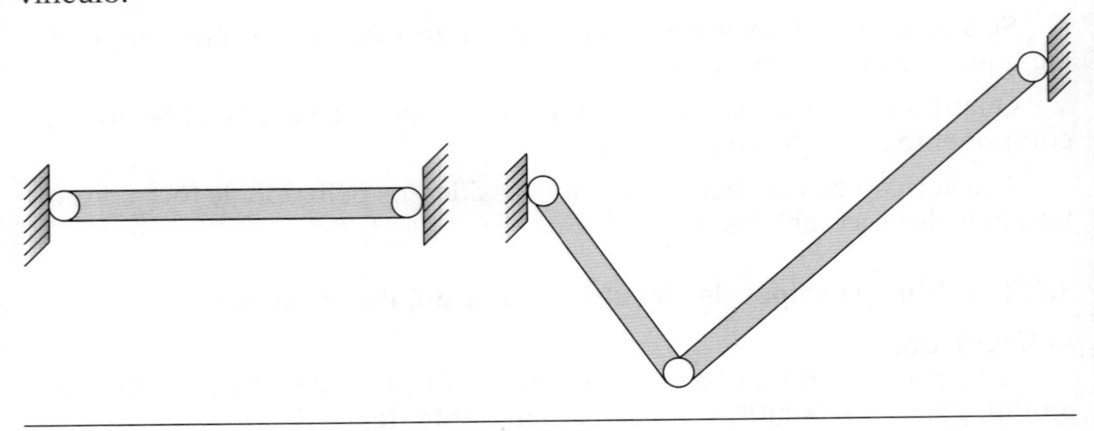

Figura 4.3 – Barras vinculadas por articulações

Anel:

Anel ou *cursor* é o vínculo capaz de fornecer uma força de qualquer módulo e sentido, em qualquer direção, ortogonal a uma reta fixa. Um par de anéis, em linha reta, fixa a posição de uma reta de um sólido, permitindo apenas que os pontos dessa reta se movam na direção dela.

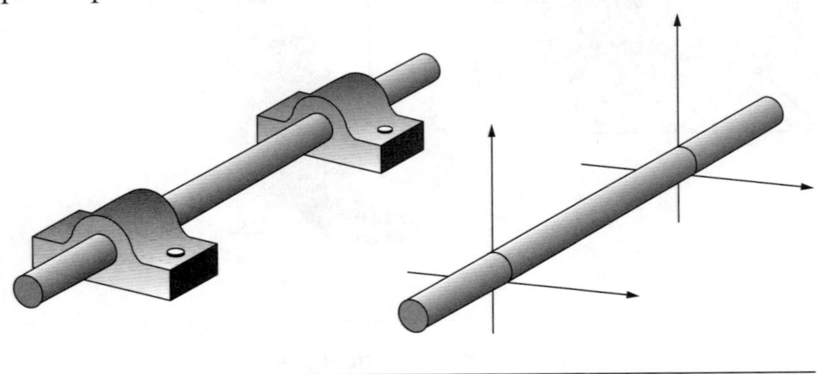

Figura 4.4 – Barras vinculadas por anéis

O nome "anel" indica a maneira de realizar este vínculo (contato com uma circunferência rígida). Os anéis são o modelo ideal de diversos tipos de mancais, encontrados na prática.

Tomando um sistema cartesiano de maneira que um dos eixos coordenados seja uma reta fixa, r, a determinação da força introduzida por meio de cada anel corresponde à determinação das componentes da força segundo dois eixos ortogonais a r.

Um anel será representado por dois pequenos traços, paralelos à reta fixa.

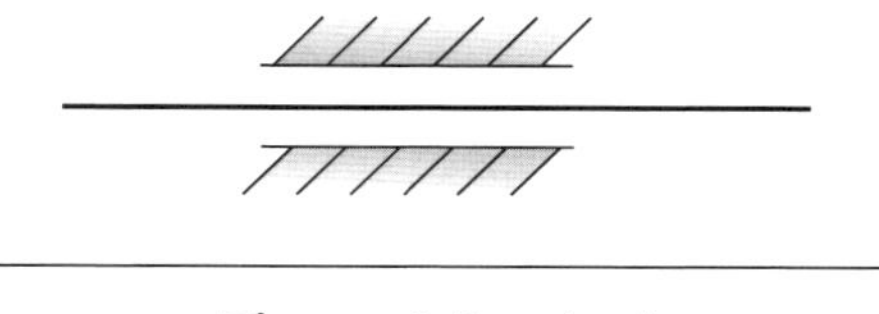

Figura 4.5 — Anel

Apoio simples (bilateral):

É o vínculo capaz de fornecer uma força de qualquer módulo e sentido, na direção normal a uma superfície. Um apoio mantém sempre um ponto de um sólido em contato com uma superfície.

Num sistema cartesiano em que um dos eixos é paralelo à direção da força proveniente do apoio simples, a determinação desta força se reduz à obtenção de sua componente segundo aquele eixo.

As maneiras de representar o apoio simples estão indicadas a seguir.

Apoio simples unilateral:

É o vínculo capaz de fornecer uma força de qualquer módulo, na direção normal a uma superfície e com sentido determinado. Um apoio unilateral mantém sempre um ponto de um sólido num mesmo lado da superfície de apoio (se esta for um plano, num mesmo semiespaço).

A representação gráfica deste vínculo é a mesma que aquela do apoio bilateral.

A articulação, o anel e o apoio simples são vínculos pontuais, pois são equivalentes à introdução de uma única força, de ponto de aplicação bem determinado.

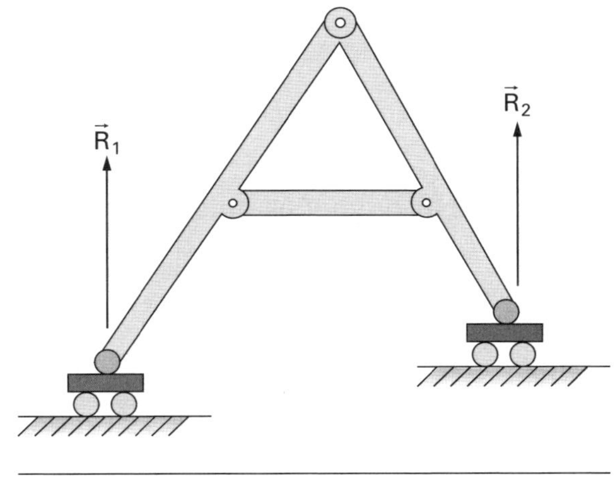

Figura 4.6 — Apoio simples

Engastamento:

Engastamento ou *engaste* é o vínculo capaz de fornecer um binário, de momento não nulo e mais uma força. Não é um vínculo puntual, na sua realização prática.

Sua representação é a seguinte:

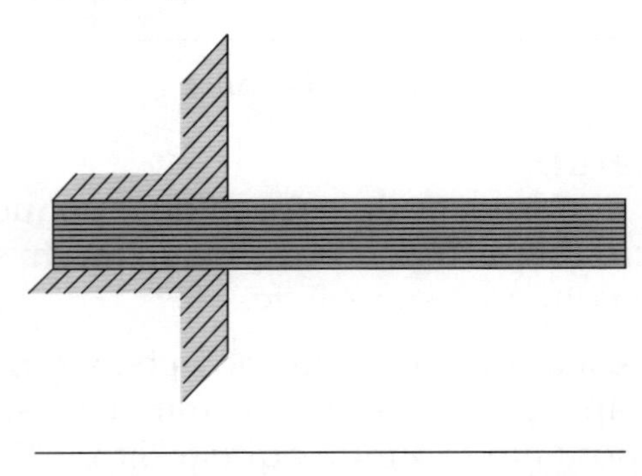

***Figura 4.7** — Engastamento*

4.5 — Introdução aos problemas de Estática

O problema que vamos geralmente resolver é do seguinte tipo:

Sabendo que um sistema de corpos materiais (geralmente sólidos) está em equilíbrio, numa posição dada, sujeito a forças ativas dadas, determinar as reações vinculares, externas a cada corpo do sistema.

As equações universais

$$\vec{R} = \vec{0}, \quad \vec{M}_O = \vec{0},$$

aplicadas a cada corpo do sistema, fornecem para este corpo um sistema de 6 equações escalares:

$$X = 0 \quad M_x = 0$$
$$Y = 0 \quad M_y = 0$$
$$Z = 0 \quad M_z = 0$$

(Também podem ser escritas as equações universais exprimindo que o conjunto de todos os corpos, ou de um número qualquer desses corpos, está em equilíbrio.)

4.5.1 — Sistemas planos

Chama-se *sistema plano* um sistema de corpos situados no mesmo plano, *sujeito a forças ativas também pertencentes a este plano.*

Tomando o plano $O\vec{i}\,\vec{j}$ coincidente com o plano do sistema e sendo

$$\vec{R} = X\vec{i} + Y\vec{j} + Z\vec{k}, \quad \vec{M}_O = M_x\vec{i} + M_y\vec{j} + M_z\vec{k}$$

verifica-se que as equações

$$Z = 0, \quad M_x = 0, \quad M_y = 0$$

são identicamente satisfeitas, não apresentando interesse. Restam as equações:

$$X = 0, \quad Y = 0, \quad M_z = 0.$$

Comportamento de uma articulação num sistema plano:

Nesse caso a articulação fornece forças somente em duas direções e pode ser substituída por um pino. É, por exemplo, o caso da barra em equilíbrio representada na Fig. 4.8: A componente da força em A, na direção normal à figura, é nula.

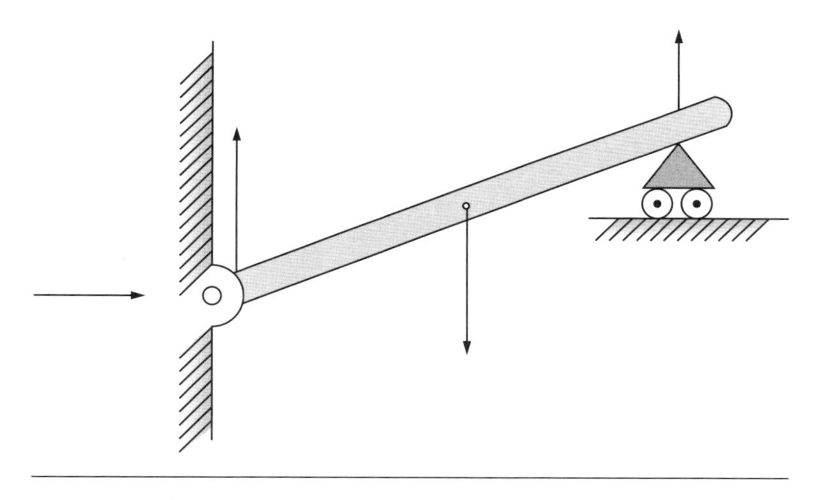

Figura 4.8 — Articulação em sistema plano

4.5.2 — Sistemas isostáticos e hiperestáticos

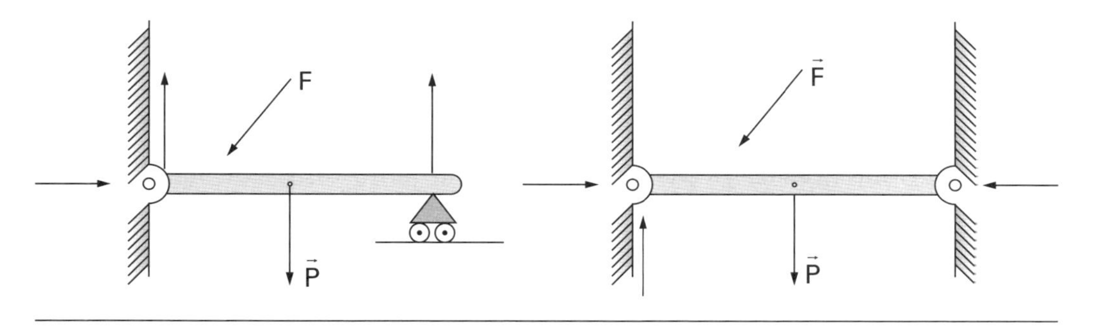

Figura 4.9 — Sistemas isostático e hiperestático

Um sistema em equilíbrio, de maneira que as equações da Estática sejam suficientes para a determinação das reações vinculares incógnitas, diz-se *estaticamente determinado* ou *isostático*. Caso contrário o sistema é dito *estaticamente indeterminado* ou *hiperestático*.

Há ainda casos em que o número de incógnitas é inferior ao número de equações. O equilíbrio desses sistemas só é possível para forças ativas muito particulares. Tais sistemas são ditos hipoestáticos.

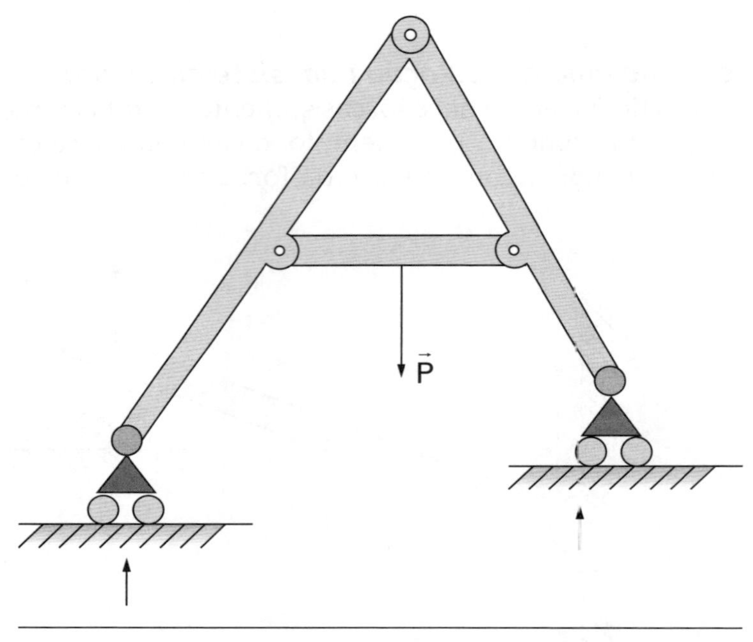

Figura 4.10 — Sistema hipoestático

4.5.3 — Casos importantes de sistemas em equilíbrio

Sistema em equilíbrio, sujeito apenas a duas forças externas:

Conclui-se, imediatamente, que as duas forças são diretamente opostas.

Sistema em equilíbrio, sujeito apenas a três forças externas:

Demonstremos que:

(a) As três forças são coplanares.

(b) Sendo coplanares as forças têm, necessariamente, linhas de ação paralelas ou concorrentes.

A afirmação (b) é imediata. De fato, se as forças não forem todas paralelas, sendo coplanares, duas delas, pelo menos, terão linhas de ação concorrentes em um ponto P. Sendo nulo o momento do sistema em relação a P, a linha de ação da terceira força terá, também, de passar por P.

Para demonstrar a afirmação (a), suponhamos, em primeiro lugar, que os pontos de aplicação, P_1, P_2, P_3, das forças $(\vec{F}_1, P_1)$, $(\vec{F}_2, P_2)$, $(\vec{F}_3, P_3)$ não estejam em linha reta.

O momento das forças $(\vec{F}_2, P_2)$ e $(\vec{F}_3, P_3)$, em relação à reta P_2P_3, é nulo. O mesmo deve acontecer com o momento de $(\vec{F}_1, P_1)$; portanto a linha de ação desta força deve encontrar P_2P_3, ou seja, esta força tem linha de ação no plano $P_1P_2P_3$. Analogamente verifica-se estarem nesse plano também as linhas de ação das outras duas forças.

Finalmente, suponhamos que os pontos $P_1P_2P_3$ pertençam a uma mesma reta, r. Os momentos de $(\vec{F}_2, P_2)$ e $(\vec{F}_3, P_3)$ em relação a P_1 são vetores opostos:

$$\vec{M}_{3,P1} = -\vec{M}_{2,P1}, \quad \text{isto é}$$

$$(P_3 - P_1) \wedge \vec{F}_3 = -(P_2 - P_1) \wedge \vec{F}_2 = \vec{m}$$

As linhas de ação destas duas forças $(\vec{F}_2, P_2)$ e $(\vec{F}_3, P_3)$ pertencerão a um mesmo plano $\pi \perp \vec{m}$, passando por r. Portanto a linha de ação de $(\vec{F}_1, P_1)$ deverá, também, pertencer a p, do contrário a resultante das 3 forças não seria nula.

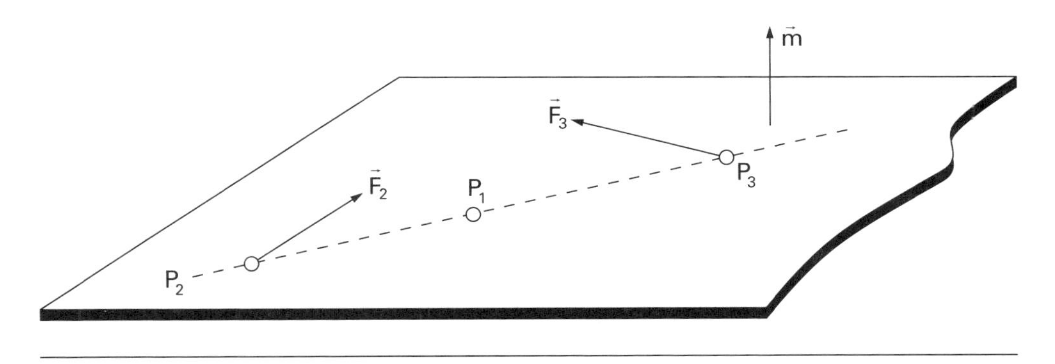

***Figura 4.11** — Três forças em equilíbrio*

■ EXEMPLO 4.1 ■

No sistema em equilíbrio indicado as duas barras têm forma de quadrante de circunferência. Supondo que F seja a única força ativa, achar as reações externas e as forças que atuam em cada barra.

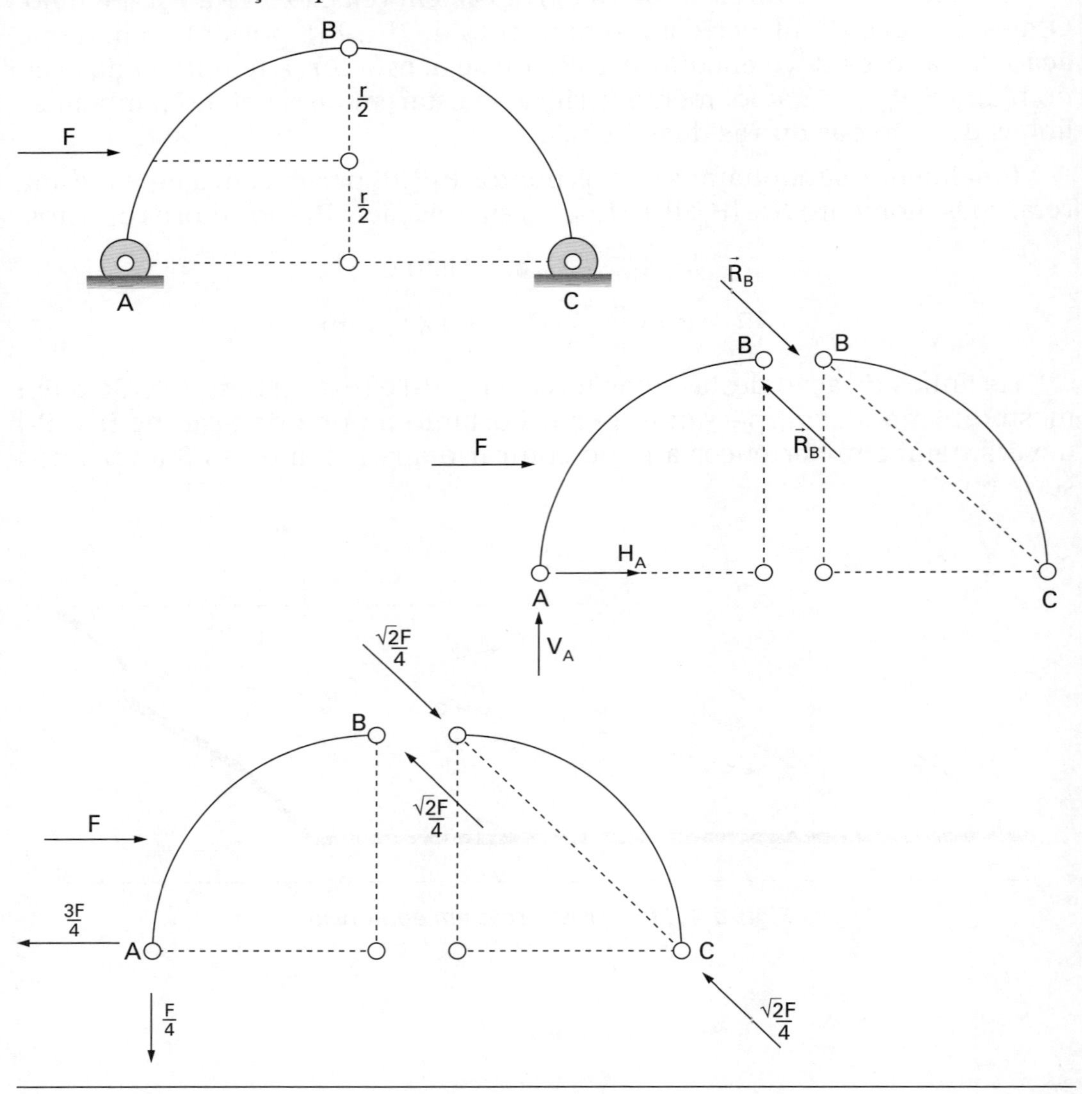

Exemplo 4.1

□ Solução:

A barra BC está sujeita a forças apenas em dois pontos; então estas forças são diretamente opostas.

No sistema plano considerado, o momento em relação ao eixo Az costuma ser indicado simplesmente por M_A. Escrevendo a equação $M_A = 0$, obtém-se:

$$R_B \cdot r\sqrt{2}/2 - F \cdot r/2 = 0, \quad \text{decorrendo} \quad R_B = F\sqrt{2}/4$$

Obtêm-se imediatamente as reações externas em A:

$$H_A = R_B \cos 45 - F = -3F/4, \quad \text{e} \quad V_A = -F\left(\sqrt{2}/4\right)\cos 54 = -F/4$$

■ EXEMPLO 4.2 ■

O sistema plano em equilíbrio, indicado, está sujeito à força vertical P, conforme a figura. Determinar:

As reações externas em A e em B.
A força na articulação E.
A distância x para que esta força seja máxima ou mínima.

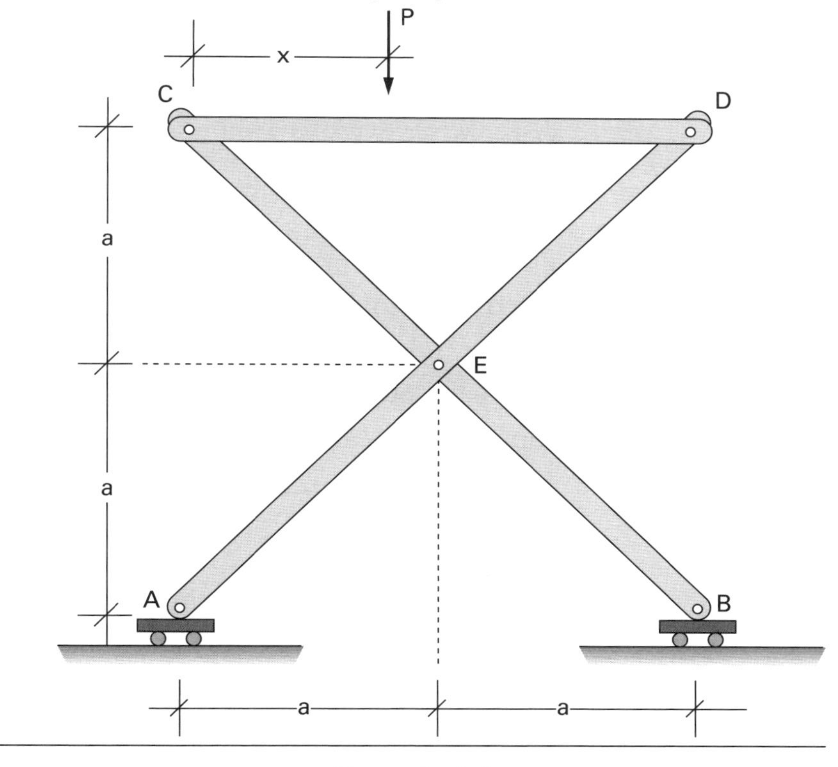

Exemplo 4.2

□ Solução:

a) Do equilíbrio do conjunto obtém-se
$M_A = 0 \Rightarrow R_B 2a - Px = 0 \Rightarrow R_B = Px/2a \Rightarrow V_A = P - R_B = (2a - x)P/2a$

b) Do equilíbrio da barra CEB:

$$M_C = 0 \Rightarrow R_B 2a + V_E a + H_E a = 0 \Rightarrow H_E + V_E = -2R_B \qquad (1)$$

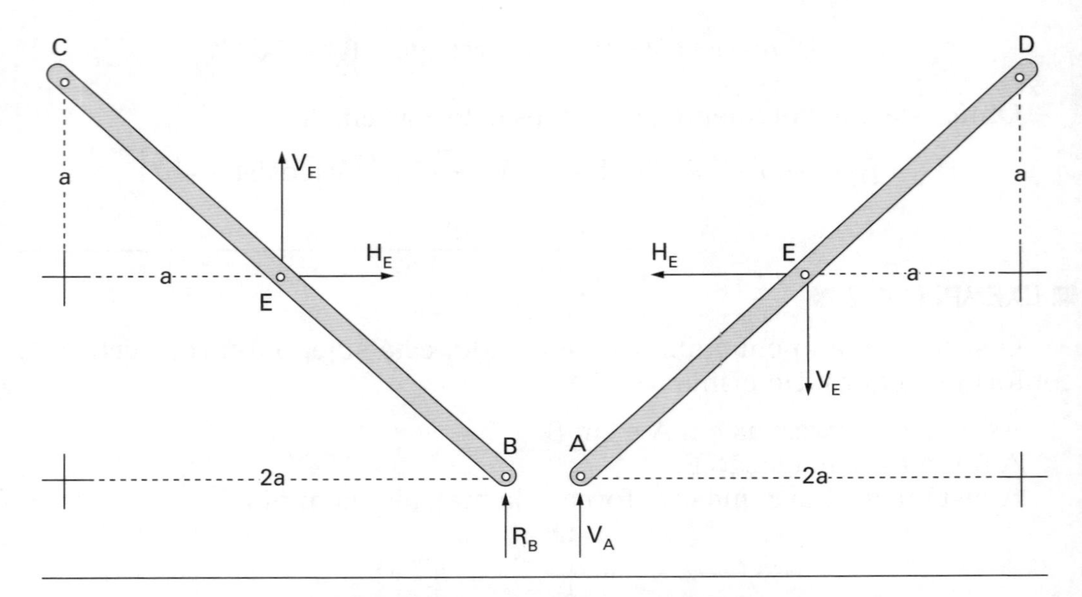

Exemplo 4.2 — Equilíbrio das barras CEB e AED

Do equilíbrio da barra AED:

$$M_D = 0 \Rightarrow V_E a - H_E a - V_A 2a = 0 \Rightarrow V_E - H_E = 2V_A \qquad (2)$$

Decorre de (1) e (2):

$$H_E = -P \quad \text{e} \quad V_E = (a - x)P/a$$

Como H_E = cte. o máximo e o mínimo de R_E vão depender só do valor da componente V_E, obtendo-se:

$$\text{Máximo para} \quad x = 0 \quad \text{ou} \quad x = 2a \Rightarrow R_E = P\sqrt{2}$$

$$\text{Mínimo para} \quad x = a \Rightarrow R_E = P$$

4.5.4 — Treliças

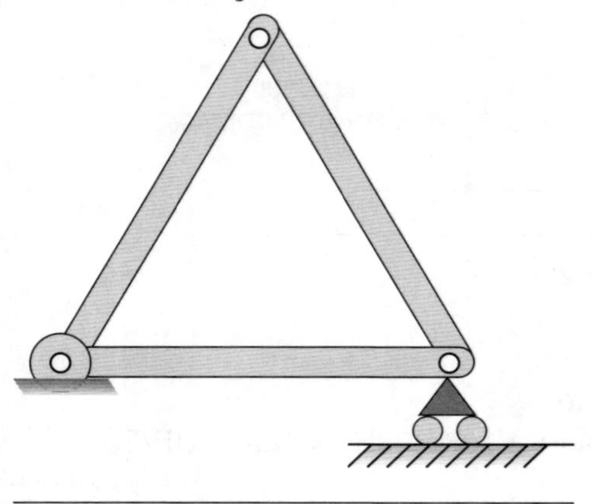

Figura 4.12 — Treliça

Chama-se *treliça* uma estrutura formada por barras retas, as quais formam triângulos, de maneira que as forças externas estejam aplicadas apenas nos vértices (*nós*).

Vamos considerar somente treliças planas. Chamemos T a treliça mais simples; ela será formada por um único triângulo, apresentando 3 barras e 3 nós.

A partir de T imaginemos formada uma nova treliça, com b barras e n nós, para cada novo nó acrescentando duas barras. Para obter a treliça final precisamos acrescentar, a T, (n – 3) nós e 2(n – 3) barras. A treliça final terá, portanto, um número de barras igual a

$$b = 3 + 2(n - 3), \quad \text{ou} \quad b = 2n - 3$$

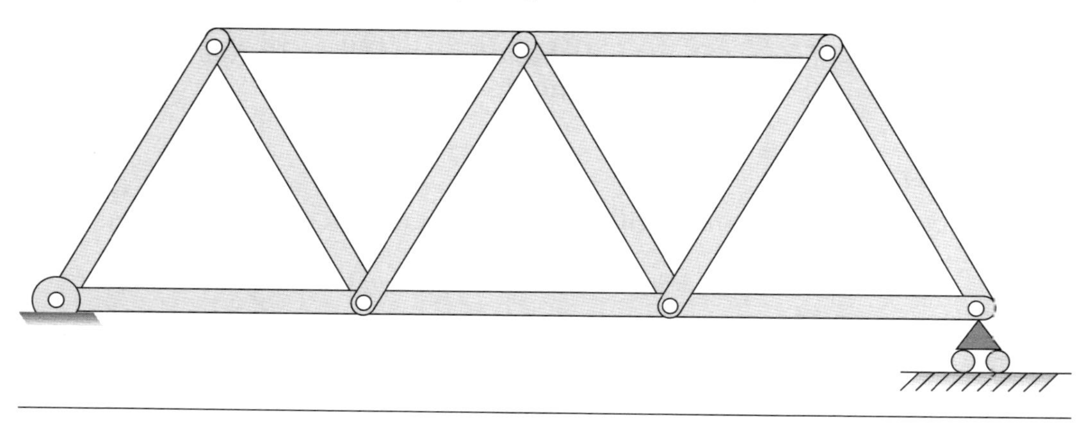

Figura 4.13 — Treliça com b = 11 e n = 7

Escrevendo as equações de equilíbrio para cada nó, teremos 2n equações. Estas equações permitirão (em geral) determinar as b forças nas barras e mais 3 forças incógnitas externas.

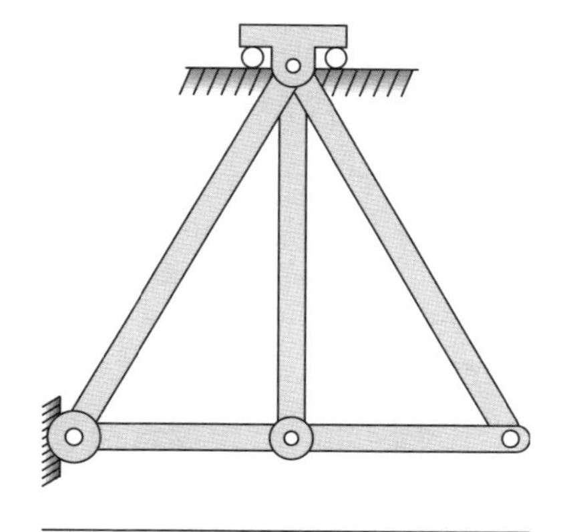

Figura 4.14 — Treliça com n = 4 e b = 5

Uma maneira diferente de construir treliças é acrescentar, a T, mais barras para cada nó: teremos b + 3 > 2n e não poderemos mais determinar as forças em todas as barras (*treliça*

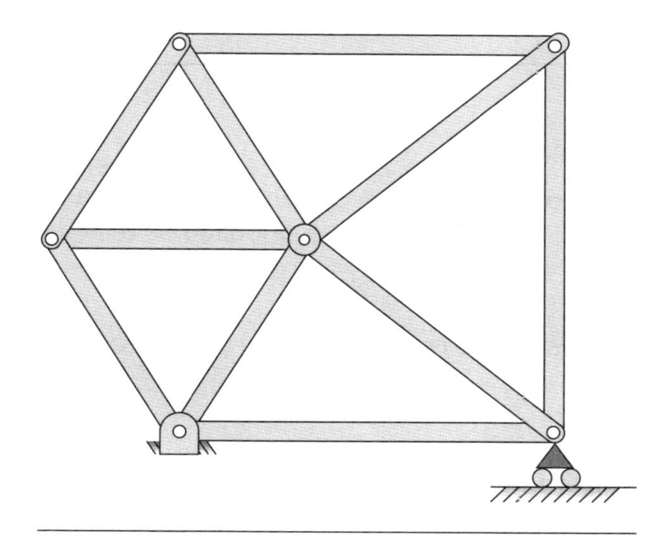

Figura 4.15 — Treliça hiperestática com b = 10

hiperestática). Observemos que uma condição necessária para uma treliça ser isostática é b ser um número ímpar.

No caso de qualquer sistema em equilíbrio ser constituído de barras de peso desprezível e todas as forças serem aplicadas nos nós, como nas treliças, é interessante resolver o sistema pelo *Método dos Nós*, pelo qual se considera o equilíbrio dos nós (e não explicitamente das barras).

■ EXEMPLO 4.3 ■

Considerando o sistema indicado, obter as forças nas duas barras.

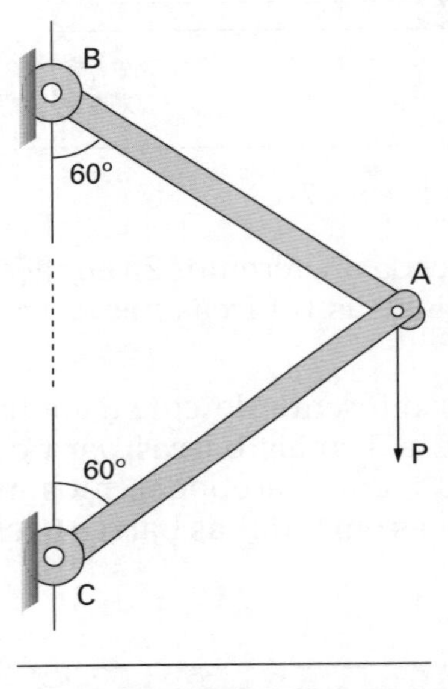

Exemplo 4.3

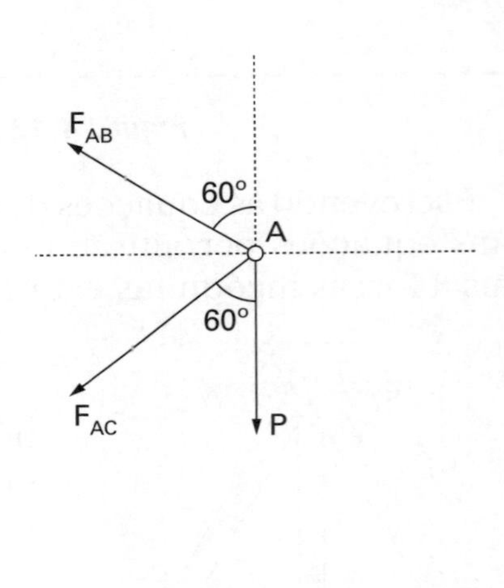

Exemplo 4.3 – Nó A

□ Solução:

Considerando o equilíbrio das forças que atuam no nó A, obtém-se

$$(F_{AC} + F_{AB})\cos 30° = 0 \qquad F_{AC} = -F_{AB}$$

$$F_{AB}\cos 60° = F_{AC}\cos 60° + P \qquad F_{AB} = P, \quad F_{AC} = -P$$

Os sinais indicam tração na barra AB e compressão em AC.

■ EXEMPLO 4.4 ■

Determinar as forças nas barras e as reações externas no sistema indicado.

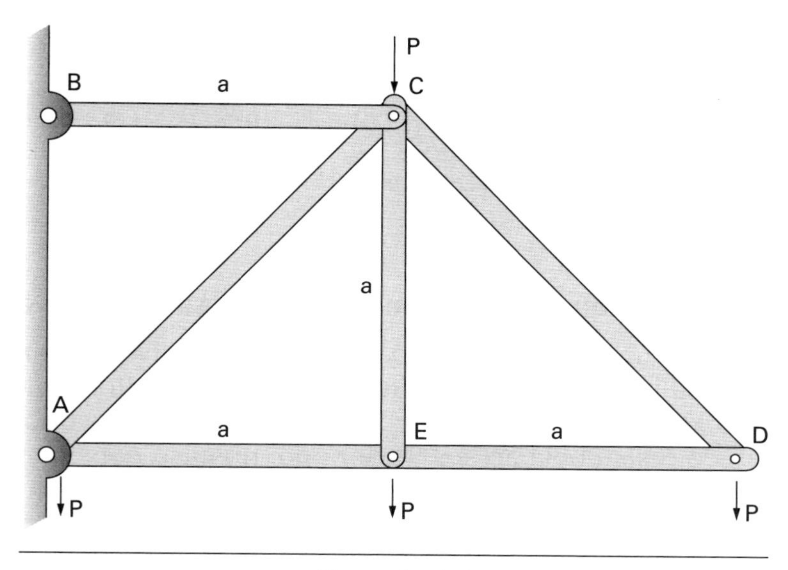

Exemplo 4.4

☐ Solução:

Considerando sucessivamente o equilíbrio dos nós D, C e E,

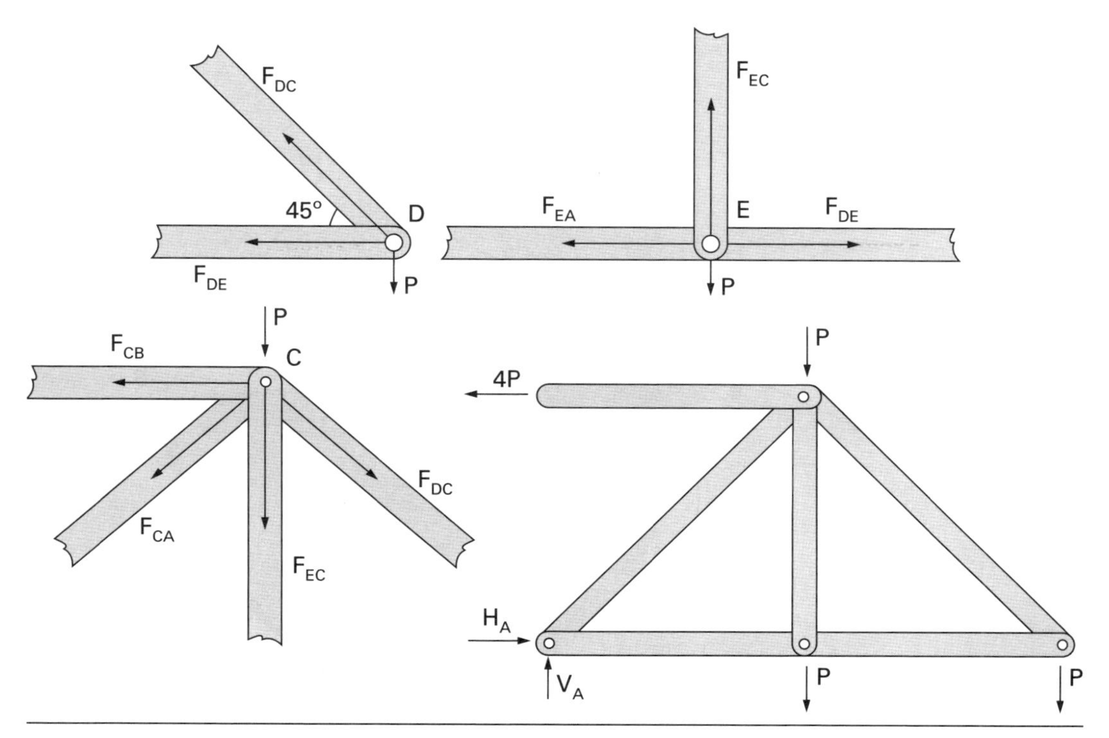

***Exemplo 4.4** — Equilíbrio dos nós e do conjunto*

obtém-se a

☐ **Solução:**

$$F_{DC} = P\sqrt{2}, \quad F_{DE} = -P, \quad F_{EA} = -P, \quad F_{EC} = P,$$

$$F_{CA} = -3\sqrt{2}P, \quad F_{CB} = 4P, \quad V_A = 3P$$

4.5.5 — Sistemas em equilíbrio contendo fios de peso desprezível

Fios são corpos unidimensionais, perfeitamente flexíveis. De início vamos considerar fios de peso desprezível. Se o fio estiver sujeito a forças apenas nas suas duas extremidades, estas forças serão diretamente opostas. Como o fio não oferece resistência ao ser flexionado, no caso considerado acima, ele só poderá estar em equilíbrio quando as forças em suas extremidades tenderem a *tracioná-lo*; admitindo que ele resista às forças de tração, atuando em suas extremidades, ele poderá ficar em equilíbrio em linha reta, na direção da linha de ação das forças externas.

■ EXEMPLO 4.5 ■

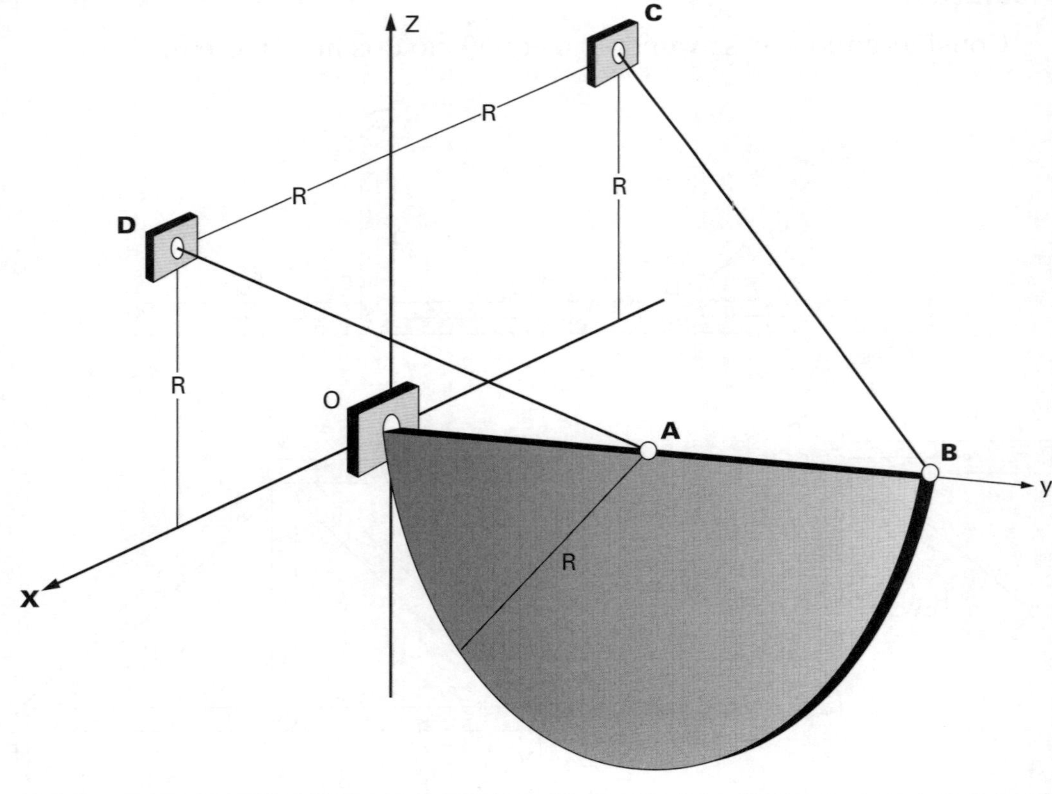

Exemplo 4.5

A placa semicircular, homogênea, de peso P, indicada, é mantida em equilíbrio pela articulação O e pelos fios AD e BC de pesos desprezíveis. Calcular a reação na articulação e as tensões nos fios.

☐ Solução:

Sendo $D - A = R\vec{i} - R\vec{j} + R\vec{k}$ e $C - B = -R\vec{i} - 2R\vec{j} + R\vec{k}$, obtém-se a expressão vetorial das tensões nos fios:

$$\vec{T}_A = \left(T_A/\sqrt{3}\right)\left(\vec{i} - \vec{j} + \vec{k}\right), \quad \vec{T}_B = \left(T_B/\sqrt{6}\right)\left(-\vec{i} - 2\vec{j} + \vec{k}\right)$$

Tomando momento em relação a O, obtém-se

$$M_x = \left[(B - O) \wedge \vec{T}_B + (A - O) \wedge \vec{T}_A (A - O) \wedge \left(-P\vec{k}\right)\right] \cdot \vec{i} = 2T_B + \sqrt{2}T_A - \sqrt{6}P = 0$$

$$M_z = \left[(B - O) \wedge \vec{T}_B + (A - O) \wedge \vec{T}_A\right] \cdot \vec{k} = 2T_B - \sqrt{2}T_A = 0$$

Estas equações fornecem:

$$T_A = (P/2)\sqrt{3}, \quad T_B = (P/4)\sqrt{6}$$

Igualando a zero a resultante total das forças, obtêm-se as componentes da reação em O:

$$X_O = -P/4, \quad Y_O = P, \quad Z_O = P/4$$

Capítulo 5

ESTÁTICA DOS FIOS OU CABOS

5.1 — Sistemas funiculares

Consideremos um sistema ordenado de pontos materiais P_1, P_2, ...,P_n tais que a distância entre dois pontos consecutivos quaisquer P_i, P_{i+1} se mantenha invariável. Admitamos que em cada ponto P_i atue uma força $\vec{F}_i$, além das forças $\vec{F}_{i,\,i-1}$ $(i > l)$ e $\vec{F}_{i,\,i+1}$ $(i < N)$ provenientes das ligações de P_i com P_{i-1} e P_{i+1}. O sistema de pontos P_i é denominado sistema funicular. A figura de equilíbrio do sistema funicular, isto é, a figura formada pelo sistema na posição de equilíbrio, é chamada polígono funicular.

Obtêm-se as equações de equilíbrio do sistema funicular igualando a zero a resultante, em cada um dos pontos P_i, das forças que nele atuam e observando que, de acordo com o princípio de ação e reação, as forças $\vec{F}_{i,\,i-1}$ e $\vec{F}_{i,\,i+1}$ devem ser iguais e diretamente opostas.

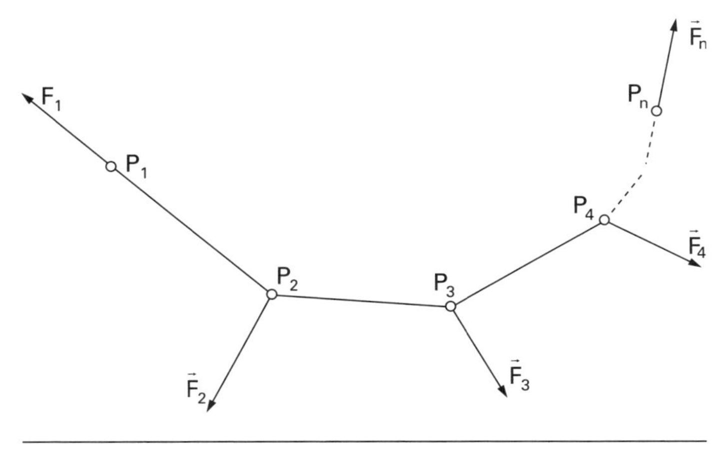

***Figura 5.1** — Sistema funicular*

As equações de equilíbrio são as seguintes:

$$\vec{F}_1 + \vec{F}_{12} = \vec{0}$$

$$\vec{F}_n + \vec{F}_{n-1,n} = \vec{0} \qquad (5.1)$$

$$\vec{F}_2 + \vec{F}_{12} + \vec{F}_{23} = \vec{0}$$

$$\vec{F}_2 + \vec{F}_{23} + \vec{F}_{34} = \vec{0} \tag{5.2}$$

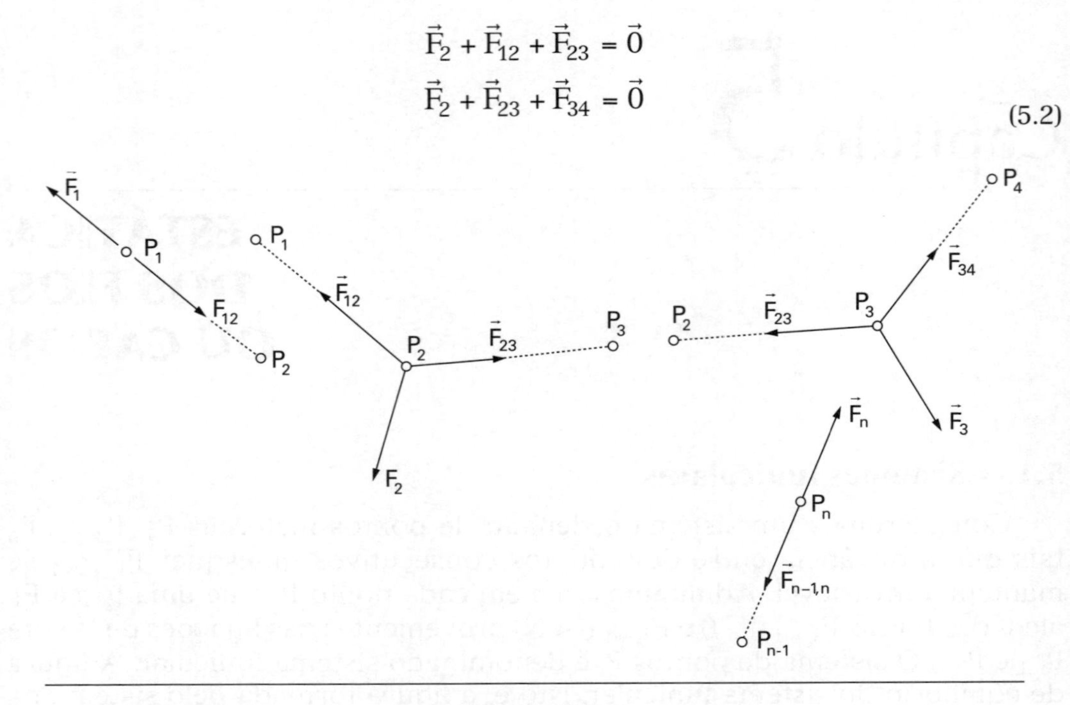

Figura 5.2

Cada uma das equações (5.2) é representada graficamente por um triângulo de forças. O conjunto de todos os triângulos constitui o que se chama um diagrama de forças. A figura acima apresenta quatro vértices de um polígono funicular e a parte correspondente do diagrama de forças.

O polígono funicular pode ser uma figura plana ou reversa. Quando todas as forças $\vec{F}_i$, salvo as forças extremas $\vec{F}_1$ e $\vec{F}_n$, forem paralelas ou concorrentes, o polígono funicular será uma figura plana e em seu plano estarão aquelas forças, inclusive as extremas. De fato, considerados quatro vértices consecutivos quaisquer do polígono funicular, o plano dos três primeiros contém o último, sempre que a hipótese aludida é verificada. Por exemplo, seja π o plano $P_1P_2P_3$. Como as três forças que atuam em P_2 estão em equilíbrio e portanto são coplanares, a força $(\vec{F}_2, P_2)$ deve pertencer a π. Da hipótese segue-se então que a força $(\vec{F}_3, P_3)$ também pertence a π. Em consequência, as três forças (coplanares) que atuam em P_3 estão em π e P_4 pertence a π.

As forças $\vec{F}_{i,i+1}$ podem ser escritas sob a forma

$$\vec{F}_{i,i+1} = T_i \frac{P_{i+1} - P_i}{\ell_i} \tag{5.3}$$

sendo $\ell_i = |P_{i+1} - P_i|$.

O escalar T_i coincide em valor absoluto com os módulos das forças $\vec{F}_{i,i+1}$ e $\vec{F}_{i+1,i}$.

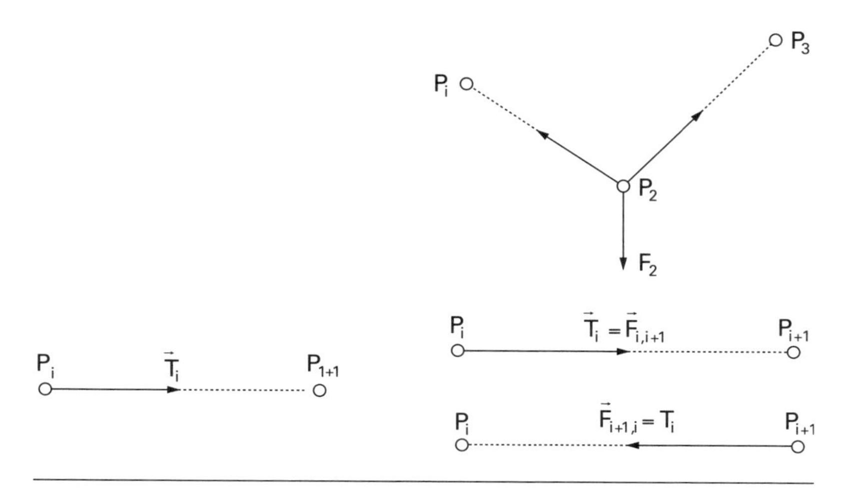

Figura 5.3

Quando T_i for positivo, diz-se que o lado P_iP_{i+1} do sistema funicular trabalha a *tração*, dando-se a T_i o nome de *esforço de tração*. Quando T_i for negativo diz-se que o lado P_iP_{i+1} trabalha a compressão, dando-se a $-T_i$ o nome de *esforço de compressão*.

Diz-se que o sistema funicular trabalha a tração, quando todos os seus lados trabalharem a tração, e que trabalha a compressão, quando todos trabalharem a compressão. Há casos em que a realização prática das ligações entre os vértices de um sistema funicular exige que o sistema só trabalhe a tração; é o caso de todas as ligações serem feitas por fios, de massa desprezível. Nesse caso o esforço de tração T_i costuma também ser chamado *tensão* (no trecho correspondente de fio).

■ EXEMPLO 5.1 ■

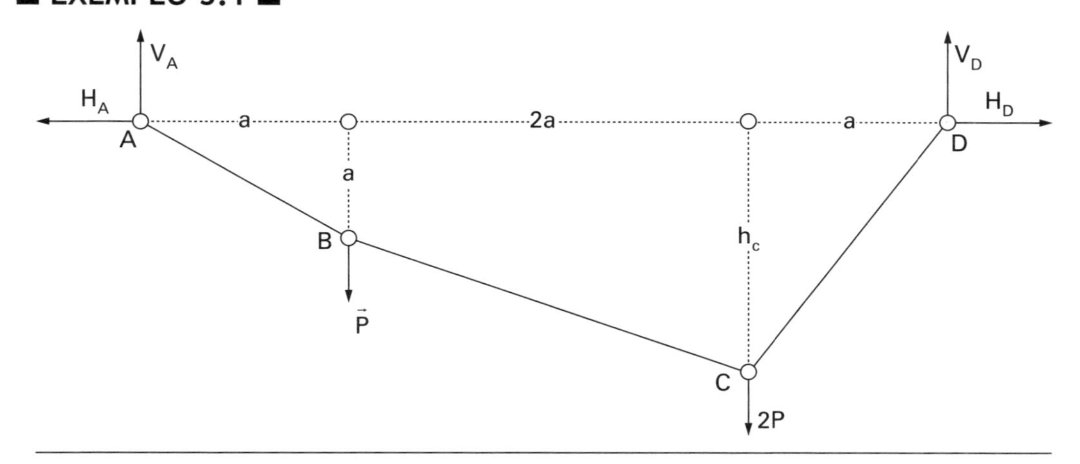

Exemplo 5.1

O fio ABCD de massa desprezível está em equilíbrio preso pelas extremidades A e D, suportando os pesos P e 2P, pendurados em B e C, conforme a figura. Determinar:

As forças em A e D.
As tensões nos trechos de fio AB, BC e CD.
A altura h_C, no ponto C.

☐ Solução:

Considerando o equilíbrio do conjunto e tomando o momento das forças externas em relação a A

$$M_A = 0\text{, e portanto } V_D 4a = Pa + 2P \cdot 3a \Rightarrow V_D = 7P/4.$$

Do equilíbrio das forças verticais resulta:

$$V_A + V_D = P + 2P \Rightarrow V_A = 3P - V_D = 5P/4.$$

Considerando o trecho de fio AB e tomando momentos em relação a B:

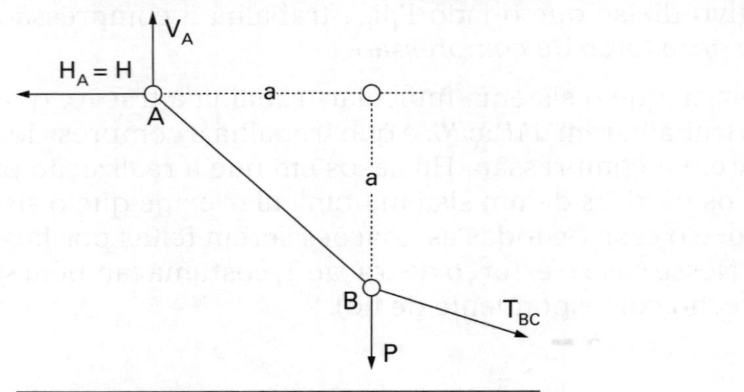

***Exemplo 5.1** – Equilíbrio do trecho AB*

$$M_B = 0 \Rightarrow Ha = V_A a \Rightarrow H = V_A = 5P/4,$$

decorrendo a tensão em A:

$$T_A^2 = V_A^2 + H_A^2 = 2(5P/4)^2 \Rightarrow T_A = \left(5\sqrt{2}/4\right)P$$

que é a tensão em todo o trecho AB.

Considerando o trecho CD e tomando momentos em relação a C, obtém-se h_C:

$$M_C = 0 \Rightarrow V_D a = Hh_C \Rightarrow h_C = 7a/5.$$

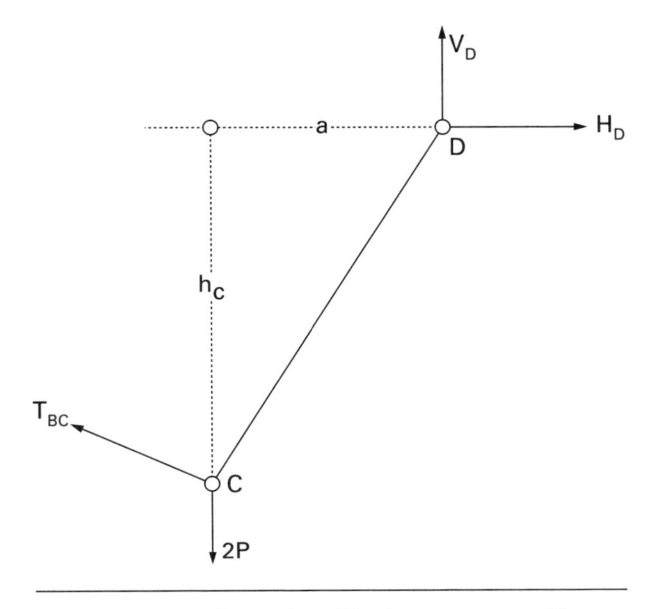

Exemplo 5.1 — Equilíbrio no trecho CD

Finalmente, observando que a componente horizontal da tensão no trecho BC é H = 5P/4 (basta considerar o equilíbrio das forças no nó B (ou C), obtém-se, isolando o trecho BC e tomando momentos em relação a B:

$$M_B = 0 \Rightarrow H\,(h_C - a) = V.\ 2a,$$

(chamando V a componente vertical da tensão, sobre o fio BC, em C). Decorrem $V = P/4$ e $T_{BC} = P\,(\sqrt{26})/4$.

■ EXEMPLO 5.2 ■

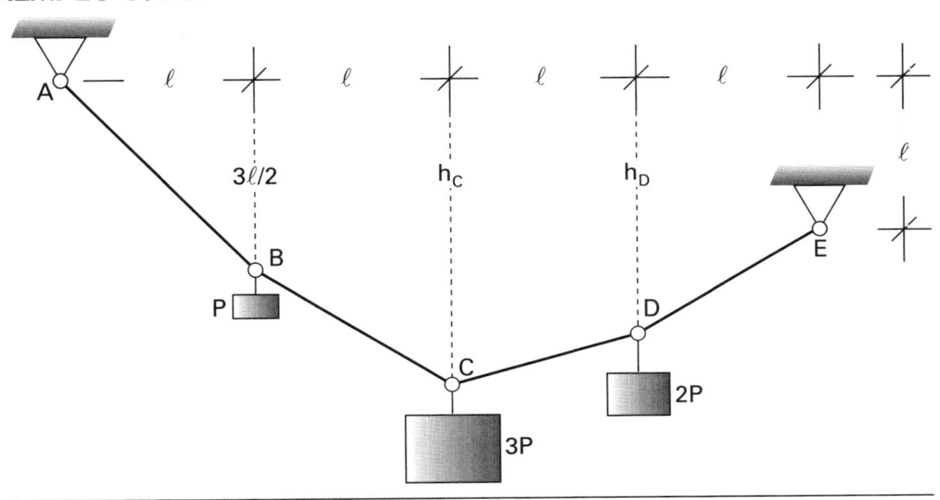

Exemplo 5.2

O fio ABCDE, de peso desprezível, sustenta as cargas P, 3P e 2P, conforme a figura. Calcular em função de P:

As reações em A e em E.
As alturas h_C e h_D.

☐ Resposta:

$X_A = X_E = 11P/5$; $Y_A = 33P/10$; $Y_E = 27P/10$; $h_C = (28/11)\ell$; $h_D = (49/22)\ell$.

Consideremos agora fios de massa não desprezível, em equilíbrio. Eles podem ser considerados como caso limite de sistemas funiculares que só podem trabalhar a tração, nos quais o número de vértices cresce indefinidamente e as distâncias ℓ_1 e as forças, $\vec{F}_i$, salvo as forças extremas $\vec{F}_1$ e $\vec{F}_n$, tendem para zero. A figura de equilíbrio de um fio é chamada *curva funicular*.

Para obter as equações de equilíbrio dos fios, vamos partir das equações de equilíbrio dos sistemas funiculares e verificar que forma essas equações assumem no caso limite aludido.

Devido a (5.3), as equações (5.1) tornam-se

$$\vec{F}_1 + T_1 \frac{P_2 - P_1}{\ell_1} = \vec{0}$$
$$\vec{F}_n - T_{n-1} \frac{P_n - P_{n-1}}{\ell_{n-1}} = \vec{0} \qquad (5.4)$$

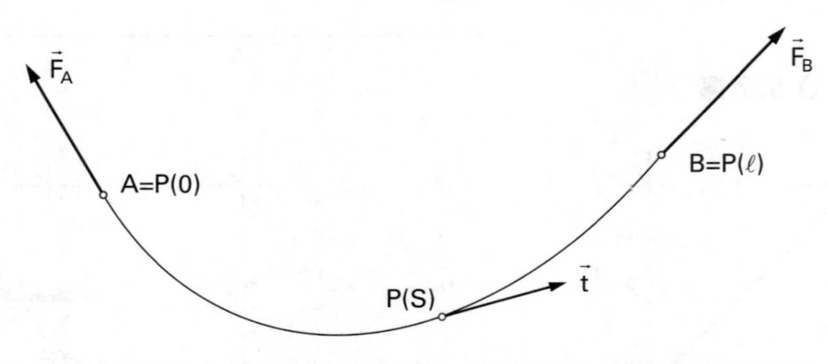

***Figura 5.4** – Fio*

Acrescentando-se a cada uma das equações do sistema (5.2) todas as anteriores do mesmo sistema, obtém-se o sistema equivalente

$$\sum_{i=2}^{n} \vec{F}_i - \vec{F}_{12} + \vec{F}_{n,n+1} = \vec{0}, \quad (n = 2,3 \ldots n-1)$$

ou, considerando (5.3) e fazendo $\vec{F}_i = \vec{\varphi}_i \ell_i$,

$$\sum_{i=2}^{n} \vec{\varphi}_i \ell_i - T_1 \frac{P_2 - P_1}{\ell_1} + T_n \frac{P_{n+1} - P_n}{\ell_n} = \vec{0} \tag{5.5}$$

No caso de um fio as equações (5.4) e (5.5) devem ser substituídas pelas seguintes:

$$\begin{aligned} \vec{F}_A + T_A \vec{t}_A &= \vec{0} \\ \vec{F}_B + T_B \vec{t}_B &= \vec{0} \end{aligned} \tag{5.6}$$

$$\int_0^s \vec{\varphi}\, ds - T_A \vec{t}_A + T\vec{t} = \vec{0}, \quad (0 \le s \le \ell) \tag{5.7}$$

A função $\vec{\varphi}$ é denominada força por unidade de comprimento.

Consideremos o caso particular importante em que $\vec{\varphi}$ é vertical e, em consequência, a curva funicular está situada num plano vertical. Seja $\vec{j}$ o versor da vertical ascendente e $O\vec{i}\vec{j}$ o plano da curva.

Para facilitar as deduções posteriores, consideremos uma função p(x) tal que

$$\vec{\varphi} ds = -p dx \vec{j} \tag{5.8}$$

Observemos que $-p\vec{j}$ representa a força no fio por unidade de comprimento de projeção horizontal.

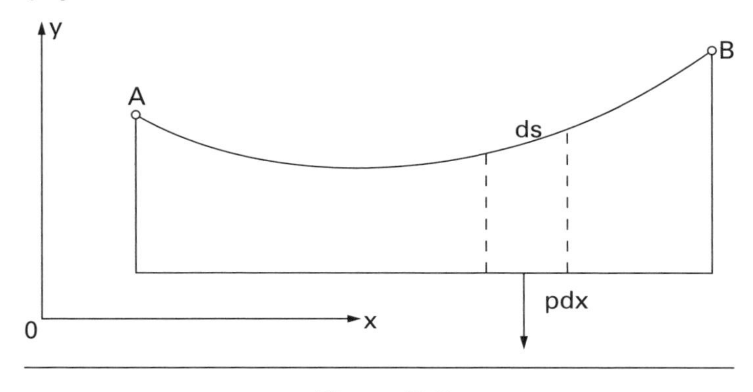

Figura 5.5

Devido a (5.8), a equação (5.7) torna-se

$$-\int_{x_A}^{x} p\, dx \vec{j} - T_A \vec{t}_A + T\vec{t} = \vec{0}, \quad \text{ou}$$

$$T\vec{t} = \int_{x_A}^{x} p\, dx \vec{j} + T_A \vec{t}_A \tag{5.9}$$

Introduzindo-se as expressões

$$\vec{t} = \cos\alpha \vec{i} + \operatorname{sen}\alpha \vec{j}$$

(onde α é a inclinação do versor tangente em relação a Ox), e

$$\vec{t}_A = \cos\alpha_A \vec{i} + \operatorname{sen}\alpha_A \vec{j}$$

(onde $\vec{t}_A$ é o versor tangente no ponto A), resultam de (5.9) as duas equações escalares

$$T\cos\alpha = T_A \cos\alpha_A$$

$$T\operatorname{sen}\alpha = \int_{x_A}^{x} p\,dx + T_A \operatorname{sen}\alpha_A$$

Igualando a zero a resultante das forças horizontais num trecho de fio entre o ponto mais baixo da curva e um ponto genérico dela, verifica-se que a projeção horizontal, H, da tensão T, é constante.

Dividindo a última equação pela precedente, obtém-se, notando que $T\cos\alpha = H$:

$$\operatorname{tg}\alpha = \frac{1}{H}\int_{x_A}^{x} p\,dx + \operatorname{tg}\alpha_A$$

Lembrando que

$$\operatorname{tg}\alpha = \frac{dy}{dx} \qquad \cos\alpha_A = \frac{1}{\sqrt{1+\left(\frac{dy}{dx}\right)^2}} \tag{5.10}$$

$$T = H\sqrt{1+\left(\frac{dy}{dx}\right)^2}$$

e derivando a expressão de $\operatorname{tg}\alpha$

$$\frac{d^2y}{dx^2} = \frac{P}{H} \tag{5.11}$$

A equação (5.11) é a equação diferencial da curva funicular e (5.10) permite o cálculo da tração T num ponto qualquer da curva.

Uma aplicação simples dessas equações encontra-se na chamada curva das pontes pênseis.

5.2 — Curva das pontes pênseis

É a figura plana de equilíbrio de um fio que suporta, na posição de equilíbrio, um peso uniformemente distribuído sobre a projeção horizontal do fio. É o caso em que p é constante.

Integrando (5.11) obtém-se a seguinte parábola de eixo vertical:

$$y - y_0 = \frac{p}{2H}(x - x_0)^2$$

De (5.10) resulta que

$$T = \sqrt{H^2 + p^2 (x - x_0)^2}$$

■ EXEMPLO 5.3 ■

O fio AB está em equilíbrio sustentando uma carga que é supostamente distribuída de modo uniforme na sua projeção horizontal, de comprimento 10a, conforme a figura. Por unidade de comprimento horizontal o valor da carga é q. Determinar as tensões, H, T_A e T_B.

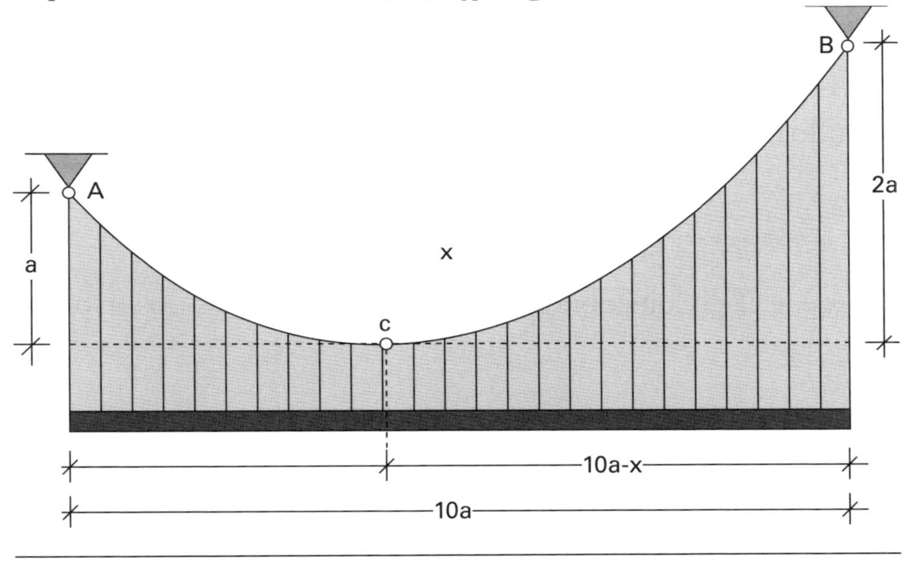

Exemplo 5.3

□ Solução:

Consideremos o equilíbrio de dois trechos de fio, indo, cada um deles, do ponto C, o mais baixo do fio AB, até A ou até B. Chamemos x o comprimento

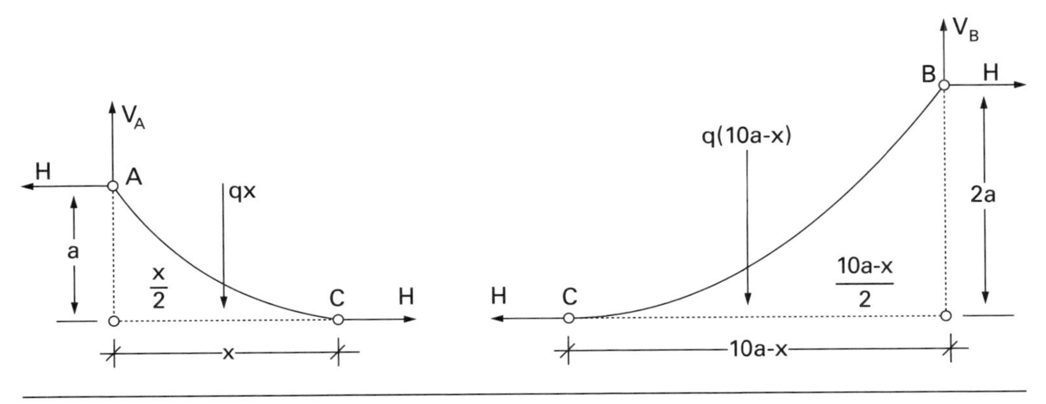

***Exemplo 5.3** — Equilíbrio dos dois trechos de fio*

da projeção horizontal do trecho AC, resultando o comprimento (10a – x) para o comprimento da projeção de CB; as cargas totais sobre esses trechos serão, respectivamente, qx e q(10a – x).

Para o trecho AC, tomando momentos em relação a A:

$$Ha = q\frac{x^2}{2} \tag{1}$$

Para CB, tomando momentos em relação a B:

$$H2a = q\frac{q(10a - x)^2}{2} \tag{2}$$

Dividindo, membro a membro, (2) por (1):

$$2 = \left(\frac{10a - x}{x}\right)^2,$$

ou, $10\,a - x = \pm\sqrt{2}x$. Considerando o sinal que fornece x positivo, obtém-se $x = \left(\frac{10}{1+\sqrt{2}}\right)a$.

Resultam $H = \frac{qx^2}{2a} = \frac{50aq}{1+\sqrt{2}}$, $V_A = \left(\frac{10}{1+\sqrt{2}}\right)$ e $V_B = \left(\frac{10\sqrt{2}}{1+\sqrt{2}}\right)aq$

As tensões, em A e B, serão, respectivamente:

$$T_A = \sqrt{H^2 + V_A^2} = \frac{10\sqrt{26}}{1+\sqrt{2}}aq, \quad T_B = \sqrt{H^2 + V_B^2} = \frac{10\sqrt{27}}{1+\sqrt{2}}aq.$$

5.3 — Catenária

É a figura de equilíbrio de um fio homogêneo suspenso por suas extremidades e sujeito apenas à ação da gravidade, isto é, tal que

$$\vec{\varphi} = -q\vec{j} \tag{5.12}$$

sendo q o peso (constante) por unidade de comprimento do fio e $\vec{j}$ o versor da vertical ascendente.

Comparando (5.8) com (5.12), conclui-se que

$$p = q\frac{ds}{dx},$$

$$p = q\sqrt{1 = \left(\frac{dY}{dx}\right)^2}$$

ou

Introduzindo este valor de p em (5.11) obtém-se a equação diferencial da curva procurada

$$\frac{d^2y}{dx^2} = \frac{q}{H}\sqrt{1 = \left(\frac{dY}{dx}\right)^2}$$

Efetuando nesta equação a mudança de variável

$$\frac{dy}{dx} = \mathrm{sh}\theta \tag{5.13}$$

ela se transforma em

$$\frac{d\theta}{dx} = \frac{q}{H}$$

isto é

$$\theta = \frac{q}{H}(x = x_0) \tag{5.14}$$

De (5.13) e (5.14) resulta a equação cartesiana da catenária:

$$y - y_0 = a\ \mathrm{ch}\frac{x - x_0}{a}, \qquad \left(a = \frac{H}{q}\right) \tag{5.15}$$

E de (5.10) e (5.15) conclui-se que

$$T = q(y - y_0) \tag{5.16}$$

O comprimento de fio entre os pontos de abscissas x_0 e x é dado pela integral

$$s = \int_{x_0}^{x}\sqrt{1 + \left(\frac{dy}{dx}\right)^2}$$

Tendo em vista (5.15), conclui-se que

$$s = a\ \mathrm{sh}\frac{x - x_0}{a} \tag{5.17}$$

Efetuando-se uma translação de eixos de modo que a nova origem seja o ponto $P_0(x_0, y_0)$, as equações (5.15) e (5.16) tomam a forma mais simples

$$\bar{y} = a\ \mathrm{ch}\frac{\bar{x}}{a} \tag{5.18}$$

$$T = q\bar{y} \tag{5.19}$$

O ponto C mais baixo da curva é chamado vértice da catenária, o eixo $\bar{x}$ é denominado base e o escalar a, distância do vértice à base, é dito parâmetro. A equação (5.18) mostra que o eixo $\bar{y}$ é eixo de simetria da catenária.

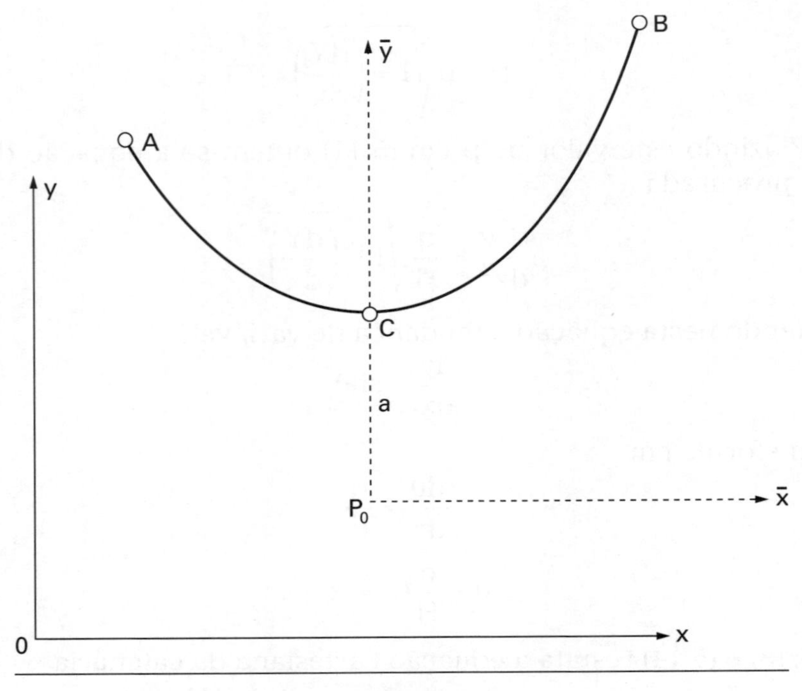

Figura 5.6

De acordo com a expressão (5.19), a tração num ponto qualquer da curva é igual ao peso de uma porção de fio tendo para comprimento a distância do ponto considerado a base da catenária.

As três constantes a, x_0, y_0 que comparecem na equação (5.15) podem ser determinadas em função das coordenadas das extremidades A e B do fio, e do comprimento ℓ do arco AB. Para facilitar essa determinação, façamos a origem O do sistema Oxy de referência coincidir com a extremidade mais baixa do fio e orientemos o eixo x de modo que a abscissa da outra extremidade seja positiva.

Sendo A ≡ (0, 0) e B ≡ (b, c) as extremidades do fio, resultam de (5.15) as duas relações:

$$-y_0 = a \operatorname{ch}\frac{x_0}{a} \tag{5.20}$$

$$c - y_0 = a \operatorname{ch}\frac{b - x_0}{a} \tag{5.21}$$

De (5.17) resulta uma terceira relação:

$$\ell = a \operatorname{sh}\frac{b - x_0}{a} + a \operatorname{sh}\frac{x_0}{a}, \quad \text{ou,}$$

usando a definição de seno hiperbólico:

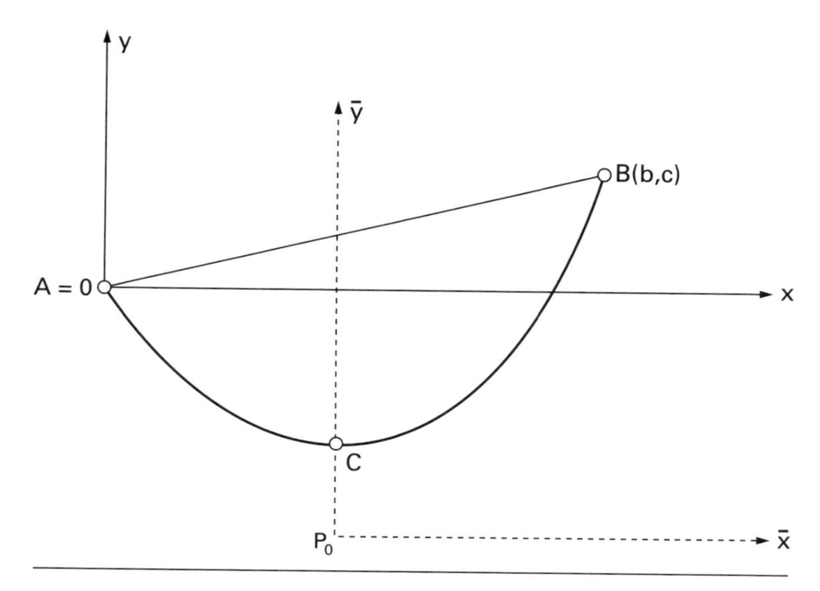

Figura 5.7

$$\ell = \frac{a}{2}\left[e^{(b-x_0)/a} + e^{(x_0-b)/a} - e^{x_0/a} - e^{-x_0/a}\right],$$

e, depois de algumas transformações

$$\ell = 2a\left[\mathrm{sh}\frac{b}{2a}\mathrm{ch}\frac{b-2x_0}{2a}\right] \tag{5.22}$$

Por outro lado, de (5.20) e (5.21), vem:

$$c = a\ \mathrm{ch}\frac{b-x_0}{a} - a\ \mathrm{ch}\frac{x_0}{a},$$

ou, usando a definição de cosseno hiperbólico e fazendo transformação análoga à anterior:

$$c = 2a\left[\mathrm{sh}\frac{b}{2a}\mathrm{sh}\frac{b-2x_0}{2a}\right] \tag{5.23}$$

De (5.22) e (5.23) se obtém

$$\ell^2 - c^2 = 4a^2\mathrm{sh}^2\frac{b}{2a}$$

e portanto

$$\frac{\sqrt{\ell^2 - c^2}}{b} = \frac{\mathrm{sh}\dfrac{b}{2a}}{\dfrac{b}{2a}}$$

Sendo ℓ o comprimento do fio, verifica-se da figura que

$$\ell > b^2 + c^2$$

isto é,

$$\frac{\sqrt{\ell^2 - c^2}}{b} > 1$$

conclui-se que existe um e um só valor (positivo) de a.

De (5.22) e (5.23) vem

$$\text{th}\frac{b - 2x_0}{2a} = \frac{c}{\ell}$$

e esta relação nos permite determinar x_0 uma vez conhecido a.

Obtidos a e x_0, a constante y_0 resulta de (5.20).

■ EXEMPLO 5.4 ■

Um fio pesado, ABCD, de comprimento total a, está disposto como representado na figura.

O trecho CD, de comprimento b, está apoiado num plano horizontal, cujo coeficiente de atrito com o fio é μ.

Calcular o comprimento máximo, y, do trecho vertical, AB, compatível com o equilíbrio.

Na polia, que tem raio desprezível, não há atrito.

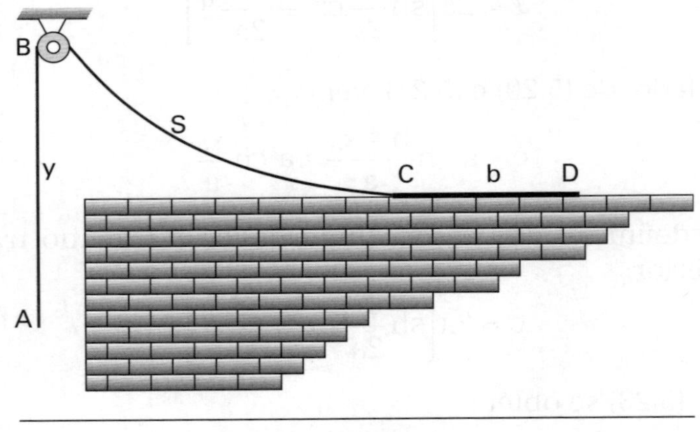

Exemplo 5.4

□ Solução:

Sendo a o comprimento total do fio:

$$y + s + b = a \tag{1}$$

Pela condição de flexibilidade do fio, a tangente em B deve se reduzir à sua componente horizontal, H; o equilíbrio exige que essa força não ultrapasse a força de atrito máxima que o plano pode oferecer:

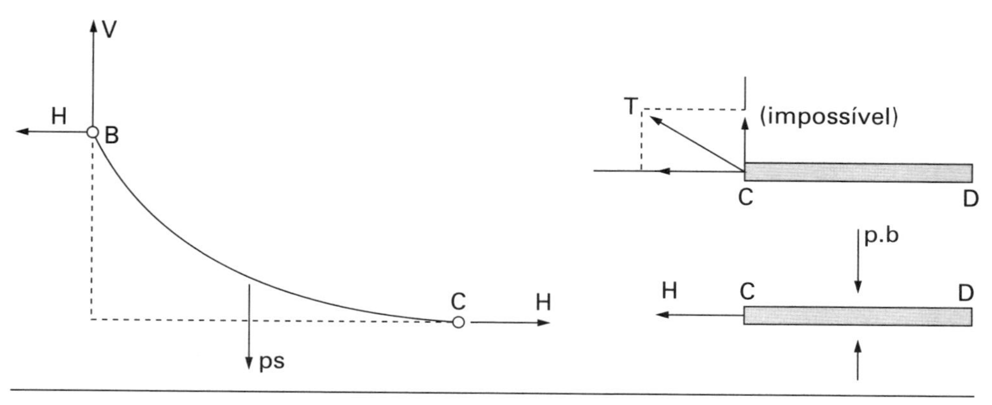

***Exemplo 5.4** – Dois trechos do fio*

$$H \leq \mu pb, \qquad (2)$$

chamando p o peso, por unidade de comprimento, do fio.

Igualando a tensão nos dois lados da polia, em B:

$$py = \sqrt{H^2 + V_B^2} = \sqrt{H^2 + p^2s^2} \qquad (3)$$

(1), (2) e (3) fornecem:

$$\mu^2b^2 \leq y^2 - s^2 = y^2 - [(a - b) - y]^2,$$

decorrendo a resposta:

$$y \leq \frac{(a - b)^2 + {}^2b^2}{2(a - b)}$$

Observação:

A tangente no vértice da catenária é horizontal. Ora, nas vizinhanças desse ponto a catenária é próxima dessa tangente; isso significa que, nas vizinhanças do vértice, o peso do fio, aproximadamente, se distribui, uniformemente, em projeção horizontal, e a catenária se aproxima de uma parábola.

Isso pode ser verificado desenvolvendo, em série de potências, a função y = ach (x/a), nas vizinhanças de x = 0:

$$a\,\mathrm{ch}\frac{x}{a} = a\left(1 + \frac{x^2}{2a^2} + \frac{x^4}{4!a^4} + \cdots\right) = a + \frac{x^2}{2a^2} + \frac{x^4}{4!a^3} + \cdots$$

Considerando somente os dois primeiros termos da série, obtém-se a parábola de equação

$$y = a + (x^2/2a),$$

que pode substituir a catenária quando x/a = qx/H for suficientemente pequeno, isto é, quando H for grande em relação ao peso qx do trecho de fio.

Isso acontece quando a relação da "flecha", f, para o "vão", b, for suficientemente pequena.

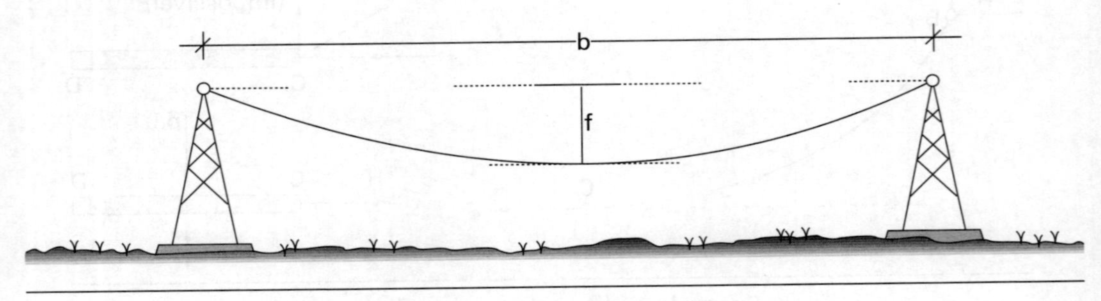

Figura 5.8

■ EXEMPLO 5.5 ■

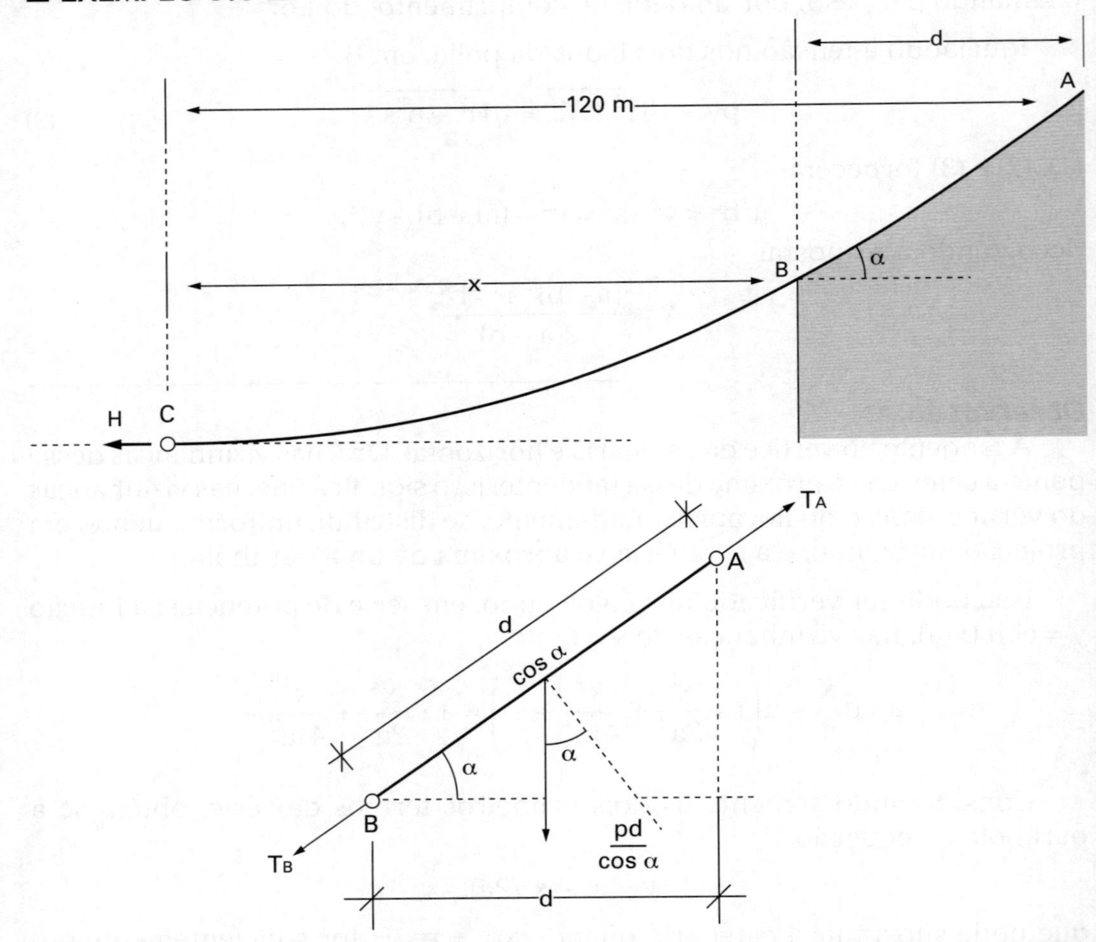

Exemplo 5.5

Um cabo AC, de peso específico p = 20 N/m, está preso em A e repousa, sem atrito, num plano inclinado que forma um ângulo α com a horizontal.

A distância, medida na horizontal, entre A e C é igual a 120 m, quando uma força horizontal, H = 9.000 N, é aplicada em C.

Dada tgα = 1/5, achar a distância d que define a posição onde o cabo se separa do plano; achar também a tensão máxima no cabo.

☐ **Solução:**

O coeficiente angular da catenária, em A, sendo igual a 1/5, tem-se:

$$V_B = H\text{tg}\alpha = 9.000/5 \text{ N} = 180 \text{ N}.$$

De $V_B = ps$ decorre o comprimento s do cabo entre B e C:

$$s = V_B/p = 180/2 \text{ N} = 90 \text{ m}$$

Sabe-se que s = a sh (x/a) é o comprimento do trecho AC, do cabo, onde o parâmetro a decorre de H = pa:

$$a = H/p = 450 \text{ m}.$$

Então sh (x/450) = 90/450 = 0,2, decorrendo x/450 = 0,04 e, x = 18 m, decorrendo

$$d = (120 - 18) \text{ m} = 102 \text{ m}.$$

Sendo

$$T_A = T_B + (pd/\cos\alpha)\text{sen}\,\alpha = T_B + pd\text{tg}\,\alpha,$$

a tensão máxima será em A. Ora, $T_B = \sqrt{H^2 + V_B^2} = \sqrt{(9.000)^2 + (1.800)^2} = 9.180$ N, decorrendo

$$T_A = [9.180 + (20 \times 102/5)] \text{ N} = 9.588 \text{ N}.$$

Observação:

Se fizéssemos o cálculo substituindo a catenária pela parábola, obteríamos d = (120 – 102) m = 18 m, e

$$V_B = px = 380\text{N}.$$

$$T_B = \sqrt{H^2 + V_B^2} = \sqrt{(9.000)^2 + (360)^2} = 9.007 \text{ N}, \quad \text{e} \quad T_A = 9.415 \text{ N}.$$

Conclui-se que, nesse caso a diferença resultante para o valor de d é enorme, mas o erro no cálculo de T_A é apenas de 2%.

Capítulo 6

CINEMÁTICA DOS SÓLIDOS

6.1 — Introdução e Cinemática do Ponto

Como dissemos, a Cinemática é o estudo das propriedades geométricas do movimento. Ela se limita a analisar os movimentos, sem considerar as forças que estão relacionadas com eles.

Antes de iniciar a exposição da Cinemática do Sólido, vamos rever rapidamente alguns conceitos de Cinemática do Ponto, já bastante estudados na Física.

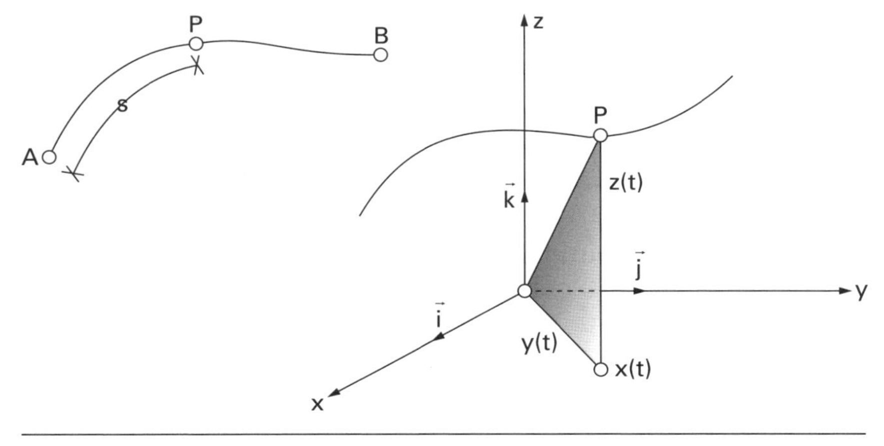

Figura 6.1 — Movimento sobre uma curva

6.2 — Velocidade e aceleração

Seja O a origem do referencial fixo.

Seja $\vec{r}$ = P – O o vetor-posição do ponto móvel P. Chamam-se, respectivamente, *velocidade* e *aceleração* de P as derivadas:

$$\vec{v} = dP/dt \quad e \quad \vec{a} = d\vec{v}/dt = d^2P/dt^2$$

6.2.1 — Expressão de $\vec{v}$ e $\vec{a}$ em coordenadas cartesianas

Seja $(O\vec{i}\,\vec{j}\,\vec{k})$ o sistema cartesiano, fixo, de referência. Sejam x(t), y(t) e z(t) as coordenadas do ponto móvel. Tem-se:

$$P(t) - O = x(t)\vec{i} + y(t)\vec{j} + z(t)\vec{k}.$$

As derivadas, primeira e segunda, em relação ao tempo, serão respectivamente a velocidade e a aceleração. Nessas derivadas o (.), colocado acima da função, indicará derivada primeira em relação ao tempo e, (..), derivada segunda, conforme a notação de Newton, geralmente usada em Mecânica. Obtém-se:

$$\vec{v} = \dot{x}\vec{i} + \dot{y}\vec{j} + \dot{z}\vec{k}, \quad \text{e} \quad \vec{a} = \ddot{x}\vec{i} + \ddot{y}\vec{j} + \ddot{z}\vec{k}.$$

Antes de vermos outras expressões de $\vec{v}$ e de $\vec{a}$, vamos demonstrar duas propriedades de derivadas de vetores.

Derivada de um vetor de módulo constante:

Seja $\vec{v}$ um vetor de módulo constante

$$|\vec{v}|^2 = \vec{v} \cdot \vec{v} = \text{cte}$$

Derivando em relação a t decorre

$$2\vec{v} \cdot (d\vec{v}/dt) = 0$$

Portanto, a derivada de um vetor de módulo constante é sempre ortogonal ao vetor.

Em particular, suponhamos que este vetor seja unitário e sempre paralelo a um plano fixo π. Seja θ o ângulo que o vetor, denotado neste caso por $\vec{u}$, forma com o eixo fixo, $O\vec{i}$, do plano.

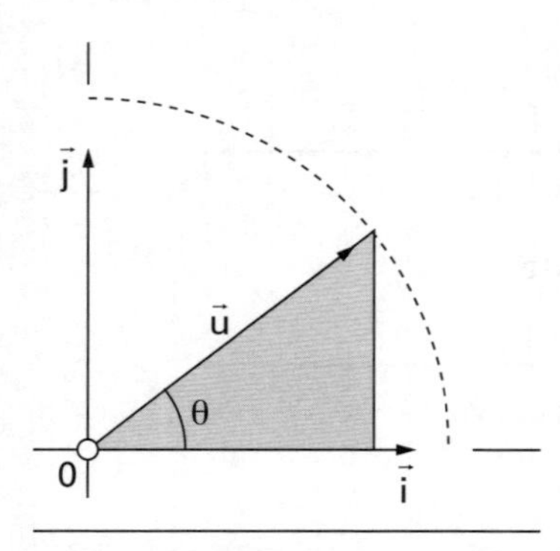

Figura 6.2 — Versor que gira em um plano

Exprimindo $\vec{u}$ na base $(\vec{i}, \vec{j})$ do plano, tem-se

$$\vec{u} = \cos\theta\vec{i} + \text{sen}\theta\vec{j}$$

Derivando em relação a θ, obtém-se

$$d\vec{u}/d\theta = -\text{sen}\theta\vec{i} + \cos\theta\vec{j} = \vec{\tau} \qquad (6.1)$$

onde $\vec{\tau}$ é o versor do plano obtido dando a $\vec{u}$ uma rotação de 90° no sentido anti-horário.

Analogamente obtém-se

$$d\vec{\tau}/d\theta = -\cos\theta\vec{i} - \text{sen}\theta\vec{j} = -\vec{u} \qquad (6.2)$$

6.2.2 — Expressões de $\vec{v}$ em coordenadas cilíndricas e polares

Podem-se agora obter as componentes de $\vec{v}$ em coordenadas cilíndricas, isto é, componentes na base móvel $(\vec{u}, \vec{\tau}, \vec{k})$, indicada:

$$P - O = (P - Q) + (Q - O) = r\vec{u} + z\vec{k}$$

Observando que $d\vec{u}/dt = (d\vec{u}/d\theta)\,(d\theta/dt)$, obtém-se:

$$\vec{v} = \dot{r}\vec{u} + r\dot{\theta}\vec{\tau} + \dot{z}\vec{k}$$

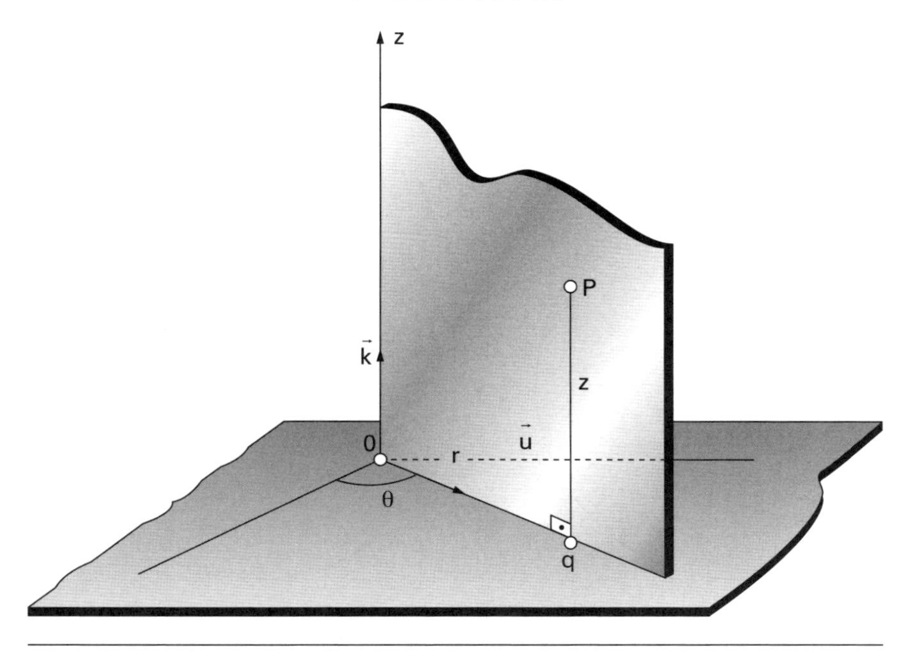

Figura 6.3 — Componentes em coordenadas cilíndricas

Obs.: Se o ponto móvel P(t) se mover no plano z = 0, as coordenadas cilíndricas de P serão (r, θ, 0) e basta considerar as coordenadas polares, no plano (r, θ) do ponto móvel. A expressão de $\vec{v}$ em coordenadas polares no plano será:

$$\vec{v} = \dot{r}\vec{u} + r\dot{\theta}\vec{\tau} \tag{6.3}$$

No caso particular de um movimento circular, de raio R, obtém-se

$$\vec{v} = R\dot{\theta}\vec{\tau} = R\omega\vec{\tau} \tag{6.4}$$

onde ω é a velocidade angular do movimento circular.

Por derivação obtém-se a aceleração no movimento circular:

$$\vec{a} = R\dot{\omega}\vec{\tau} + R\omega\dot{\vec{\tau}} = R\dot{\omega}\vec{\tau} + R\omega(-\omega\vec{u})$$

isto é

$$\vec{a} = R\dot{\omega}\vec{\tau} - R\omega^2\vec{u} \tag{6.5}$$

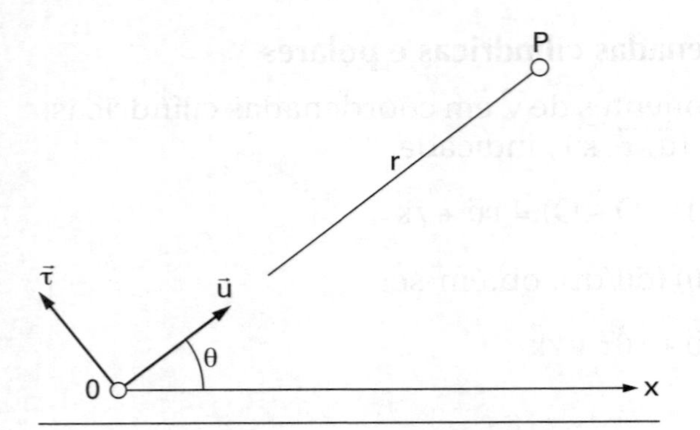

Figura 6.4 — Velocidade em coordenadas polares

onde $\dot{\omega}$ é a aceleração angular no movimento circular.

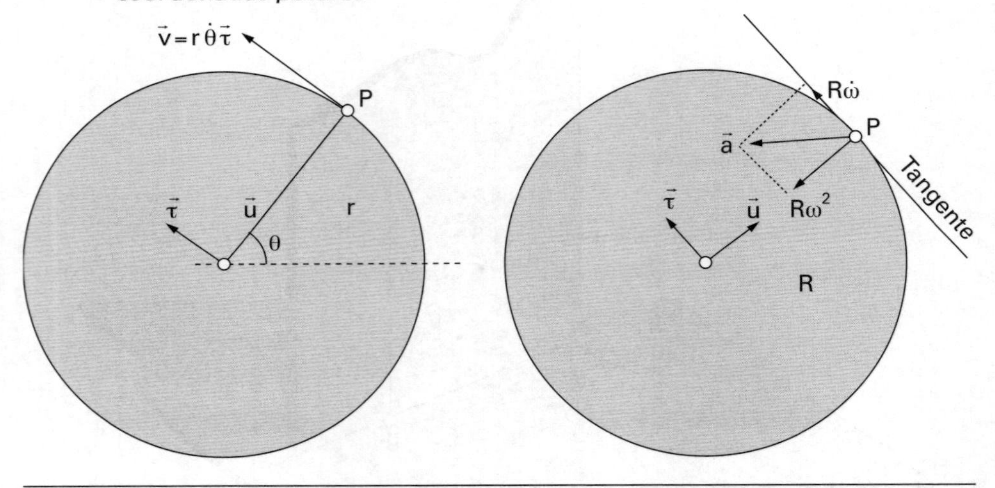

Figura 6.5 — Velocidade e aceleração no movimento circular

6.2.3 — Expressões intrínsecas de $\vec{v}$ e de $\vec{a}$

Consideremos a base ortonormal positiva ($\vec{t}$, $\vec{n}$, $\vec{b}$), cujos versores são definidos abaixo, conforme se sabe do estudo vetorial das curvas ([1], Cinemática, Cap. I):

$$\vec{t} = dP/ds, \quad \vec{n} = \left(d\vec{t}/ds\right)/\left|d\vec{t}/ds\right| = \rho\left(d\vec{t}/ds\right), \quad \vec{b} = \vec{t} \wedge \vec{n}$$

onde $\rho = 1/|d\vec{t}/ds|$ é o *raio de curvatura* da trajetória (sabe-se que $\vec{t}$ é unitário porque $|dP| = |ds|$).

Teremos: $\vec{v} = (dP/dt) = (dP/ds)\,(ds/dt)$, e portanto

$$\vec{v} = v\vec{t}$$

denotando $(ds/dt) = v$, chamada *velocidade escalar*.

Derivando obtém-se a aceleração do ponto P:

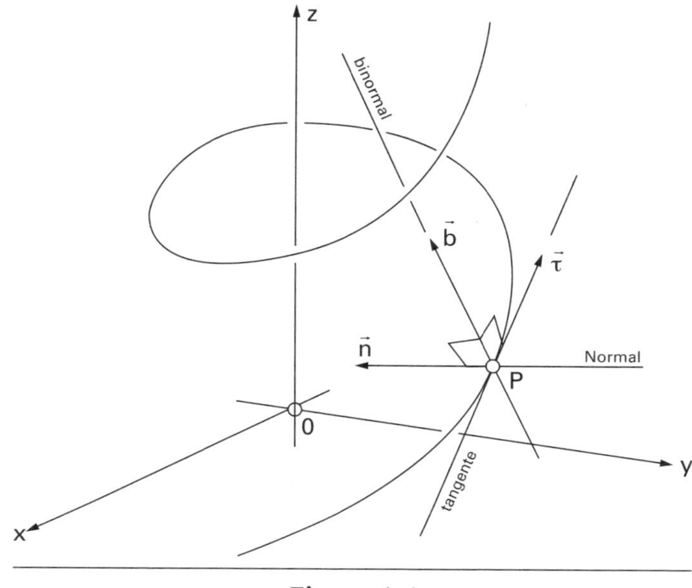

Figura 6.6

$$\vec{a} = \dot{v}\vec{t} + v\left(d\vec{t}/dt\right) = \dot{v}\vec{t} + v\left(d\vec{t}/ds\right)(ds/dt) = \dot{v}\vec{t} + v\left(\vec{n}/\rho\right)v$$

isto é
$$\vec{a} = \dot{v}\vec{t} + \left(v^2/\rho\right)\vec{n} \qquad (6.6)$$

A componente $a_t = \dot{v}$ chama-se *aceleração tangencial* e a componente $a_n = v^2/\rho$, *aceleração normal.*

Observações:

1) Suponhamos o caso de conhecermos a função P(t), onde t pode ser o tempo ou qualquer outro parâmetro, em geral diferente do arco s. A velocidade $\vec{v}$ será dada por:

$$\vec{v} = dP/dt = (dP/ds)(ds/dt) = (dP/ds)(\ldots)v$$

observando, no cálculo de v, que

$$v = ds/dt = \pm\,|dP/dt|$$

adotando-se o sinal + ou – conforme se convencione s crescente ou s decrescente com t.

A curvatura será dada por:

$$1/\rho = \left|d\vec{t}/ds\right| = \left|d\vec{t}/dt\right|\left|dt/ds\right| = \left|d\vec{t}/dt\right| / |v|$$

2) No caso da trajetória circular tem-se

$$\vec{t} = \vec{\tau}, \quad \vec{n} = -\vec{u}, \quad v = R\omega, \quad \rho = R;$$

verifica-se que

$$\vec{v} = R\omega\vec{\tau}, \quad \vec{a} = \dot{v}\vec{\tau} + \left(v^2/\rho\right)\left(-\vec{u}\right) = R\dot{\omega}\vec{\tau} - \left(R^2\omega^2/R\right)\vec{u}$$

obtendo-se novamente as fórmulas (6.4) e (6.5).

6.3 — Cinemática do sólido; propriedade fundamental

Seja S um sólido. Durante o movimento de S, a distância de dois quaisquer de seus pontos, P_1 e P_2, permanecendo constante, tem-se

$$|P_1 - P_2|^2 = c, \quad \text{(cte)}$$

ou então

$$(P_1 - P_2) \cdot (P_1 - P_2) = c \tag{6.7}$$

Derivando, membro a membro, em relação ao tempo, resulta

$$(P_1 - P_2) \cdot (\vec{v}_1 - \vec{v}_2) = 0 \tag{6.8}$$

Esta equação exprime a igualdade das componentes das velocidades $\vec{v}_1$ e $\vec{v}_2$ segundo a reta P_1P_2. Como de (6.8) pode-se, por integração, voltar a (6.7), conclui-se que

Os movimentos de um sólido S são caracterizados pelo fato de, em cada instante, as velocidades de dois quaisquer de seus pontos apresentarem a mesma componente segundo a reta que liga esses pontos.

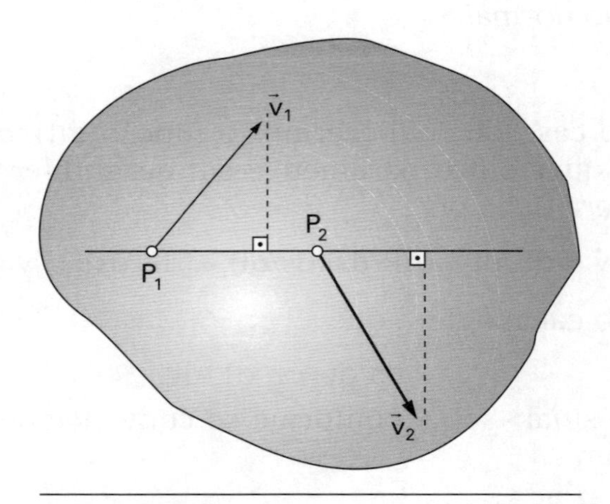

***Figura 6.7** — Propriedade fundamental das velocidades de dois pontos de um sólido*

■ EXEMPLO 6.1 ■

Sejam P, Q e M pontos alinhados pertencentes a um sólido. Calcular a velocidade e a aceleração de M em função das velocidades (e respectivamente acelerações) dos outros pontos e respectivas distâncias.

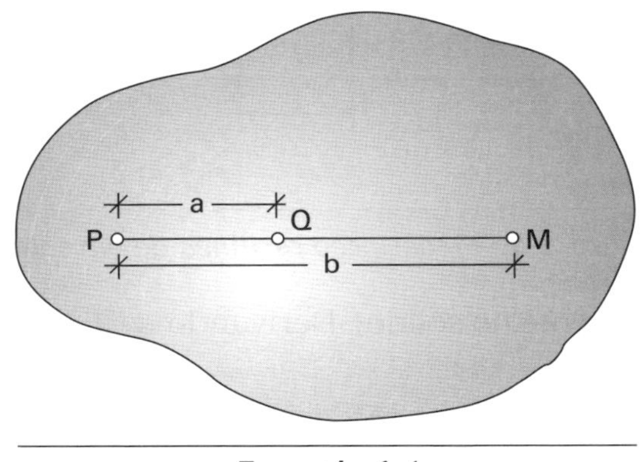

Exemplo 6.1

□ Solução:

Supondo P e Q distintos, seja $\vec{u}$ o versor:

$$\vec{u} = (Q - P)/a = (M - P)/b$$

Os três pontos permanecerão alinhados durante todo o movimento (como se conclui imediatamente da rigidez do sólido).

Derivando, sucessivamente, a última relação, obtém-se

$$\left(\vec{v}_Q - \vec{v}_P\right)/a = \left(\vec{v}_M - \vec{v}_P\right)/b$$

$$\vec{v}_M = \vec{v}_P + (b/a)\left(\vec{v}_Q - \vec{v}_P\right)$$

$$\vec{a}_M = \vec{a}_P + (b/a)\left(\vec{a}_Q - \vec{a}_P\right)$$

Obs.: Se M for o ponto médio do segmento PQ, será b = a/2,

$$\vec{v}_M = \left(\vec{v}_P - \vec{v}_Q\right)/2, \quad \vec{a}_M = \left(\vec{a}_P = \vec{a}_Q\right)/2$$

6.4 — Movimentos particulares de um sólido

6.4.1 — Movimento de translação

Suponhamos que, durante o movimento de S, se verifique a condição

$$P_1 - P_2 = \vec{c} \tag{6.9}$$

onde $\vec{c}$ é um vetor constante no tempo (podendo depender dos pontos P_1 e P_2,

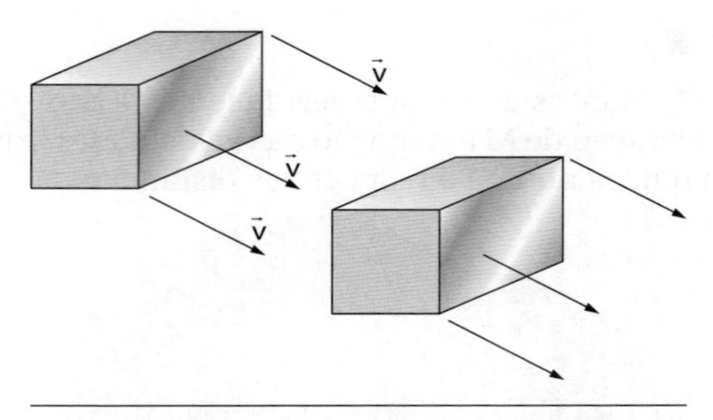

Figura 6.8 — Translação retilínea de um sólido

escolhidos arbitrariamente no sólido). Derivando-se (6.9) em relação ao tempo, obtém-se

$$\vec{v}_1 = \vec{v}_2 \tag{6.10}$$

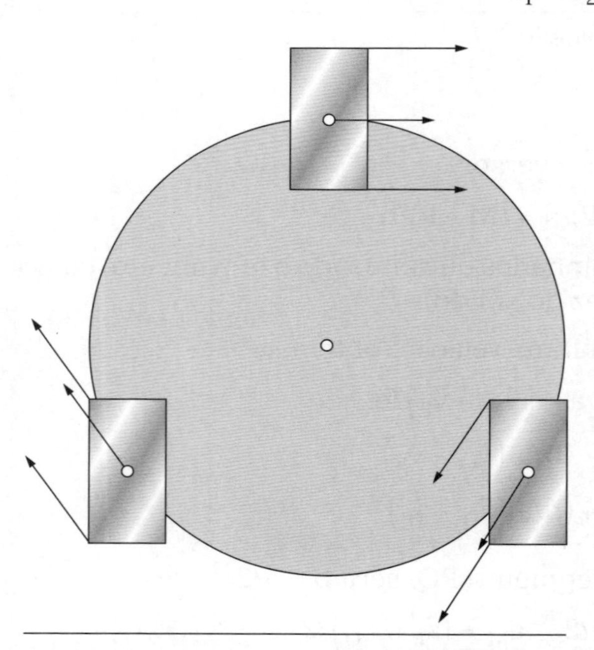

Figura 6.9 — Translação (não retilínea) de S

isto é, todos os pontos de S terão, em cada instante, velocidades iguais.

Inversamente, integrando-se (6.10) obtém-se (6.9). Este tipo de movimento, caracterizado por (6.9) ou (6.10), chama-se *movimento de translação*. A velocidade comum a todos os pontos de um sólido em movimento de translação chama-se *velocidade de translação*.

Se a velocidade de translação for constante, todos os pontos de S se moverão com movimento retilíneo uniforme e o movimento se diz *translação retilínea uniforme*.

6.4.2 — Movimento de rotação

O movimento de um sólido S é dito *movimento de rotação* se permanecerem fixos durante o movimento dois de seus pontos e, portanto, todos os pontos da reta que os une (isto devido à rigidez de S; aliás, a propriedade decorre imediatamente da solução do Ex. 6.1). Essa reta de pontos fixos é chamada *eixo de rotação*.

Seja P um ponto de S, não pertencente ao eixo de rotação. A perpendicular PQ baixada sobre o eixo se manterá, em virtude da rigidez de S, de comprimento constante e perpendicular ao eixo. Portanto todo ponto de S, fora do eixo, terá movimento circular num plano ortogonal ao eixo, e cujo centro está no eixo.

Seja $O\vec{k}$ o eixo de rotação (com orientação arbitrariamente escolhida). Vamos considerar $O\vec{k}$ como origem de dois semiplanos, um fixo $O\vec{I}\vec{k}$ e outro, $O\vec{i}\vec{k}$, ligado a S durante o movimento deste. A posição de $O\vec{i}\vec{k}$ será determinada por sua abscissa angular, θ (a ser medida em radianos), contada a partir do semiplano fixo $O\vec{I}\vec{k}$.

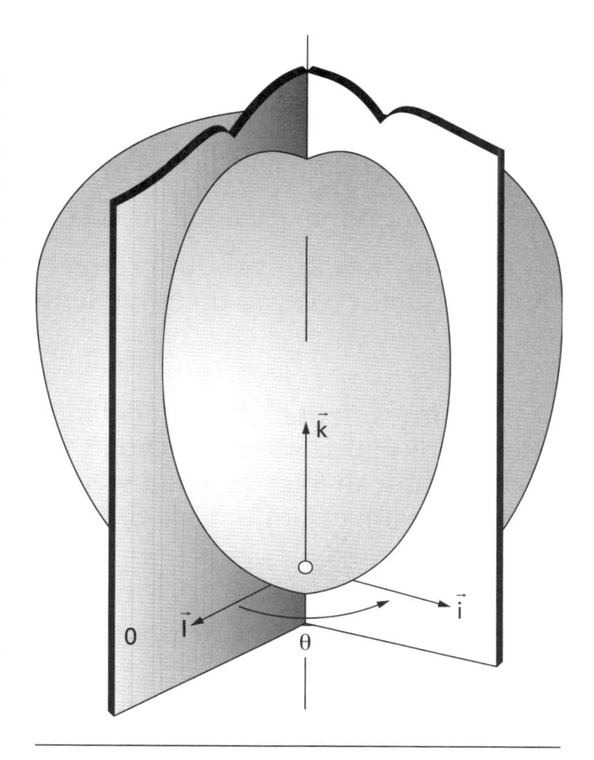

Figura 6.10 *— Movimento de rotação (abscissa angular)*

Sendo $O\vec{i}\vec{k}$ outro semiplano ligado a S (correspondente a uma abscissa θ_1), resulta da rigidez de S que $\theta_1(t) - \theta(t) = c$ (cte.), e portanto

$$\dot{\theta}_1 = \dot{\theta}$$

Esta igualdade mostra que, em cada instante, todos os pontos de um sólido com movimento de rotação têm, nos seus movimentos circulares, a mesma velocidade angular, $\dot{\theta} = d\theta/dt$, chamada *velocidade angular* do movimento de rotação.

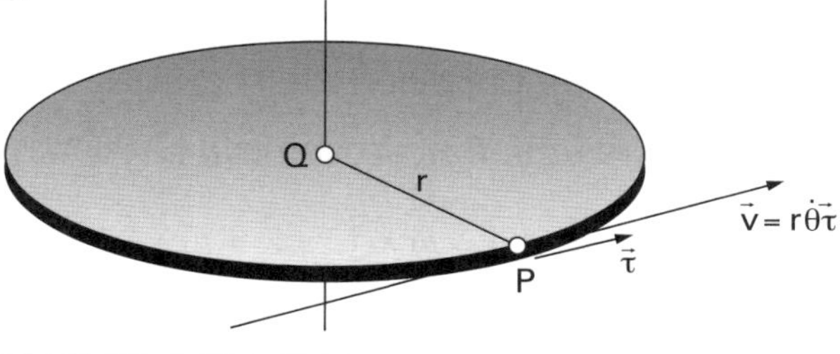

Figura 6.11 *— Movimento de rotação (velocidade de um ponto)*

A velocidade $\vec{v}_P$ de um ponto P, qualquer, de S será:

$$\vec{v}_P = r\dot{\theta}\vec{\tau}$$

Pode-se escrever $r\vec{\tau} = \vec{k} \wedge (P - Q)$

$$\vec{v}_P = \dot{\theta}\vec{k} \wedge (P - Q) \quad \text{ou} \quad \vec{v}_P = \dot{\theta}\vec{k} \wedge [(P - Q) - (Q - O)], \quad \text{ou}$$

$$\vec{v}_P = \dot{\theta}\vec{k} \wedge (P - O)$$

onde O é um ponto qualquer do eixo de rotação.

O vetor $\vec{\omega} = \dot{\theta}\vec{k}$, produto da velocidade angular pelo versor do eixo, chama-se *vetor rotação* do movimento de rotação. Pode-se então escrever:

$$\vec{v}_P = \vec{\omega} \wedge (P - O) \tag{6.11}$$

Reciprocamente, se a velocidade de um ponto genérico P, de um sólido S, tiver por expressão a relação (6.11), onde O é um ponto fixo de S e $\vec{\omega}$ um vetor de direção fixa, S só pode ter movimento de rotação. De fato, a velocidade de qualquer ponto E de S, pertencente à reta $O\vec{\omega}$, será

$$\vec{v}_E = \vec{\omega} \wedge (P - E) = \vec{0};$$

o sólido tendo uma reta de pontos fixos terá movimento de rotação.

6.5 — Movimento geral de um sólido

Seja S um sólido em movimento em relação ao referencial $O_1\vec{I}\,\vec{J}\,\vec{K}$. Consideremos um referencial móvel $O\vec{i}\,\vec{j}\,\vec{k}$ ligado a S. Um ponto P, qualquer, de S, poderá ser expresso por

$$P = O + x\vec{i} + y\vec{j} + z\vec{k}$$

Durante o movimento, as coordenadas (x, y, z) não variam (pela rigidez de S), e portanto a velocidade de P será dada por

$$\vec{v}_P = \vec{v}_O + x\dot{\vec{i}} + y\dot{\vec{j}} + z\dot{\vec{k}}$$

onde $\vec{v}_O$ é a velocidade do ponto O de S.

As derivadas $\vec{i}\,\vec{j}\,\vec{k}$ gozam da propriedade seguinte:

Em cada instante t, existe uma função vetorial $\vec{\omega} = \vec{\omega}(t)$, tal que

$$\dot{\vec{i}} = \vec{\omega} \wedge \vec{i}, \quad \dot{\vec{j}} = \vec{\omega} \wedge \vec{j}, \quad \dot{\vec{k}} = \vec{\omega} \wedge \vec{k} \tag{6.12}$$

De fato, calculemos as componentes ω_x, ω_y, ω_z do vetor $\vec{\omega}$ procurado:

$$\vec{\omega} = \omega_x\vec{i} + \omega_y\vec{j} + \omega_z\vec{k} \tag{6.13}$$

o qual deverá satisfazer às (6.12). Multiplicando vetorialmente (6.13) por $\vec{i}$, $\vec{j}$ e $\vec{k}$, decorre

$$\vec{\omega} \wedge \vec{i} = \omega_y\left(-\vec{k}\right) + \omega_z\vec{j}, \quad \vec{\omega} \wedge \vec{j} = \omega_x\vec{k} - \omega_z\vec{i}, \quad \vec{\omega} \wedge \vec{k} = \omega_x\vec{j} - \omega_y\vec{i},$$

Então, para que sejam válidas as (6.12), deverá ser

$$\dot{\vec{i}} = \omega_z \vec{j} - \omega_y \vec{k}, \quad \dot{\vec{j}} = -\omega_z \vec{i} + \omega_x \vec{k}, \quad \dot{\vec{k}} = \omega_y \vec{i} - \omega_x \vec{j}$$

Efetuando produtos escalares, pelos versores $\vec{i}$, $\vec{j}$ e $\vec{k}$, obtêm-se as componentes do vetor $\vec{\omega}$ procurado:

$$\omega_x = \dot{\vec{j}} \cdot \vec{k} \quad \text{e também} \quad \omega_x = -\dot{\vec{k}} \cdot \vec{j}$$

$$\omega_z = -\dot{\vec{i}} \cdot \vec{j} \quad \text{e também} \quad \omega_z = \dot{\vec{j}} \cdot \vec{i}$$

$$\omega_y = -\dot{\vec{i}} \cdot \vec{k} \quad \text{e também} \quad \omega_y = \dot{\vec{k}} \cdot \vec{i}$$

Essas expressões são todas compatíveis, pois, de $\vec{j} \cdot \vec{k} = \vec{k} \cdot \vec{i} = \vec{i} \cdot \vec{j} = 0$, decorre $\dot{\vec{j}} \cdot \vec{k} + \vec{j} \cdot \dot{\vec{k}} = 0$ etc.

Então o vetor

$$\vec{\omega} = \left(\dot{\vec{j}} \cdot \vec{k}\right)\vec{i} + \left(\dot{\vec{k}} \cdot \vec{i}\right)\vec{j} + \left(\dot{\vec{i}} \cdot \vec{j}\right)\vec{k} \tag{6.14}$$

satisfaz às equações (6.12).

Teorema 1:

Seja S um sólido em movimento. Existe $\vec{\omega} = \vec{\omega}(t)$, tal que, quaisquer que sejam O e P, de S, vale, em cada instante t, a relação entre as velocidades $\vec{v}$, de P, e $\vec{v}_O$, de O:

$$\vec{v} = \vec{v}_O + \vec{\omega} \wedge (P - O) \tag{6.15}$$

e reciprocamente. A expressão (6.15) é chamada Fórmula Fundamental da Cinemática do Sólido.

De fato:

a) Sendo O e P pertencentes a S, considerando os referenciais $O\vec{i}\,\vec{j}\,\vec{k}$ e $O_1\vec{I}\,\vec{J}\,\vec{K}$, mencionados, e derivando, em relação a t, a expressão

$$P = O + x\vec{i} + y\vec{j} + z\vec{k}, \quad \text{vem}$$

$$\vec{v} = \vec{v}_O + x\dot{\vec{i}} + y\dot{\vec{j}} + z\dot{\vec{k}} = \vec{v}_O + \vec{\omega} \wedge \left(x\vec{i} + y\vec{j} + z\vec{k}\right), \quad \text{isto é}$$

$$\vec{v} = \vec{v}_O + \vec{\omega} \wedge (P - O)$$

b) Por outro lado, se em cada instante do movimento de S valer a relação anterior, para todo par de pontos O e P de S, resulta

$$\vec{v} \cdot (P - O) = \vec{v}_O \cdot (P - O)$$

relação que caracteriza os movimentos de um sólido.

De (6.14) conclui-se que $\vec{\omega}$ não depende do par de pontos (O,P). O teorema a seguir mostra que $\vec{\omega}$ também não depende da base móvel empregada.

Teorema 2:

No movimento de um sólido S, é única a função $\vec{\omega} = \vec{\omega}(t)$ verificando (6.15).

De fato, se, por absurdo, existisse $\vec{\omega}_1(t) \neq \vec{\omega}(t)$ também verificando (6.15), teríamos:

$$\vec{v} = \vec{v}_O + \vec{\omega} \wedge (P - O), \quad \text{e} \quad \vec{v} = \vec{v}_O + \vec{\omega}_1 \wedge (P - O), \quad \text{decorrendo}$$

$$\left(\vec{\omega}_1 - \vec{\omega}\right) \wedge (P - O) = \vec{0}$$

Como O e P são quaisquer, conclui-se que $\vec{\omega}_1 = \vec{\omega}$.

Portanto o vetor $\vec{\omega}$, apesar de ter sido definido através da escolha de uma base móvel, independe dela.

O vetor $\vec{\omega}$ é chamado *vetor rotação* do sólido (obviamente coincide com o vetor de mesmo nome, já definido no caso particular do movimento de rotação).

6.5.1 — Consequências da fórmula fundamental (6.15)

1) Se $\vec{\omega}(t_0) = \vec{0}$, todos os pontos de S têm, no instante t_0, a mesma velocidade.
2) Se for $\vec{\omega}(t_0) \neq \vec{0}$ será, nesse instante, $\vec{v}_P = \vec{v}_O$ se e somente se, (P – O) for, nesse instante, paralelo a $\vec{\omega}$.
3) Se, no instante t_0, for $\vec{v}_P = \vec{v}_O$ qualquer que seja P, resulta $\vec{\omega} \wedge (P - O) = \vec{0}$, para qualquer P, o que implica $\vec{\omega} = \vec{0}$ nesse instante.
4) $\vec{v}_P \cdot \vec{\omega} = \vec{v}_O \cdot \vec{\omega}$, isto é, em cada instante, a projeção da velocidade de qualquer ponto do sólido, na direção de $\vec{\omega}$, é a mesma.

6.5.2 — Eixo helicoidal instantâneo

Suponhamos que o vetor rotação, $\vec{\omega}$, seja diferente de zero num certo instante t_0, para o movimento do sólido S.

O lugar geométrico dos pontos de S que têm velocidade paralela a $\vec{\omega}$, no instante t_0, é uma reta paralela a $\vec{\omega}$. Tal reta é chamada eixo helicoidal instantâneo, (EHI), de S, no instante t_0.

De fato, na Fórmula Fundamental, $\vec{v}_E = \vec{v}_O + \vec{\omega} \wedge (E - O)$, impondo $\vec{v}_E = h\vec{\omega}$, obtém-se

$$(E - O) \wedge \vec{\omega} = \vec{v}_O - h\vec{\omega} \tag{6.16}$$

A condição de existência de solução para a equação anterior é $\vec{\omega} \cdot (\vec{v}_O - h\vec{\omega}) = 0$, ou, $h = (\vec{\omega} \cdot \vec{v}_O)/\vec{\omega}^2$.

Substituindo em (6.16) obtém-se

$$(E - O) \wedge \vec{\omega} = \vec{v}_O - \left(\vec{\omega} \cdot \vec{v}_O/\omega^2\right)\vec{\omega}$$

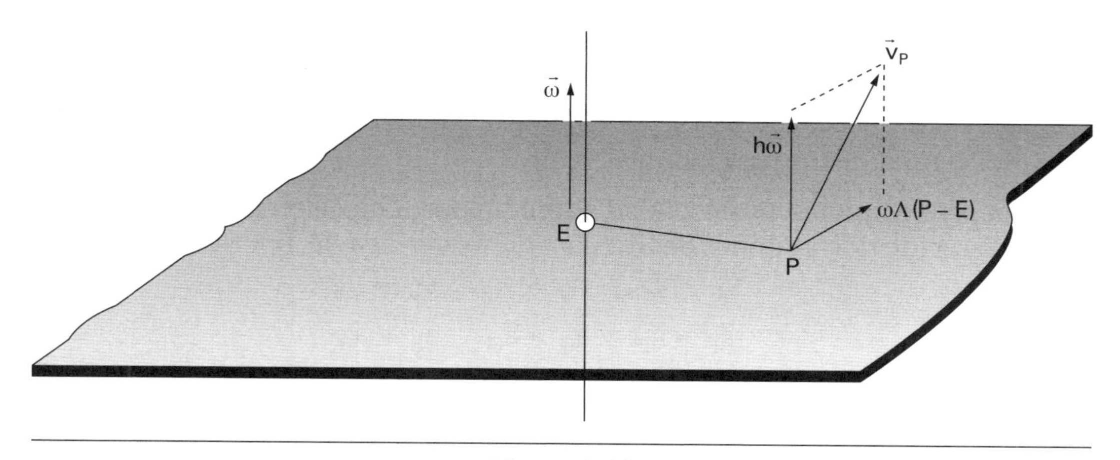

Figura 6.12

Como foi visto no Capítulo 2, em 2.3.2, uma equação desse tipo representa uma reta, paralela a $\vec{\omega}$, que é o lugar geométrico procurado.

Qualquer ponto P, de S, não pertencente a essa reta, terá velocidade

$$\vec{v}_P = h\vec{\omega} + \vec{\omega} \wedge (P - E) \tag{6.17}$$

ou seja, além da componente $h\vec{\omega}$, paralela a $\vec{\omega}$, existirá, na velocidade $\vec{v}_P$, a componente $\vec{\omega} \wedge (P - E)$, ortogonal a $\vec{\omega}$. Conclui-se que os pontos do EHI, são, em cada instante, aqueles pontos de S para os quais a velocidade é mínima, em módulo, pois suas velocidades só apresentam a componente $h\vec{\omega}$.

As componentes da velocidade de um ponto qualquer de S, que aparecem em (6.17), podem ser assim interpretadas: a componente paralela a $h\vec{\omega}$, sendo a mesma para todos os pontos de S, é a velocidade que este sólido teria se, no instante t_0 considerado, ele estivesse em movimento de translação, com velocidade de translação $h\vec{\omega}$; a componente ortogonal a $\vec{\omega}$ é a velocidade que os pontos de S teriam se, no instante t_0, S estivesse em movimento de rotação, em torno do eixo $(E, \vec{\omega})$, com vetor de rotação $\vec{\omega}$.

No caso já visto, do movimento de translação, será $\vec{\omega} = \vec{0}$, em todos os instantes: não existirá o EHI e todos os pontos de S terão sempre a mesma velocidade $\vec{v}_P = \vec{v}_E$ (só que, nesse caso, não será $\vec{v}_E = h\vec{\omega}$); no caso do movimento de rotação será $h = 0$ [pois $h = (\vec{\omega} \cdot \vec{v}_P)/\vec{\omega}^2$, e $\vec{v}_P = \vec{\omega} \wedge (P - E)$, isto é, $\vec{v}_P$ é ortogonal a $\vec{\omega}$].

6.5.3 — Movimento plano

Suponhamos que S se mova de maneira que existam três de seus pontos P, Q, R, não alinhados, os quais permanecem em um plano fixo π. Diz-se, nesse caso, que o movimento de S é *plano*.

Seja $\vec{k}$ o versor normal a π; consideram-se os três outros pontos de S:

$$P \ = P + b\vec{k}, \quad Q \ = Q + b\vec{k}, \quad R \ = R + b\vec{k}$$

situados a uma distância qualquer, b, de π.

Durante o movimento, P′, Q′, R′ também permanecem em um plano fixo, paralelo a π (devido à rigidez de S). Além disso, verifica-se, por derivação, que:

$$\vec{v}_P \ = \vec{v}_P, \quad \vec{v}_Q \ = \vec{v}_Q, \quad \vec{v}_R \ = \vec{v}_R$$

$$\vec{a}_P \ = \vec{a}_P, \quad \vec{a}_Q \ = \vec{a}_Q, \quad \vec{a}_R \ = \vec{a}_R$$

Para estudar o movimento de S, basta, então, estudar o movimento da figura F, constituída pela interseção de S com o plano π; o movimento de S será então referido como o "movimento de uma figura rígida, F, movendo-se no seu plano".

Observe-se que um movimento de rotação é um movimento plano. De fato, seja P um ponto de S não pertencente ao eixo de rotação. Seja π o plano por P, normal ao eixo; seja O a interseção de π com o eixo. Seja Q outro ponto

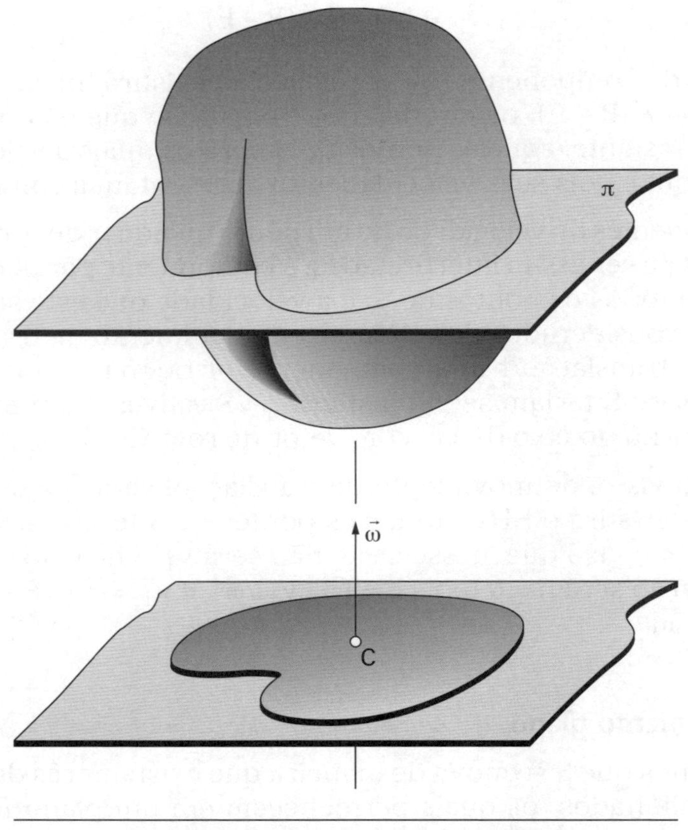

***Figura 6.13** — Movimento plano*

de S, pertencente ao plano πp, mas não pertencente à reta OP. Os pontos não alinhados O, P e Q, de S, permanecem em π, durante o movimento, por se tratar de uma rotação. Portanto o movimento de S é plano e, então, o vetor rotação $\vec{\omega}$, tendo a direção do eixo de rotação, é normal ao plano π, sendo portanto paralelo a $\vec{k}$.

Voltando agora ao estudo de um movimento plano qualquer, vamos escolher o referencial móvel $O\vec{i}\vec{j}\vec{k}$, tal que $O\vec{i}\vec{j}$ coincida com π; sejam P e Q pontos de S tais que $P = Q + \vec{i}$; sendo $\vec{v}_P = \vec{v}_Q + \vec{\omega} \wedge (P - Q)$, e, portanto, $\vec{v}_P = \vec{v}_Q + \vec{\omega} \wedge \vec{i}$, decorre $\dot{\vec{i}} = \vec{\omega} \wedge \vec{i}$; analogamente será $\dot{\vec{j}} = \vec{\omega} \wedge \vec{j}$. Sendo $\vec{i}$ e $\vec{j}$ paralelos a π, decorre $\vec{\omega}$ paralelo a $\vec{k}$; pode-se então escrever $\vec{\omega} = \omega\vec{k}$, exatamente como no caso particular do movimento de rotação atrás considerado.

Resulta que, no movimento plano, o eixo helicoidal instantâneo (existente em todos os instantes nos quais $\omega \neq 0$), sendo paralelo a $\vec{\omega}$, será sempre ortogonal ao plano π. Chamemos C a interseção do EHI com π.

Uma vez que C pertence ao EHI, vimos que $\vec{v}_C = h\vec{\omega}$, e, por outro lado, $\vec{v}_C$ e $\vec{\omega}$ devem ser ortogonais, resultando $\vec{v}_C = \vec{0}$, pois $h = (\vec{\omega} \cdot \vec{v}_C)/\omega^2 = 0$.

No movimento plano a velocidade de qualquer ponto P será $\vec{v}_P = \vec{\omega} \wedge (P - C)$.

A expressão anterior, da velocidade de P, é a mesma como se a figura F estivesse tendo um movimento de rotação em torno do eixo $(C, \vec{\omega})$, no instante t_0 considerado. O ponto C recebe por isso o nome de *centro instantâneo de rotação* da figura F.

Velocidade e aceleração num movimento plano:

Sejam O e P dois pontos de uma figura F, móvel no seu plano π. Sendo r a distância dos dois pontos e $\vec{u}$ o versor da direção OP, tem-se $P = O + r\vec{u}$, e, em consequência

$$\vec{v}_P = \vec{v}_O + \vec{\omega} \wedge (P - O) = \vec{v}_O + \omega\vec{k} \wedge r\vec{u} = \vec{v}_O + \omega r\vec{\tau}$$

sendo $\vec{\tau}$ o versor obtido dando a $\vec{u}$ uma rotação de 90°, no sentido anti-horário, no plano π.

Por outro lado, sendo θ o ângulo de $O\vec{u}$ com uma direção fixa, $O_1\vec{I}$, do plano π, decorre, por derivação de $P = O + r\vec{u}$:

$$\vec{v}_P = \vec{v}_O + r\dot{u} = \vec{v}_O + r\dot{\theta}\vec{\tau}$$

resultando a igualdade $\omega = \dot{\theta}$.

Então, no movimento plano, o vetor rotação de F se escreve $\vec{\omega} = \dot{\theta}\vec{k}$, onde θ é o ângulo que uma direção OP, ligada a F, forma com uma direção fixa $O_1\vec{I}$ do plano π.

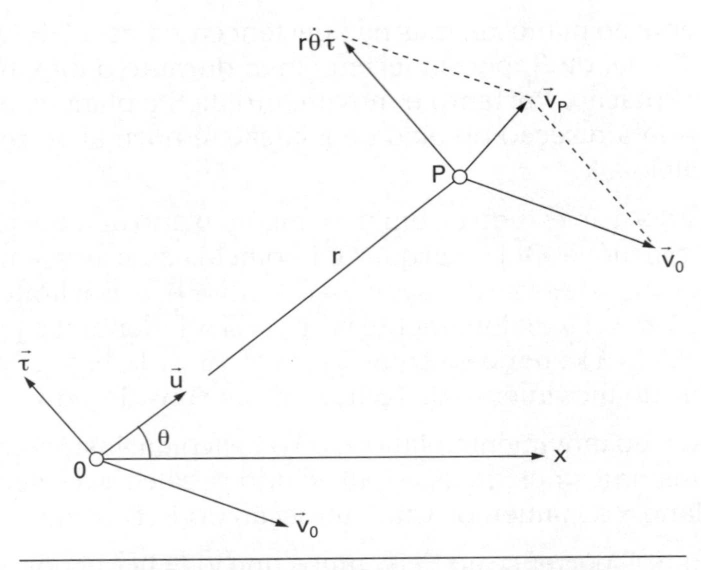

Figura 6.14 — Velocidade no movimento plano

Sendo φ o ângulo de $\overrightarrow{O_1I}$ com outro eixo, $\overrightarrow{Oi}$, ligado a F, pela rigidez desta figura resulta

$$\theta = \varphi + \alpha, \ (\alpha = \text{cte.}).$$

A derivada $\omega = \dot{\theta} = \dot{\varphi}$ é chamada *velocidade angular* de F no instante considerado.

ω é, em geral, função de t, mas não depende do versor $\vec{u}$, ou $\vec{i}$, ligado à figura (assim como não depende do versor fixo $\vec{I}$). A velocidade angular da figura F pode ser então definida como a derivada do ângulo que uma reta ligada à figura forma com uma reta fixa do seu plano.

A derivada $\dot{\omega} = \ddot{\theta}$ chama-se *aceleração angular* de F.

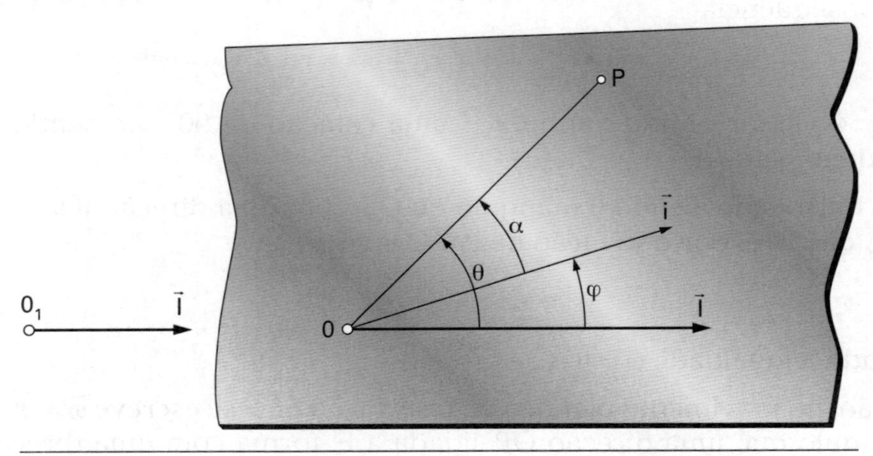

Figura 6.15 — Velocidade angular no movimento plano

Da expressão,

$$\vec{v}_P = \vec{v}_O + r\omega\vec{\tau} \tag{6.18}$$

decorre, por derivação, sendo $\dot{\vec{\tau}} = -\omega\vec{u}$:

$$\vec{a}_P = \vec{a}_O + r\dot{\omega}\vec{\tau} - r\omega^2\vec{u} \tag{6.19}$$

que é a expressão da aceleração do ponto P, no movimento plano.

Obs.: Às vezes é útil empregar outra fórmula para exprimir a aceleração no movimento plano.

De fato, derivando membro a membro a Fórmula Fundamental dos movimentos rígidos, (6.15), obtém-se

$$\vec{a}_P = \vec{a}_O + \dot{\vec{\omega}} \wedge (P - O) + \vec{\omega} \wedge (\vec{v}_P - \vec{v}_O), \quad \text{ou}$$

$$\vec{a}_P = \vec{a}_O + \dot{\vec{\omega}} \wedge (P - O) + \vec{\omega} \wedge \ \vec{\omega} \wedge (P - O) \tag{6.20}$$

Quando o movimento for plano, essa fórmula se transforma numa expressão fácil de interpretar; basta desenvolver o duplo produto vetorial:

$$\vec{\omega} \wedge \ \vec{\omega} \wedge (P - O) \ = \ \vec{\omega} \cdot (P - O)\ \vec{\omega} - \omega^2(P - O) = -\omega^2(P - O)$$

porque, no movimento plano, $\vec{\omega}$ e (P – O) são ortogonais.

Substituindo em (6.19), vem:

$$\vec{a}_P = \vec{a}_O + \dot{\vec{\omega}} \wedge (P - O) - \omega^2(P - O) \tag{6.21}$$

Nessa outra expressão da aceleração, no movimento plano, é fácil identificar as componentes transversal e radial da aceleração que figuram em (6.19).

Determinação geométrica do centro instantâneo de rotação:

Sendo $\vec{v}_P = \vec{\omega} \wedge (P - C)$, ter-se-á sempre $\vec{v}_P$ normal a (P – C).

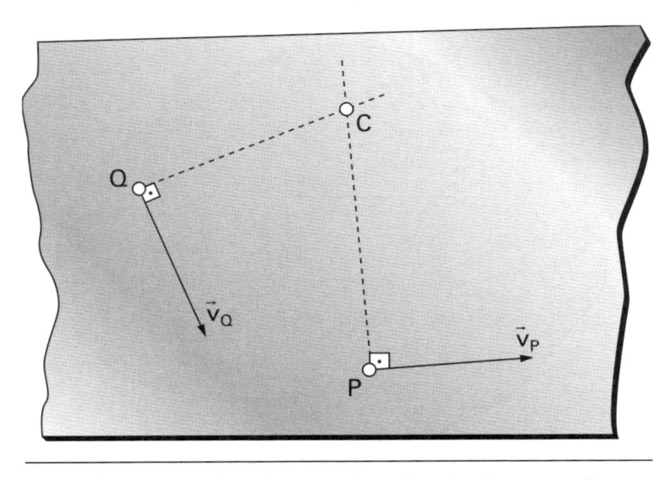

Figura 6.16 — Determinação de C, a partir de velocidades não paralelas

a) Conhecendo as direções, *não paralelas*, das velocidades $\vec{v}_P$ e $\vec{v}_Q$ de dois pontos, P e Q, pertencentes a F, C estará na interseção das normais a $\vec{v}_P$ e $\vec{v}_Q$:

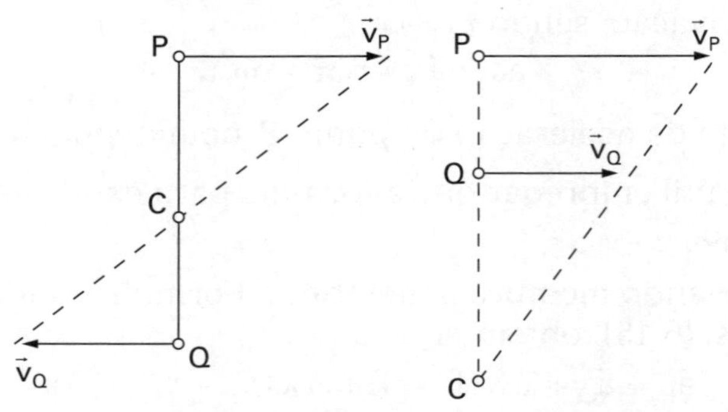

***Figura 6.17** — Determinação de C, a partir de velocidades paralelas*

b) Se $\vec{v}_P$ e $\vec{v}_Q$ forem paralelas, notando que seus módulos são proporcionais a $|P - C|$ e $|Q - C|$, obtém-se C construindo os triângulos semelhantes dos tipos representados, cujos lados obedecem às relações:

$$|\vec{v}_P| / |P - C| = |\vec{v}_Q| / |Q - C| = |\omega|$$

Observação:

No movimento plano, sempre que $\vec{v}_P$ e $\vec{v}_Q$ forem paralelas a um vetor $\vec{u}$, a reta PQ será normal a $\vec{u}$, se ω for diferente de zero; de fato, se tivermos:

$$\vec{v}_P = v_P\vec{u} = \omega\vec{k} \wedge (P - Q) \quad \text{e} \quad \vec{v}_Q = v_Q\vec{u} = \omega\vec{k} \wedge (Q - C)$$

será $(\vec{v}_P = \vec{v}_Q)\, \vec{u} = \omega\vec{k} \wedge (P-Q)$, decorrendo $\vec{u}$ normal a $(P - Q)$; (se fosse, no instante t_0, $\omega = 0$, decorreria $\vec{v}_P = \vec{v}_Q$, e então, nesse instante, tudo se passaria como se a figura estivesse em movimento de translação).

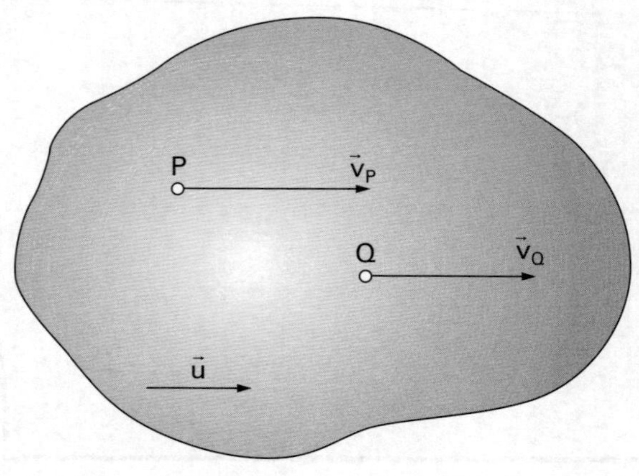

***Figura 6.18** — Ocorrência de velocidades paralelas no movimento plano*

■ EXEMPLO 6.2 ■

As extremidades A e B da barra AB de comprimento ℓ percorrem os eixos $O\vec{i}$ e $O\vec{j}$. A velocidade de A é $\vec{v}_A = v\vec{i}$, (v > 0, cte.). Pede-se:

a) Obter, graficamente, o C.I.R., C, da barra.

b) Achar, em função de φ, $(0 < \varphi < \pi/2)$, a velocidade angular, ω, da barra; $\vec{v}_B$ e $\vec{a}_B$.

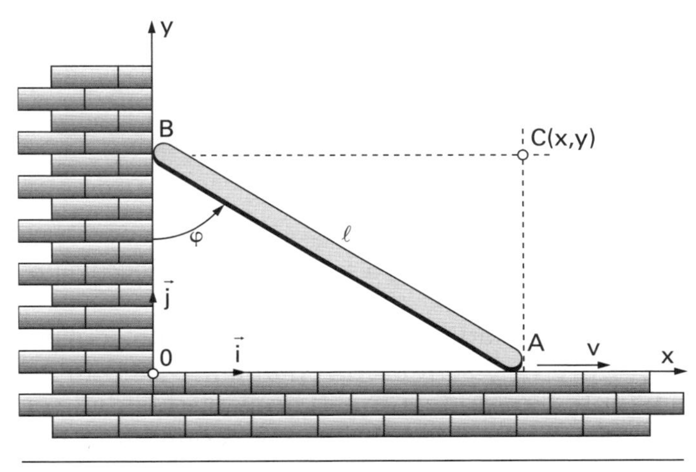

Exemplo 6.2

□ Solução:

a) O centro C acha-se na interseção das normais às velocidades de A e de B.

b) Sejam x e y as coordenadas de C.

$$\left|\vec{v}_A\right| = \omega y, \quad \text{donde} \quad \omega = v/y = v/(\ell\cos\varphi)$$

$$\vec{v}_a = -(w\ell\ \text{sen}\varphi)\vec{j} = -(\text{tg}\varphi)\vec{j}$$

Derivando em relação a t:

$$\vec{a}_B = v(\sec^2\varphi)\omega\vec{j} = \frac{v^2}{\ell\cos^3\varphi}\vec{j}$$

Movimento sem e com escorregamento:

Suponhamos um sólido C_1 que se mova tendo sempre contato com outro sólido, C_2; suponhamos, além disso, que o contato se dê apenas em um ponto, pertencente a ambas as superfícies que limitam os dois corpos. O ponto geométrico no qual se dá o contato será considerado como posição comum

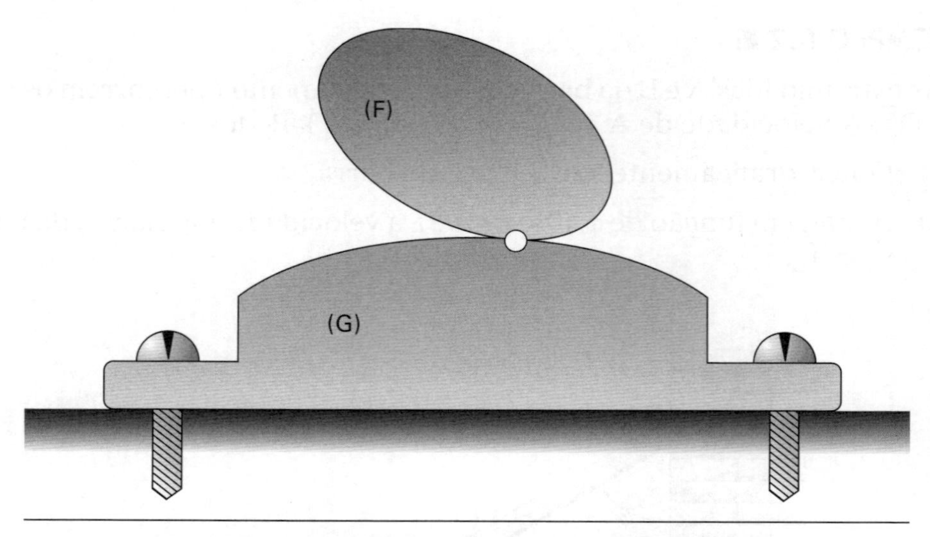

Figura 6.19 – Movimento sem e com escorregamento

de dois pontos materiais, cada um pertencente a um corpo. Diz-se que o movimento de C_1 sobre C_2 é *sem escorregamento,* num intervalo de tempo T, se, em cada instante t, pertencente a T, houver igualdade entre os vetores velocidade dos pontos de C_1 e de C_2 que estão coincidindo no instante t. Se não houver igualdade entre essas velocidades, em nenhum instante de um intervalo de tempo T, diz-se que, nesse intervalo, o *movimento* de C_1 sobre C_2 é *com escorregamento.*

Um caso particular é aquele no qual o corpo C_2 é fixo. Neste caso, se C_1 e C_2 forem figuras planas (designadas por F e G) e o movimento de F sobre G for sem escorregamento, o C.I.R. de rotação, do movimento de F, coincidirá com o ponto de contato com G. Observe-se que, neste caso, a velocidade do ponto de F se anula quando ele entra em contato com G; sua aceleração, entretanto, em geral não se anula.

■ EXEMPLO 6.3 ■

No mecanismo indicado o ponto O é fixo e os discos rolam, um sobre o outro, sem escorregar. Dados ω_1, ω_2 e suas derivadas, pedem-se:

a) Ω (velocidade angular da barra).

b) $\vec{v}_A$ e $\vec{a}_A$.

c) A distância x, do ponto K, de contato dos discos, ao C.I.R. do disco de centro A.

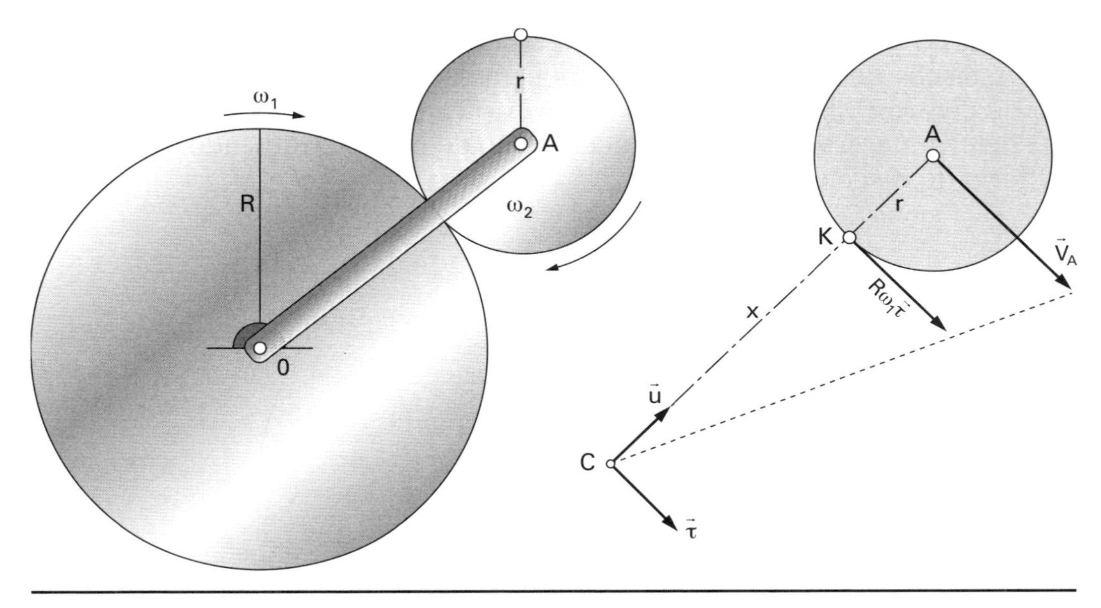

Exemplo 6.3

□ Solução:

a) Considerando A ponto da barra: $\vec{v}_A = (R + r)\Omega\vec{\tau}$. Considerando-o como ponto do disco:

$$\vec{v}_A + R\omega_1\vec{\tau} + r\omega_2\vec{\tau} = (R\omega_1 + r\omega_2)\vec{\tau}$$

Decorre
$$\Omega = \frac{R\omega_1 + r\omega_2}{R + r}$$

Observação:

Pela expressão obtida vê-se que, eventualmente, as três velocidades angulares poderão ter mesmo sinal; isso, à primeira vista, parece contrariar a intuição. Aliás, a expressão confirma que, se for $\Omega = 0$, então ω_1 e ω_2 terão mesmo sinais contrários; esta é a situação de mais fácil visualização, mas é simples verificar que outras situações não contradizem a intuição.

As componentes intrínsecas da aceleração de A fornecem

$$\vec{a}_A = \dot{v}_A\vec{\tau} - \frac{v_A^2}{R + r}\vec{u} = (R\dot{\omega}_1 + r\dot{\omega}_2)\vec{\tau} - \frac{(R\omega_1 + r\omega_2)^2}{R + r}\vec{u}$$

b) Observando que o ponto K de contato dos discos tem velocidade $\vec{v}_K = R\omega_1\vec{\tau}$, conclui-se, pela propriedade do centro instantâneo C procurado:

$$\frac{CA}{CK} = \frac{R\omega_1 + r\omega_2}{R\omega_1} = \frac{x + r}{x}$$

denotando $x = CK$, decorre $x = R\omega_1/\omega_2$.

■ EXEMPLO 6.4 ■

Os discos de centros A e C rolam sem escorregar no interior do disco fixo de centro B. Sabendo que o disco A gira com velocidade angular ω = cte., determinar a velocidade e a aceleração do ponto D indicado, situado na periferia do disco C, (CD ⊥ AC).

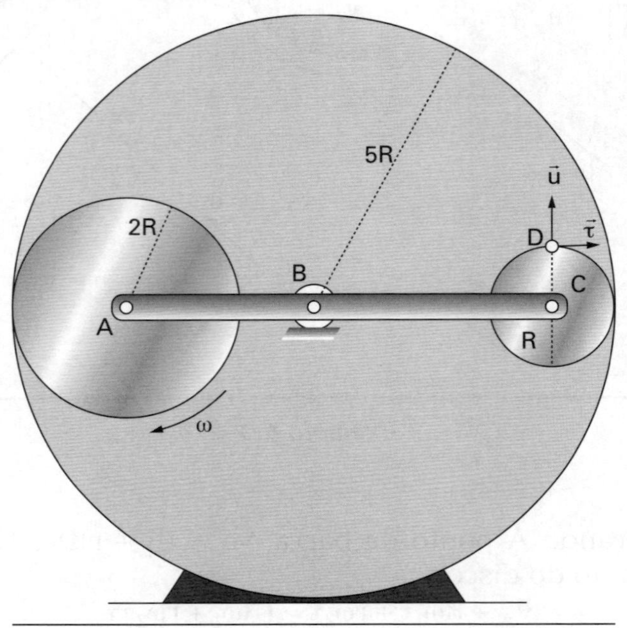

Exemplo 6.4

□ Solução:

Chamando ω_d a velocidade angular do disco pequeno:

$$\vec{v}_D = \vec{v}_C + R\omega_d\vec{\tau} \tag{1}$$

Quanto à velocidade de C, considerado como ponto da barra de centro B e sendo sua velocidade paralela à do ponto A:

$$v_C = -\frac{4}{3}\vec{v}_A = \left(-\frac{4}{3}\right)2R\omega(-\vec{u}) = \frac{8}{3}R\omega\vec{u} \tag{2}$$

(pelo rolamento, sem escorregamento, do disco A).

Considerando C como ponto do disco:

$$\vec{v}_C = R\omega_d\vec{u} \quad \text{(pelo puro rolamento)}$$

A comparação com a expressão anterior fornece:

$$\omega_d = 8\omega/3$$

Substituindo este valor em (1) e levando em conta (2), vem:

$$\vec{v}_D = \frac{8}{3}R\omega\left(\vec{u} + \vec{\tau}\right)$$

Como C tem movimento circular uniforme:

$$\vec{a}_C = \frac{v_C^2}{4R}\left(-\vec{\tau}\right) = \frac{\left(\frac{8}{3}R\omega\right)}{4R}\left(-\vec{\tau}\right) = -\frac{16}{9}R\omega^2\vec{\tau}$$

Finalmente:

$$\vec{a}_D = \vec{a}_C + R\omega_d^2\left(-\vec{u}\right) = -\frac{16}{9}R\omega^2\vec{\tau} - R\left(\frac{64}{9}\right)\omega^2\vec{u} = -\frac{16}{9}R\omega^2\left(4\vec{u} + \vec{\tau}\right)$$

Junta universal:

A junta universal é um mecanismo, largamente utilizado, para transmitir, de um eixo a outro, um movimento de rotação.

O sistema se compõe de dois garfos, AA'C e BB'D, conectados entre si por uma "cruzeta" OAA'BB', formada por dois braços iguais e perpendiculares entre si.

O braço AA' da cruzeta está articulado ao garfo do eixo CC', enquanto BB' está articulado ao garfo do eixo DD'.

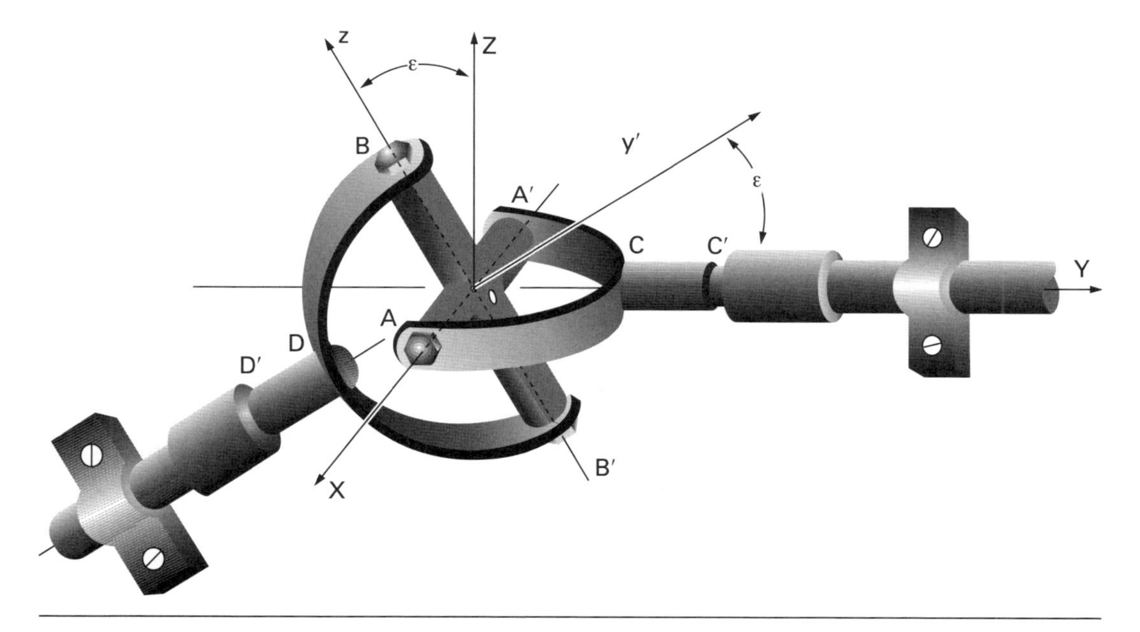

Figura 6.20

Trata-se de transmitir o movimento de rotação do primeiro garfo, em torno de CC′, para o segundo, em torno de DD′. Vamos considerar apenas o caso de rotação em torno de eixos fixos, chamando ε o ângulo entre os dois eixos.

Consideremos os seguintes referenciais:

1) OXYZ, fixo, sendo OY o eixo horizontal em torno do qual gira o garfo AA′C da cruzeta; OX sendo horizontal e OZ, vertical.

2) OxYz, ligado ao garfo AA′C, sendo Ox coincidente com o braço OA da cruzeta.

3) Oxyz ligado à cruzeta, sendo Oz na direção do braço OB.

4) Ox′y′z ligado ao garfo BB′D, sendo Oy′ o eixo horizontal fixo em torno do qual gira o garfo BB′D.

Suponhamos, para fixar ideias, que Oy pertença ao plano OYZ, conforme a figura e, além disso, que o braço AA′ (e portanto o eixo Ox) seja horizontal, no instante inicial.

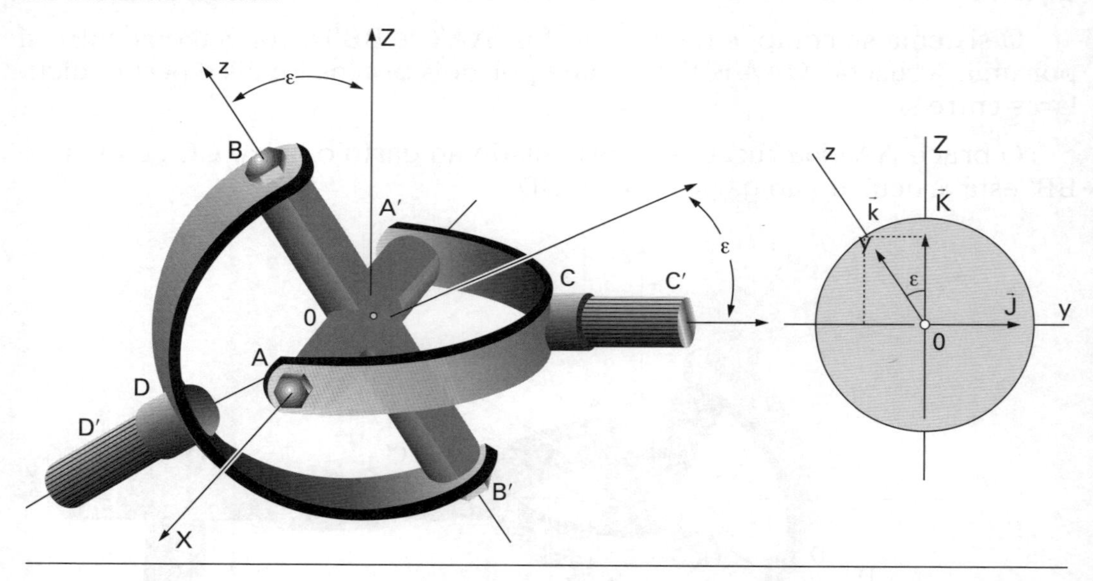

Figura 6.21

Designando por $\vec{k}$, $\vec{J}$, $\vec{K}$ os versores dos eixos Oz, OY e OZ, respectivamente, teremos:

$$\vec{k} = \cos\varepsilon \vec{K} - \operatorname{sen}\varepsilon \vec{J} \tag{6.22}$$

Suponhamos que o garfo AA′C gire de um ângulo α. Chamando $\vec{i}$ o versor de Ox, esse versor passará a ocupar uma nova posição, sempre coincidente com AA′:

$$\vec{i} = \cos\alpha \vec{I} - \operatorname{sen}\alpha \vec{K} \tag{6.23}$$

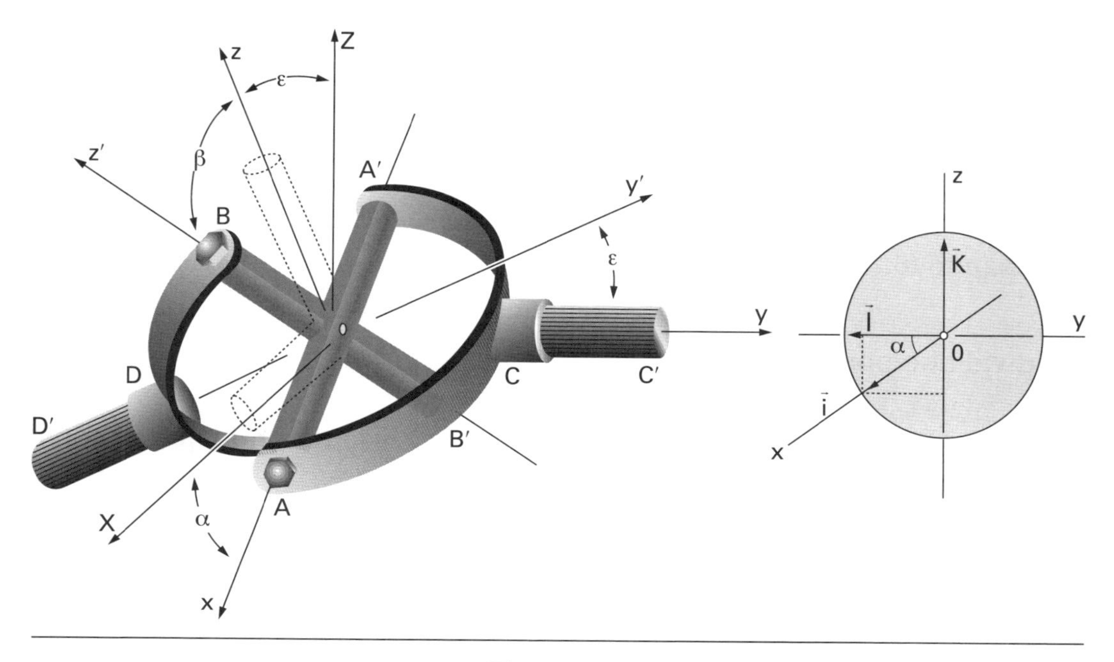

Figura 6.22

Simultaneamente BB′D irá girar de um ângulo que designaremos por β.

Em consequência da rotação de BB'D, o braço BB′ (e, portanto, o eixo Oz) passa para uma nova posição que será chamada Oz', o versor $\vec{k}'$, que designa essa nova posição sendo dado por:

$$\vec{k} = \cos\beta\vec{k} - \operatorname{sen}\beta\vec{I} \tag{6.24}$$

pois, $O\vec{k}'$ só pode girar no plano Oxz, normal ao eixo de rotação Oy', do braço BB′ da cruzeta (o eixo Ox' coincidirá, obrigatoriamente, com Ox).

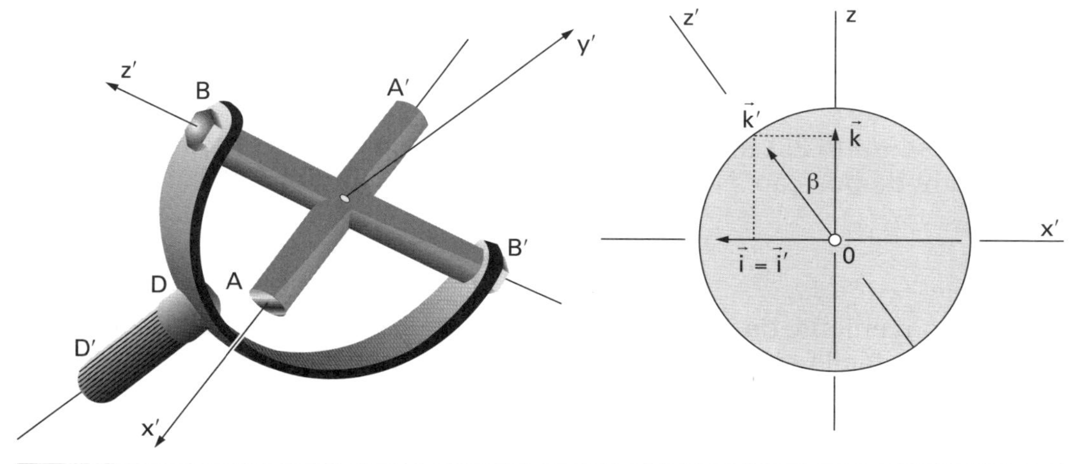

Figura 6.23

Substituindo (6.21) em (6.23), vem

$$\vec{k} = \cos\beta\left(-\text{sen}\varepsilon\vec{J} + \cos\varepsilon\vec{K}\right) + \text{sen}\beta\vec{i} \tag{6.25}$$

Sendo os braços da cruzeta sempre ortogonais, ter-se-á

$$\vec{i} \cdot \vec{k} = 0$$

Usando (6.23) e (6.25), vem

$$\cos\alpha\ \text{sen}\ \beta - \text{sen}\ \alpha \cos\beta \cos\varepsilon = 0$$

ou, dividindo por cos α cos β:

$$\text{tg}\beta = \text{tg}\alpha\ \cos\varepsilon \tag{6.26}$$

Derivando membro a membro, em relação a t, e lembrando que ε é constante, vem:

$$\dot{\beta}\sec^2\beta = \dot{\alpha}\sec^2\alpha\cos\varepsilon$$

Para obter $\sec^2\beta$ basta elevar ao quadrado os dois membros de (6.26) e somar 1; vem:

$$\dot{\beta}\left(1 + \text{tg}^2\alpha\cos^2\varepsilon\right) = \dot{\alpha}\sec^2\alpha\cos\varepsilon$$

decorrendo

$$\dot{\beta} = \frac{\dot{\alpha}\cos\varepsilon}{\cos^2\alpha + \text{sen}^2\alpha\cos^2\varepsilon} \tag{6.27}$$

É interessante observar o comportamento da junta universal em casos particulares:

1) Se $\varepsilon = 0$ decorre $\dot{\beta} = \dot{\alpha}$ e toda a junta se comporta como um corpo rígido.
2) No instante em que $\alpha = 0$ (6.26) mostra que $\dot{\beta} = \dot{\alpha}\cos\varepsilon$
3) Se for $\alpha = 2\pi$ (6.25) mostra que também deverá ser $\beta = 2\pi$. Portanto, quando o primeiro garfo der uma volta completa, o mesmo acontecerá com o segundo.
4) Se $\alpha \to \pi/2$ (6.25) mostra que também $\beta \to \pi/2$ e os braços da cruzeta trocam de posição. Nesta nova posição (6.26) fornece

$$\dot{\beta} = \frac{\dot{\alpha}}{\cos\varepsilon}$$

O inconveniente da junta universal é a variação de $\dot{\beta}$ quando $\dot{\alpha}$ se mantém constante. É fácil verificar que os valores extremos de $\dot{\beta}$ são

$$\dot{\alpha}\cos\varepsilon \quad \text{e} \quad \frac{\dot{\alpha}}{\cos\varepsilon}$$

a oscilação sendo máxima quanto menor for cos ε, isto é, quanto maior for ε.

Para superar esse inconveniente foram construídas as "juntas homocinéticas". O exemplo mais simples consiste no emprego de duas juntas universais, dispostas simetricamente em relação a um plano fixo, como é ilustrado no esquema a seguir.

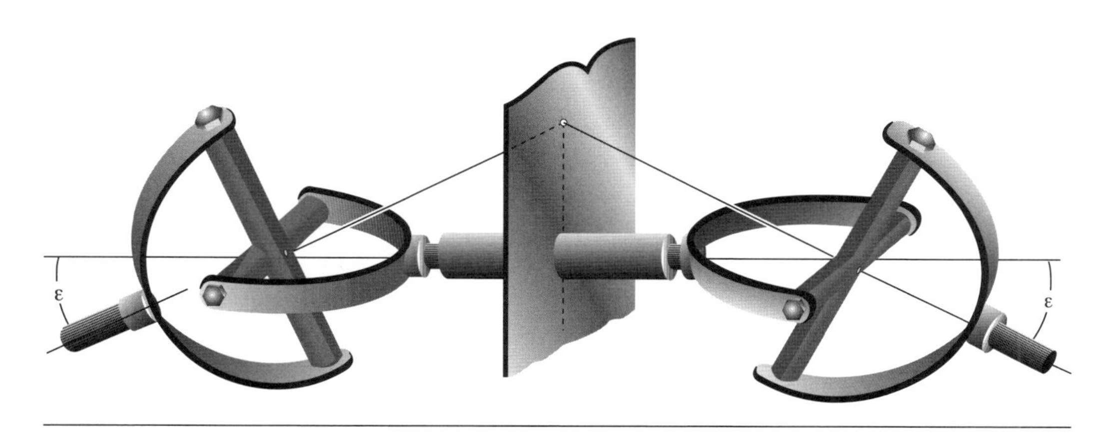

Figura 6.24

A igualdade das velocidades angulares dos eixos de entrada e de saída resulta evidentemente dessa simetria.

Capítulo 7

COMPOSIÇÃO DE MOVIMENTOS

7.1 — Definições

Suponhamos que o referencial S, ao qual se tenha, inicialmente, referido o movimento de um ponto P, não seja mais admitido como fixo, mas ele próprio se mova, em relação a outro referencial, Σ, considerado como fixo.

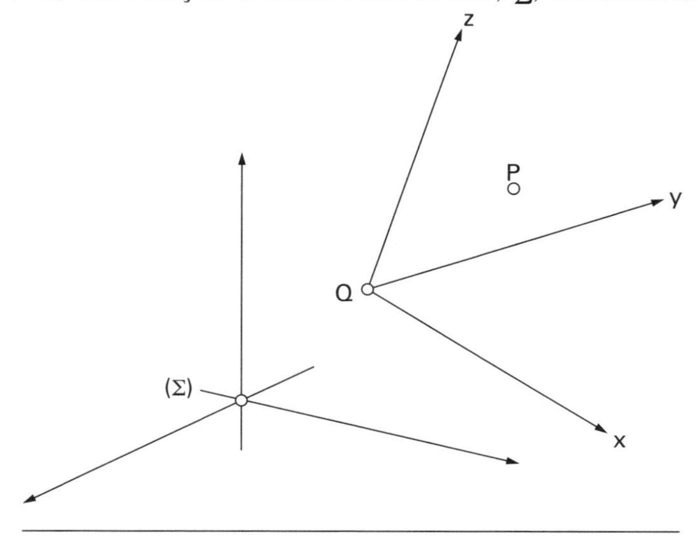

Figura 7.1 — Composição de movimentos

Movimento relativo do ponto P é seu movimento em relação ao referencial móvel, S.

Movimento absoluto de P é o que ele possui em relação ao referencial fixo, Σ.

Movimento de arrastamento de P, num certo instante, é o movimento do ponto ligado ao referencial móvel, S, que coincide com P, no instante considerado. (É o movimento que P teria, se fosse ligado nesse instante ao referencial móvel, e, em consequência, "arrastado" por esse referencial.)

O movimento absoluto chama-se, também, movimento resultante, e os dois outros, movimentos componentes. As trajetórias, velocidades e acelerações são ditas absolutas, relativas ou de arrastamento, conforme se referirem ao movimento absoluto, relativo ou de arrastamento.

7.2 – Composição de velocidades

Seja $Q\vec{i}\,\vec{j}\,\vec{k}$ o referencial móvel S. Pode-se escrever

$$P = Q + x\vec{i} + y\vec{j} + z\vec{k}$$

onde as coordenadas x, y, z são funções de t; Q, $\vec{i}$, $\vec{j}$, $\vec{k}$ são também funções de t, mas dependem apenas da posição do referencial S.

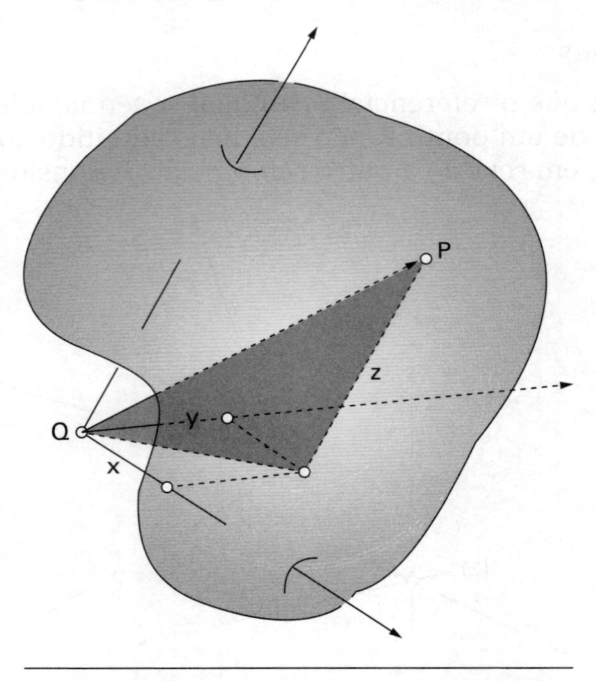

Figura 7.2 — Composição de velocidades

Sendo $\vec{v}$ e $\vec{v}_Q$ as velocidades absolutas de P e Q, teremos, derivando membro, a expressão anterior em relação a t:

$$\vec{v} = \vec{v}_Q + \dot{x}\vec{i} + \dot{y}\vec{j} + \dot{z}\vec{k} + +x\dot{\vec{i}} + y\dot{\vec{j}} + z\dot{\vec{k}} \tag{7.1}$$

A velocidade relativa de P será

$$\vec{v}_r + \dot{x}\vec{i} + \dot{y}\vec{j} + \dot{z}\vec{k}$$

Sua velocidade de arrastamento será

$$\vec{v}_a = \vec{v}_Q + \dot{x}\dot{\vec{i}} + \dot{y}\dot{\vec{j}} + \dot{z}\dot{\vec{k}}$$

Conclui-se que

$$\vec{v} = \vec{v}_r + \vec{v}_a$$

Este resultado pode ser generalizado para um número finito de movimentos componentes: S em relação a $\sum_0$ (movimento relativo), $\sum_0$ em relação a $\sum_1$, ..., S_{n-1} em relação a $\sum_n$ (fixo), obtendo-se imediatamente:

$$\vec{v} = \vec{v}_r + \vec{v}_a + \ldots + \vec{v}_{a_n}$$

onde $\vec{v}_{a_1}, \ldots \vec{v}_{a_n}$ são as velocidades de arrastamento de P, sendo $\vec{v}_{a_i}$ a velocidade de P no movimento de arrastamento de $\sum_{i-1}$ em relação a $\sum$.

7.3 — Composição de acelerações

Considera-se aqui o caso de apenas dois movimentos componentes.

Derivando, membro a membro, em relação a t, a expressão (7.1), de $\vec{v}$, obtém-se a aceleração absoluta de P:

$$\vec{a} = \vec{a}_O + x\ddot{\vec{i}} + y\ddot{\vec{j}} + z\ddot{\vec{k}} + 2\dot{x}\dot{\vec{i}} + 2\dot{y}\dot{\vec{j}} + 2\dot{z}\dot{\vec{k}} + \ddot{x}\vec{i} + \ddot{y}\vec{j} + \ddot{z}\vec{k}$$

Sendo $\vec{a}_r = \ddot{x}\vec{i} + \ddot{y}\vec{j} + \ddot{z}\vec{k}$, a aceleração relativa e, $\vec{a}_a = \vec{a}_Q + x\ddot{\vec{i}} + y\ddot{\vec{j}} + z\ddot{\vec{k}}$, a aceleração de arrastamento, decorre

$$\vec{a} = \vec{a}_r + \vec{a}_a + 2\left(\dot{x}\dot{\vec{i}} + \dot{y}\dot{\vec{j}} + \dot{z}\dot{\vec{k}}\right)$$

O vetor $\vec{a}_C = 2(\dot{x}\dot{\vec{i}} + \dot{y}\dot{\vec{j}} + \dot{z}\dot{\vec{k}})$ é chamado *aceleração de Coriolis*, ou *aceleração complementar* do ponto P. Portanto

$$\vec{a} = \vec{a}_r + \vec{a}_a + \vec{a}_C$$

Outra expressão de $\vec{a}_C$:

Consideremos o ponto A, tal que

$$A + Q + \vec{i} \tag{7.2}$$

Seja $\vec{\omega}_a$ o vetor rotação do referencial S durante o movimento deste. *Considerando somente o movimento de arrastamento*, pode-se escrever

$$\vec{v}_A = \vec{v}_Q + \vec{\omega}_a \wedge (A - Q) = \vec{v}_Q + \vec{\omega}_a \wedge \vec{i}$$

Por outro lado, derivando, em relação a t, a expressão (7.2), obtém-se

$$\vec{v}_A = \vec{v}_Q + \dot{\vec{i}}$$

Comparando esta última expressão com a anterior, verifica-se que se pode escrever

$$\dot{\vec{i}} = \vec{\omega}_a \wedge \vec{i},$$

e, analogamente

$$\dot{\vec{j}} = \vec{\omega}_a \wedge \vec{j}, \quad \dot{\vec{k}} = \vec{\omega}_a \wedge \vec{k}$$

Substituindo na expressão de $\vec{a}_C$ obtém-se

$$\vec{a}_C = 2\left(\dot{x}\vec{\omega}_a \wedge \vec{i} + \dot{y}\vec{\omega}_a \wedge \vec{j} + \dot{z}\vec{\omega}_a \wedge \vec{k}\right)$$

então: $\vec{a}_C = 2\vec{\omega}_a \wedge (\dot{x}\vec{i} + \dot{y}\vec{j} + \dot{z}\vec{k})$ e portanto:

$$\vec{a}_C = 2\vec{\omega}_a \wedge \vec{v}_r$$

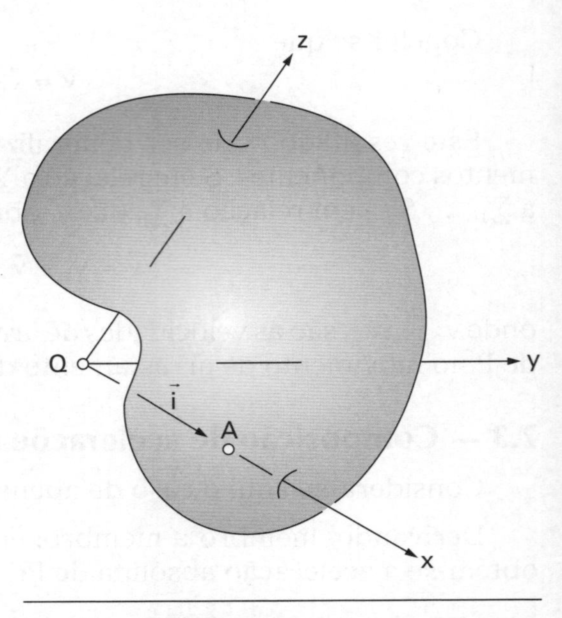

***Figura 7.3** — Outra expressão da aceleração de Coriolis*

■ EXEMPLO 7.1 ■

O ponto P move-se no eixo $O\vec{u}$ com lei horária r = r(t). O eixo gira, em torno do ponto fixo, O, no plano fixo $O\vec{i}\,\vec{u}$; o ângulo φ, indicado, varia com a lei φ = φ(t). Considerando o movimento de P, no eixo $O\vec{u}$, como relativo, e o movimento no plano $O\vec{i}\,\vec{u}$ como absoluto, pedem-se as componentes, na base $(\vec{u}, \vec{\tau})$, das velocidades $\vec{v}_r$, $\vec{v}_a$ e das acelerações $\vec{a}_r$, $\vec{a}_a$, $\vec{a}_C$.

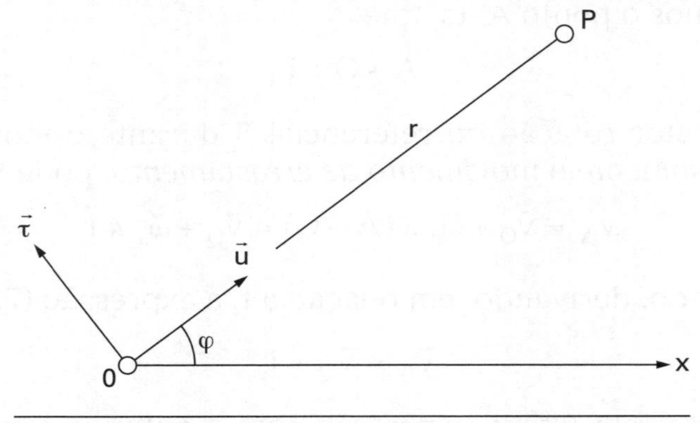

***Exemplo 7.1** — Coordenadas polares no plano*

Resposta:

$$\vec{v}_r = \dot{r}\vec{u}; \quad \vec{v}_a = r\dot{\varphi}\vec{\tau};$$

$$\vec{a}_r = \ddot{r}\vec{u}; \quad \vec{a}_r = r\ddot{\varphi}\vec{\tau} - r\dot{\varphi}^2\vec{u};$$

$$\vec{a}_C = 2\vec{\omega}_a \wedge \vec{v}_r = 2\dot{\varphi}\vec{k} \wedge \dot{r}\vec{u} = 2\dot{r}\dot{\varphi}\vec{\tau}$$

Aplicação: Velocidade e aceleração em coordenadas polares no plano;

O exercício anterior permite deduzir as fórmulas da velocidade e da aceleração em coordenadas polares no plano. De fato:

$$\vec{v}_r + \vec{v}_a = \vec{v} = \dot{r}\vec{u} + r\dot{\varphi}\vec{\tau}$$

$$\vec{a}_r + \vec{a}_a + \vec{a}_C = \vec{a} = \left(\ddot{r} - r\dot{\varphi}^2\right)\vec{u} + \left(2\dot{r}\dot{\varphi} + r\ddot{\varphi}\right)\vec{\tau}$$

7.4 — Composição de vetores de rotação

Seja um corpo rígido R, em movimento em relação a um referencial S, o qual, por sua vez, está em movimento em relação a um referencial fixo, $\sum$.

Sejam $\vec{\omega}_r$ e $\vec{\omega}$ os vetores de rotação de R, no seu movimento em relação a S e a $\sum$, respectivamente. Seja $\vec{\omega}_a$ o vetor de rotação de S em relação a $\sum$.

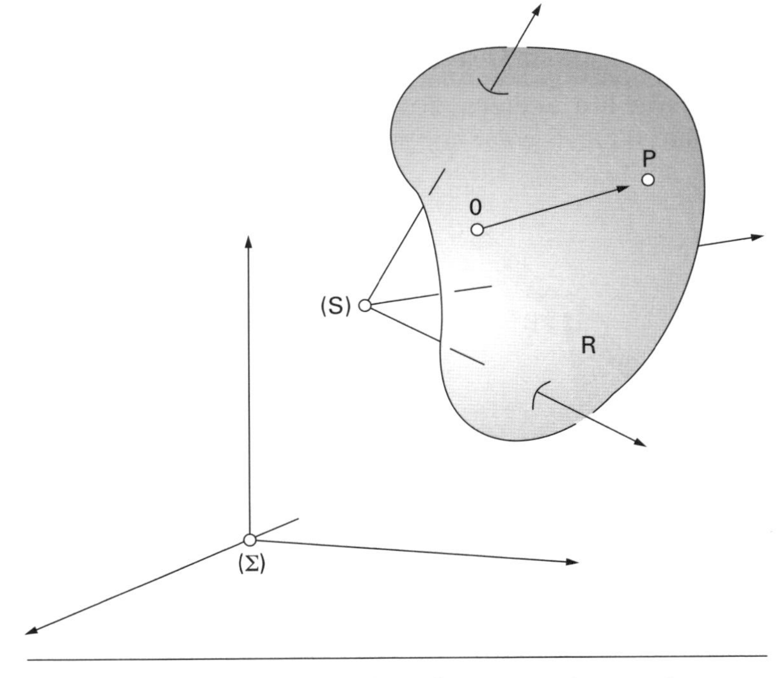

Figura 7.4 — Composição de vetores de rotação

Sendo P e O dois pontos quaisquer de R, tem-se:

$$\vec{v}_{r_P} + \vec{v}_{r_O} + \vec{\omega}_r \wedge (P - O)$$
$$\vec{v}_{a_P} + \vec{v}_{a_O} + \vec{\omega}_a \wedge (P - O)$$
$$\vec{v}_P + \vec{v}_O + \vec{\omega} \wedge (P - O)$$

Somando, membro a membro, as duas primeiras equações e subtraindo o resultado da terceira, obtém-se: $\vec{0} = [\vec{\omega} - (\vec{\omega}_r + \vec{\omega}_a)] \wedge (P - O)$.

Como P e O são quaisquer, de R, (P – O) é arbitrário, e decorre:

$$\vec{\omega} = \vec{\omega}_r + \vec{\omega}_a$$

Assim como no caso de composição de velocidades, esta fórmula se generaliza para um número qualquer, finito, de movimentos componentes, obtendo-se:

$$\vec{\omega} = \vec{\omega}_r + \vec{\omega}_{a_1} + \ldots + \vec{\omega}_{a_n}$$

■ EXEMPLO 7.2 ■

A barra AB gira em torno do pino A com velocidade ω = cte. Sua extremidade B está ligada a um anel que pode deslizar ao longo da barra OC. Pede-se:

a) A velocidade angular Ω da barra OC.

b) A velocidade e a aceleração, relativas, do movimento do ponto B sobre a barra OC ($-\pi/2 < \varphi < \pi/2$).

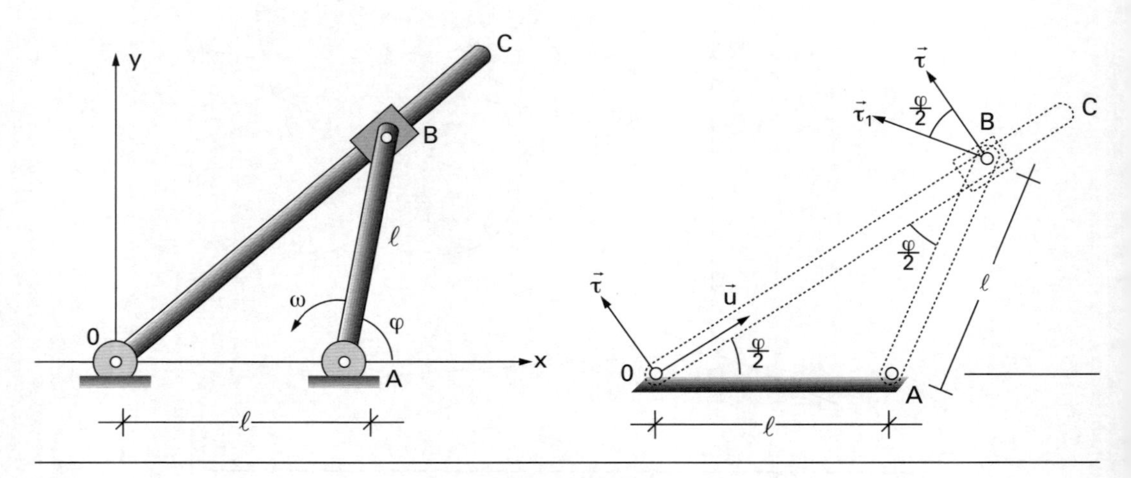

Exemplo 7.2

□ Solução:

O triângulo OAB sendo isósceles decorre, chamando $\vec{u}$ o versor de OC: âng$(O\vec{u}, \vec{i}) = \varphi/2$. Portanto $\Omega = (1/2)\,(d\varphi/dt) = \omega/2$, e esta é a velocidade angular de OC.

Chamando $\vec{\tau}$ e $\vec{\tau}_1$ os versores indicados, normais respectivamente a OC e AB, decorre $\vec{v}_B = \ell\omega\vec{\tau}_1$. Considerando que B se move sobre OC, pode-se escrever

$$\vec{v}_B = \vec{v}_r + \vec{v}_a. \quad \text{Mas} \quad \vec{v}_a = \left(\frac{\omega}{2}\right) 2\ell \cos\left(\frac{\varphi}{2}\right)\vec{\tau}$$

Então $\vec{v}_r = \vec{v}_B - \vec{v}_a$, e

$$\vec{v}_r = \ell\omega\vec{t}_1 - \vec{v}_a = \ell\omega\left[\cos\left(\frac{\omega}{2}\right)\vec{\tau} - \text{sen}\left(\frac{\varphi}{2}\right)\vec{u}\right] - \vec{v}_a = \ell\omega\,\text{sen}\left(\frac{\varphi}{2}\right)\vec{u}$$

Decorre

$$\vec{v}_r = \ell\omega\vec{t}_1 - \vec{v}_a = \ell\omega\left[\cos\left(\frac{\omega}{2}\right)\vec{\tau} - \text{sen}\left(\frac{\varphi}{2}\right)\vec{u}\right] - \vec{v}_a = \ell\omega\,\text{sen}\left(\frac{\varphi}{2}\right)\vec{u}$$

■ EXEMPLO 7.3 ■

As engrenagens "I" e "II" indicadas têm raios iguais a R e r. "I" gira com velocidade angular Ω, em torno da vertical fixa $O\vec{k}$. O centro A de "II" gira em torno da mesma vertical com velocidade angular ω_a.

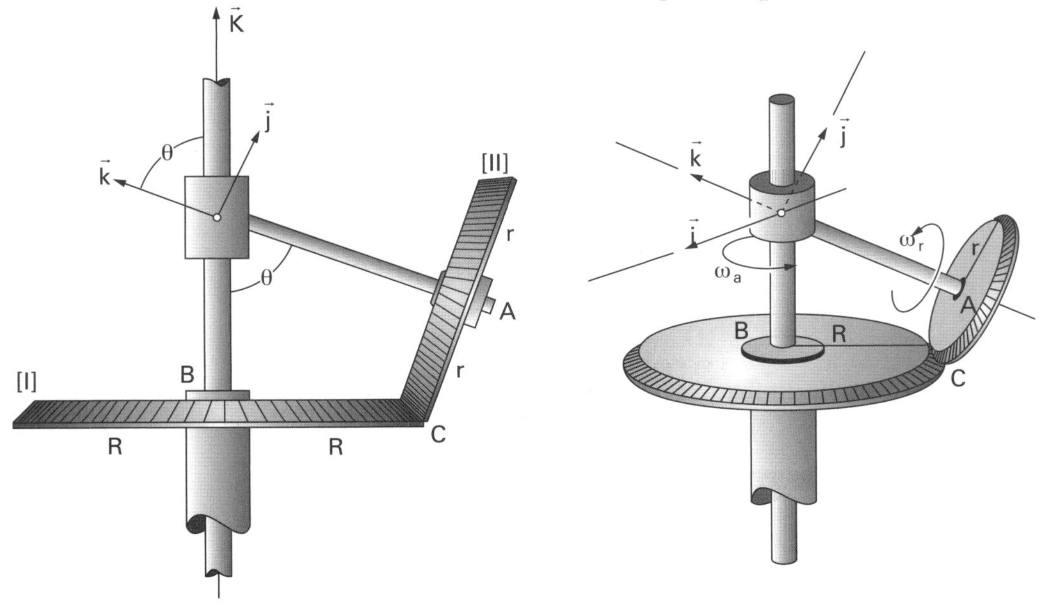

Exemplo 7.3

Dado θ, pede-se a velocidade angular relativa, ω_r, de "II", relativamente ao plano vertical OAB.

☐ Solução:

Sendo $\vec{\omega}$ o vetor de rotação de (II), no seu movimento absoluto:

$$\vec{v}_C = R\Omega\left(-\vec{i}\right)\vec{v}_A + \vec{\omega} \wedge (C - A) = v_A\left(-\vec{i}\right) + \left(\omega_r\vec{k} + \omega_a\vec{K}\right) \wedge \left(-r\vec{j}\right)$$

Sendo

$$\vec{K} = \text{sen}\theta\vec{j} + \cos\theta\vec{k}$$

conforme está ilustrado a seguir:

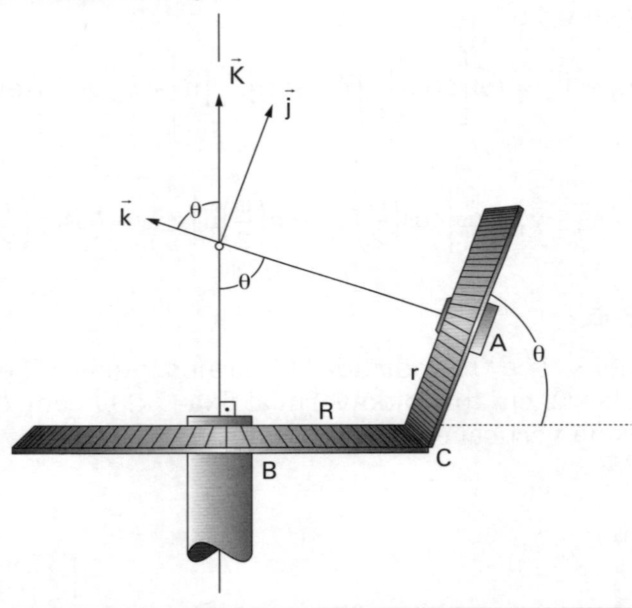

Exemplo 7.3 – Geometria do mecanismo

decorre

$$-R\Omega\vec{i} = -v_A\vec{i} + \left[\omega_r\vec{k} + \omega_a\left(\text{sen}\theta\vec{j}\right) + \cos\theta\vec{k}\right] \wedge \left(-r\vec{j}\right)$$

$$-R\Omega\vec{i} = -v_A\vec{i} + r\left(\omega_r + \omega_a\cos\theta\right)\vec{i}$$

Da geometria da figura decorre $\vec{v}_A = \omega_a (R + r\cos\theta)$, obtendo-se $\omega_r = (R/r)(\omega_a - \Omega)$.

■ EXEMPLO 7.4 ■ *Modelo cinemático do diferencial:*

Os discos de centros O_1 e A têm o comportamento descrito no problema anterior e $\theta = 90°$. O disco de centro O_2 gira em torno da vertical O_1O_2, fixa, com velocidade angular Ω_2.

Calcular ω_r em função de ω_a e Ω_2.

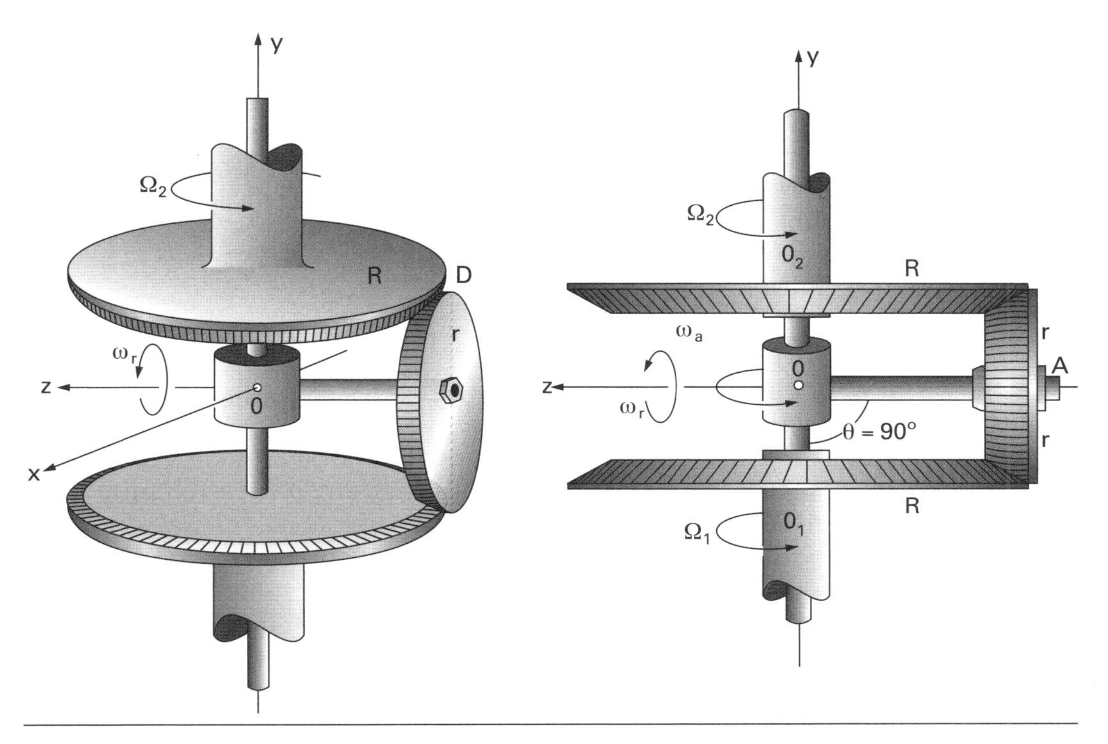

Exemplo 7.4 — Modelo cinemático do diferencial

☐ Solução:

Empregando a base móvel $(\vec{i}, \vec{j}, \vec{k})$, introduzida no problema anterior, vem:

$$\vec{v}_D = R\Omega_2\left(-\vec{i}\right) = \vec{v}_A + \vec{\omega}_r \wedge (D - A) = -R\omega_a\vec{i} + \left(\omega_r\vec{k} + \omega_a\vec{j}\right), \quad \text{decorrendo:}$$

$$\omega_r = (R/r)\left(\Omega_2 - \omega_a\right)$$

Como veremos a seguir, este exercício é uma introdução ao estudo do mecanismo chamado *diferencial*.

Aplicação: Estudo cinemático do diferencial de veículos:

Nas curvas, as rodas de um automóvel percorrem distâncias diferentes, as externas à curva percorrendo distâncias maiores. Se as rodas motoras de um carro fossem rigidamente ligadas a um mesmo eixo motor, elas seriam obrigadas a ter a mesma velocidade angular enquanto o carro efetua a curva. Um engenhoso mecanismo chamado *diferencial* permite, às rodas motoras, terem, numa curva, velocidades diferentes, evitando a derrapagem, que seria inevitável se estas rodas fossem rigidamente ligadas.

Se, ao mecanismo do exercício anterior, acrescentarmos mais um disco (na figura o disco de centro O_2), obteremos o modelo mais simples que pode representar o diferencial em funcionamento. As rodas do carro serão representadas pelos discos de centros O_1 e O_2; sejam Ω_1 e Ω_2 as respectivas velocidades angulares. O disco intermediário, de centro A, rola, sem escorregar, sobre os anteriores; seja ω_r sua velocidade angular. No caso do diferencial usual, os discos de centros O_1 e O_2 são realmente engrenagens cônicas (chamadas *planetárias*), e o disco de centro A, outra engrenagem cônica (chamada *satélite*). O centro A não é fixo. Ele é ligado a uma espécie de "caixa" que gira, movida pelo motor do carro, com velocidade angular proporcional à rotação do motor; seja ω_a a velocidade angular do ponto A. Na realidade são usadas quatro engrenagens "satélites", em vez de uma; isto só é feito para obter uma simetria desejável, mas não altera o comportamento cinemático do sistema. Toda a "caixa" está imersa em óleo lubrificante para facilitar ainda mais os movimentos de rolamento.

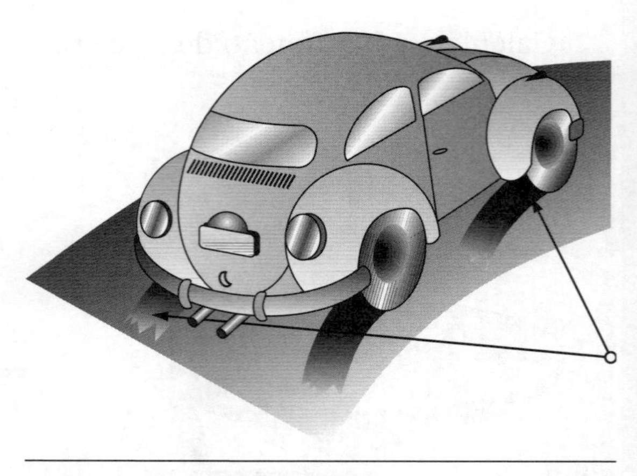

Figura 7.5 — *Escorregamento em uma curva*

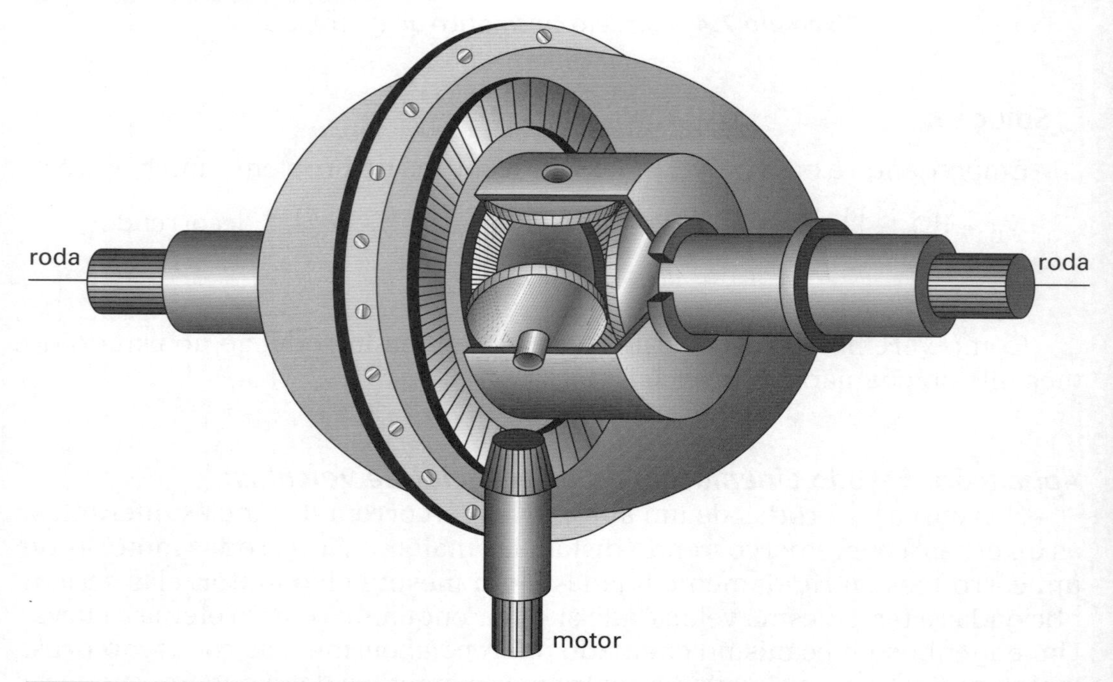

Figura 7.6 — *Diferencial mostrando a carcaça externa*

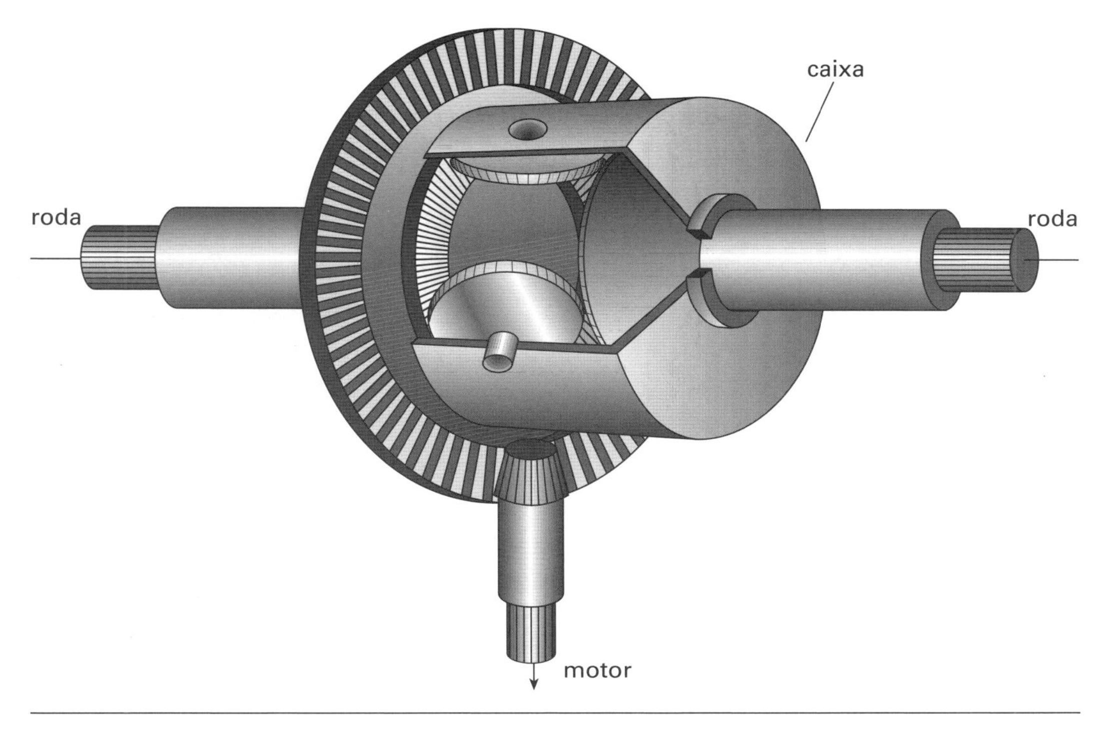

Figura 7.7 — Diferencial mostrando a "caixa"

Suponhamos dada a velocidade angular ω_a e a relação $\Omega_2 / \Omega_1 = \rho$, a qual dependerá dos raios dos arcos de circunferência descritos, numa curva, pelas rodas. Um cálculo semelhante àquele feito no exercício anterior permite escrever:

$$\omega_r = (\omega_a - \Omega_1)R/r = (-\omega_a + \Omega_2)R/r$$

Portanto: $2\omega_a = \Omega_1 + \Omega_2 = (\rho + 1)\Omega_1$

Sendo $\rho \neq -1$, quando o veículo percorre uma pista, decorre

$$\Omega_1 = 2\omega_a/(1 + \rho); \quad \Omega_2 = 2\omega_a\rho/(1 + \rho); \quad \omega_r = R\omega_a(\rho - 1)/r(1 + \rho)$$

Estas fórmulas permitem obter os valores dos parâmetros, referidos anteriormente, em várias situações, todas elas familiares aos motoristas:

a) Carro em trajetória retilínea:

$$\rho = 1 \rightarrow \omega_r = 0 \rightarrow \Omega_1 = \Omega_2 = w_a$$

b) Carro em curva (portanto $\rho \neq 1$):

$$0 < \rho < +\infty \rightarrow \Omega_1 \text{ e } \Omega_2$$

de mesmo sinal (mesmo sentido) do que ω_a.

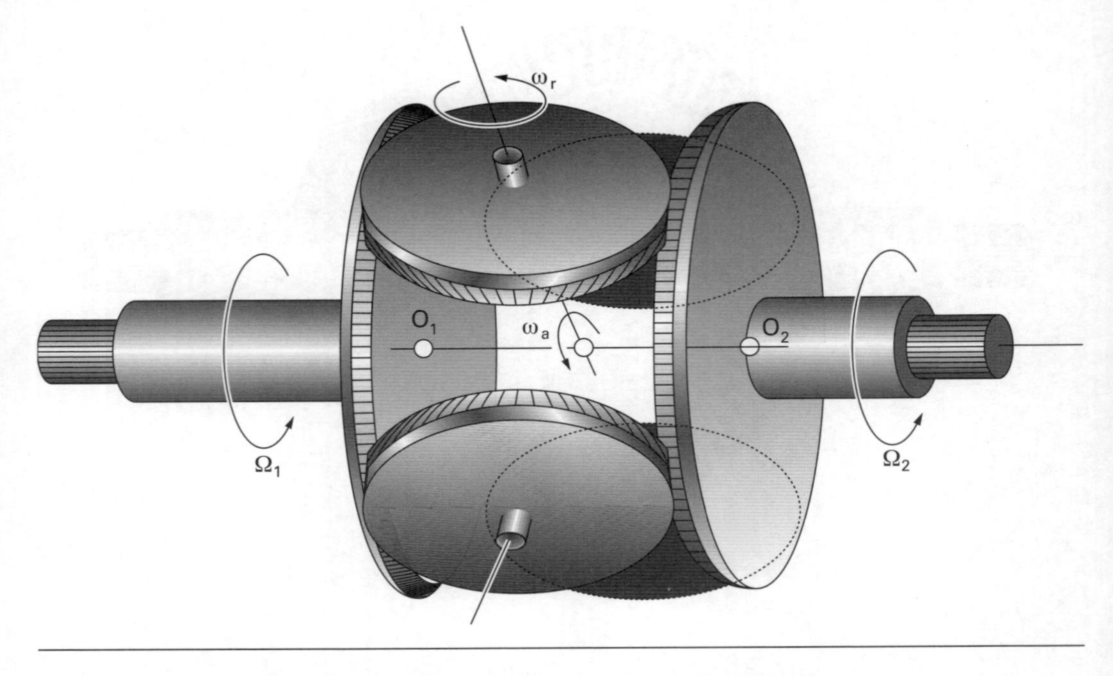

Figura 7.8 — Diferencial mostrando os "satélites"

Observa-se que, sempre, $\Omega_1 + \Omega_2 = 2\omega_a$ (cte.) e $\omega_r \neq 0$.

c) Carro "encalhado"

$$\Omega_2 = 0, \quad (\rho = 0) \rightarrow \Omega_1 = 2\omega_a, \quad \omega_r = -R\omega_a/r \neq 0$$

d) Carro e motor parados; carro com rodas motoras suspensas, marcha "engatada" e carro desbrecado.

$$\omega_a = 0 \rightarrow \Omega_2 = -\Omega_1.$$

Capítulo 8

LEIS DE ATRITO

8.1 — Atrito de escorregamento

Seguiremos a terminologia e a notação adotadas em 4.4.1 ("Vínculos sem e com atrito") e também no item "Movimento sem e com escorregamento" do Capítulo 6.

A força de atrito, $T\vec{t}$, pode impedir ou dificultar o escorregamento de um sólido sobre outro, com o qual ele está em contato.

As leis experimentais que descrevem o comportamento de T foram formuladas, pela primeira vez, por Charles COULOMB (1736-1806). Elas continuam sendo usadas para a descrição, em escala macroscópica, dos fenômenos devidos ao chamado *atrito seco* (isto é, sem nenhuma camada lubrificante entre os sólidos em contato).

Uma experiência que nos informa acerca de propriedades da força de atrito, T, é descrita a seguir:

Um sólido é colocado, em repouso, sobre um plano horizontal. Aplica-se ao sólido uma força horizontal, cujo módulo, F, varia de maneira contínua, (o quanto possível) a partir do valor zero.

Verifica-se que o sólido continua em equilíbrio, até que a força aplicada atinja um valor $F = F_1$.

Evidentemente, enquanto persistiu o equilíbrio foi $T = F$. Portanto T assumiu valores variáveis de 0 até F_1.

Se F crescer acima de F_1, o sólido não continua em equilíbrio (e portanto, a partir desse valor, será $T < F$).

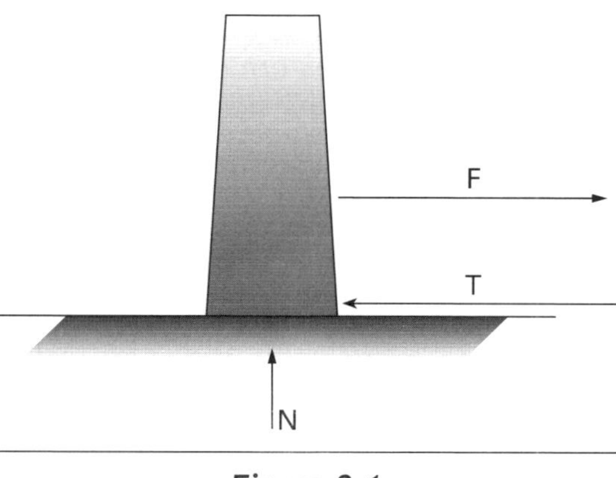

Figura 8.1

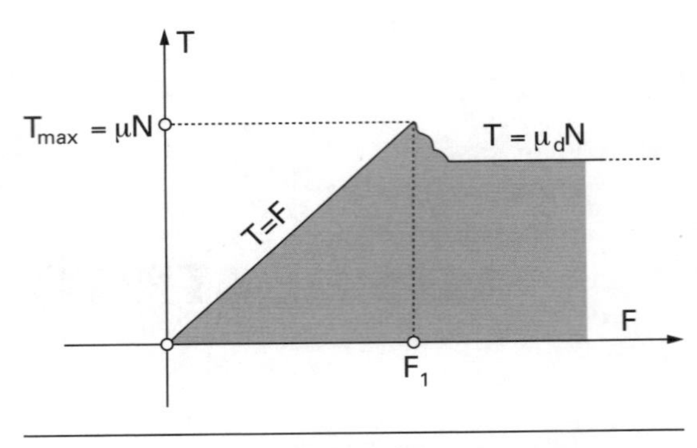

Figura 8.2

Verifica-se também que, a partir da transição definida pelo valor F_1, T se mantém praticamente constante (um pouco menor do que $T_{máx} = F_1$). Com o crescimento de F, a velocidade do sólido, em relação ao plano, aumenta e, daí, T passa a decrescer ligeiramente.

Antes de comentar certos aspectos dessa experiência, passemos a enunciar as leis experimentais devidas a Coulomb:

1ª lei:

Se não houver escorregamento no contato entre os sólidos, a força de atrito T, em módulo, não ultrapassa o valor μN, produto de uma constante, μ, pela força normal N:

$$|T| \leq \mu N$$

o coeficiente μ é chamado coeficiente de atrito estático de escorregamento.

2ª lei

Se houver escorregamento no contato entre os sólidos, a força de atrito tem mesma direção e sentido oposto à velocidade de escorregamento. O módulo de T é igual ao produto de uma constante, μ_d, pela força normal N:

$$|T| = \mu_d N$$

O coeficiente μ_d é chamado coeficiente de atrito dinâmico de escorregamento.

3ª lei

Os coeficientes de atrito dependem da natureza dos materiais em contato e das condições em que se encontram as superfícies em contato (temperatura, umidade, "acabamento" das superfícies, etc.).

Observações:

Essas leis valem com aproximação razoável para o caso do chamado *atrito seco*, isto é, com lubrificação nula.

Se o contato entre os sólidos for não apenas em um ponto, mas se existir uma *linha de contato*, ou uma *superfície de contato* entre os corpos, valerão as leis anteriores para forças que atuarem em partes suficientemente pequenas da linha ou superfície de contato. O problema passa a ter características de forças distribuídas; a experiência mostra que os coeficientes de atrito variam pouco com o comprimento da linha ou com a área da superfície de contato, para pressões que não sejam excessivamente grandes.

O exame do gráfico resultante da experiência inicialmente descrita mostra que o valor máximo, F_1, da força T, ocorre um pouco antes do início do escorregamento, durante o qual será $T < F_1$.

É interessante fazer a conexão entre este resultado experimental e o funcionamento dos *freios antiblocantes* das rodas de veículos.

Antes de ser aplicado o freio, uma roda rola sem escorregar sobre a pista, o ponto C de contato tendo velocidade nula:

$$v_C = v_A - R\omega = 0,$$

onde v_A é a velocidade do eixo, isto é, do veículo, R o raio da roda e ω sua velocidade angular.

Durante a frenagem pode acontecer que esta roda comece a ficar *travada*, isto é, sua velocidade angular decresça muito mais do que a das outras rodas. A expressão $v_C = v_A - R\omega$ mostra que, nesse caso, v_C torna-se positivo e a roda começa também a escorregar, isto é, a *derrapar* (não parando totalmente de girar, necessariamente).

Para corrigir esta situação foram projetados os freios antiblocantes, um dos mais conhecidos sendo os *freios ABS*.

Num sistema antiblocante de freios (o qual pode atuar em duas ou nas quatro rodas de um carro) existem sensores que detectam qualquer decréscimo significativo na velocidade angular de uma roda, em relação à rotação das outras. O sistema faz com que a roda considerada tenha sua frenagem aliviada; em consequência sua velocidade volta a crescer (devido à força de atrito do piso) e ela para de derrapar.

A principal vantagem do sistema é proporcionar frenagem segura, evitando derrapagens.

Um aspecto interessante é que, ficando todas as rodas no limite do escorregamento, a força de atrito do piso torna-se máxima em todas elas (atingindo valores próximos do valor F_1 citado). Com esta força de atrito máxima a frenagem atinge máxima eficiência.

Deve-se notar que o contato pneu/piso tem caraterísticas diferentes do contato entre dois corpos rígidos.

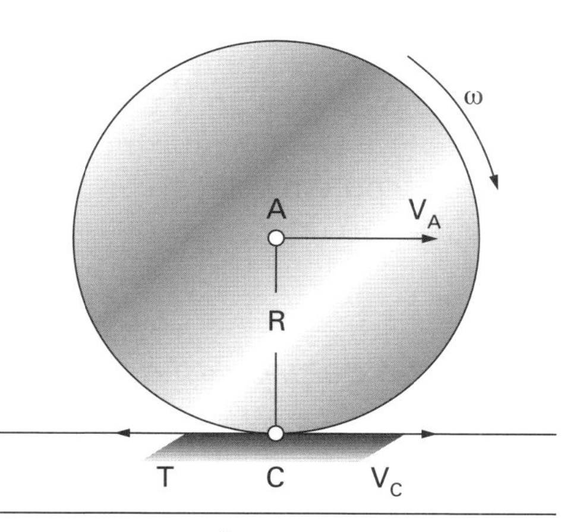

Figura 8.3

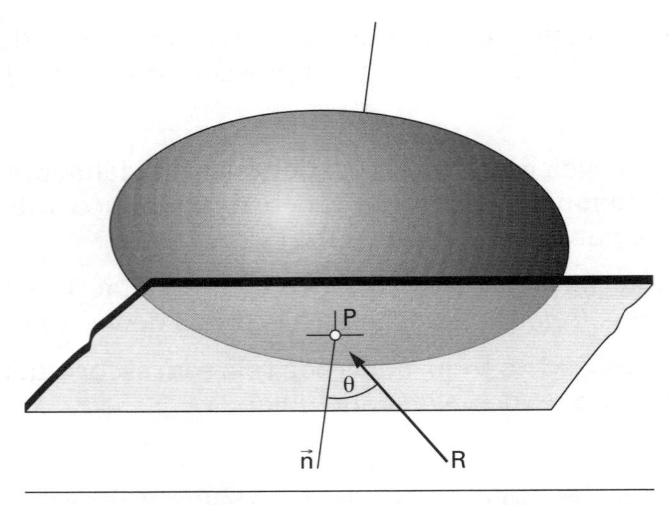

***Figura 8.4** — Ângulo de atrito*

Verificou-se, por exemplo, que a força máxima de atrito com o piso ocorre, realmente, não no instante em que começa o escorregamento, mas quando a relação $v_C/v_A = (v_A - R\omega)/v_A$ estiver entre 0,10 e 0,20.

Não é garantido que a distância percorrida pelo veículo, até a parada total, seja sempre menor, se ele for equipado com freios antiblocantes, pois a atuação do sistema pode ocasionar um tempo suplementar de frenagem. O que sucede, apenas, é que a frenagem torna-se mais segura.

Estes sistemas antiblocantes foram inicialmente projetados para trens, no início do século XX, passando a ser intensamente usados na frenagem de trens de aterrissagem de aviões a jato depois da Segunda Guerra Mundial. A partir de 1960 passaram a ser adaptados em autos de luxo. Com os progressos dos sistemas eletrônicos de controle, seu emprego pôde ser difundido a um preço um pouco mais acessível.

Fazendo um comentário adicional à 1ª lei de Coulomb, vamos chamar θ o ângulo da reação $\vec{R}$ com a normal $\vec{n}$. Ter-se-á tg $\theta = T/N$. Sendo $T \leq \mu N$, decorre tg $\theta \leq \mu$. O valor máximo desse ângulo, compatível com o equilíbrio de um corpo em relação ao outro, é portanto $\theta = \text{arctg}\ \mu$. Tal ângulo é chamado *ângulo de atrito.*

Resolução de problemas de Estática na presença de forças de atrito:

Para cada sólido em equilíbrio, devem ser escritas, para as forças externas, as equações universais da Estática.

Para cada contato devem ser aplicadas as leis do atrito.

■ EXEMPLO 8.1 ■

O bloco homogêneo de peso P e largura 2a, indicado, está em equilíbrio sobre um plano horizontal. O coeficiente de atrito no contato é μ. Calcular a força horizontal máxima, F, que atua à distância h do solo, compatível com o equilíbrio do bloco.

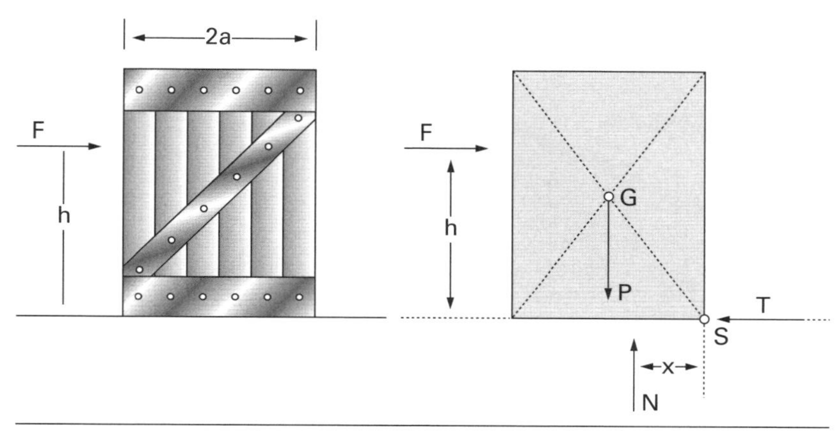

Exemplo 8.1

■ Solução:

As equações universais da Estática fornecem

$$T = F, \quad N = P$$
$$M_S = 0, \quad \text{ou } Pa = Fh + Nx, \quad \text{ou}$$
$$F = P(a - x)/h.$$

Essa última equação, para $x = x_{mín} = 0$, fornece um primeiro valor para o máximo de F:

$$(F')_{máx} = Pa/h \tag{1}$$

A lei do atrito fornece:

$$T \leq \mu N \quad \text{ou} \quad F \leq \mu P$$

decorrendo um segundo valor para o máximo de F.

$$(F'')_{máx} = \mu P \tag{2}$$

Portanto $F_{máx}$ será

$$F_{máx} = \text{mín}\{Pa/h, \mu P\}.$$

■ EXEMPLO 8.2 ■

Achar a distância máxima, x, indicada, de maneira que a gaveta abra, por efeito da força F, sem travar nos suportes laterais. Desprezar o atrito no "fundo" da gaveta. O coeficiente de atrito nas laterais é μ.

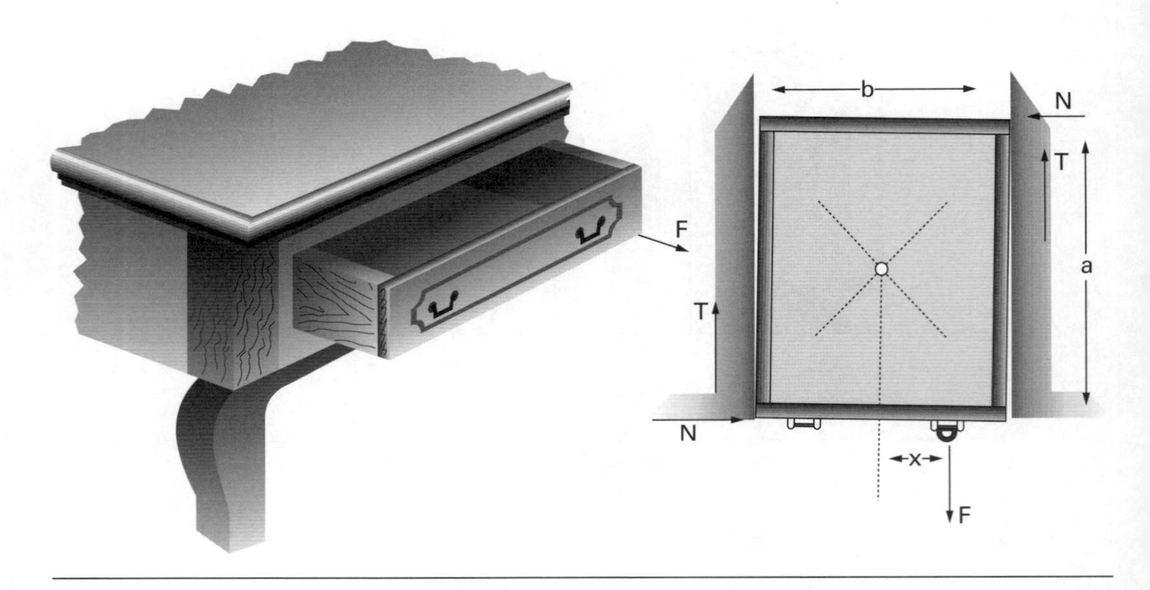

Exemplo 8.2

■ Solução:

Na iminência do escorregamento as forças de atrito valem μN e são, portanto, iguais (T = μN).

Equações de equilíbrio:

$$F = 2T, \quad e\ M_O = 0, \quad \text{isto é,} \quad Na = Fx.$$

Destas duas equações decorre:

$$Na = 2Tx, \quad \text{isto é,} \quad x = Na/2T$$

Ora, se for $T \leq \mu N$, haverá equilíbrio; para haver movimento, deverá ser $T > \mu N$. Substituindo na expressão de x, obtém-se

$$x < a/2\mu.$$

■ EXEMPLO 8.3 ■

As barras AB e BC estão articuladas em A e B. Sendo P o peso de cada uma, achar o coeficiente de atrito mínimo, em C, compatível com o equilíbrio na posição indicada.

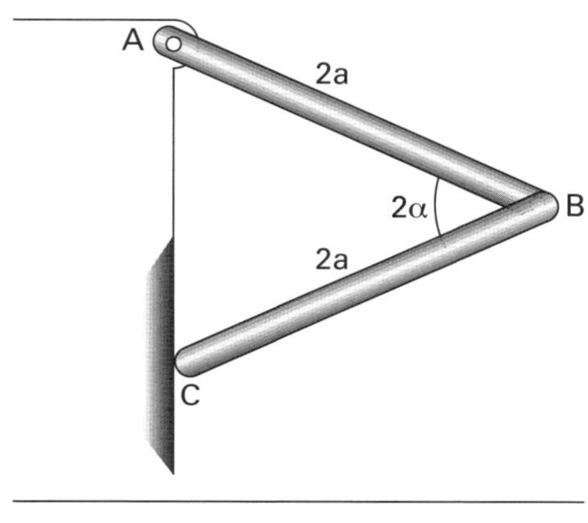

Exemplo 8.3

■ Solução:

Considerando o conjunto das duas barras:

$$M_A = 0, \quad \text{ou,} \quad N\,4a \text{ sen } \alpha = 2P\,a \cos \alpha, \quad \text{ou}$$

$$N = P/(2\text{tg } \alpha) \tag{1}$$

Considerando somente a barra BC:

$$M_B = 0, \quad \text{ou,} \quad N\,2a \text{ sen } \alpha + Pa \cos \alpha = T\,2a \cos \alpha, \quad \text{ou}$$

$$2N \text{ tg } \alpha + P = 2T. \tag{2}$$

Decorre $T = P$, mas $T \leq \mu N$.

Então, considerando a expressão de N dada por (1),

$$P \leq \mu \frac{P}{2\text{tg } \alpha}, \quad \text{ou} \quad \mu \geq 2\text{tg } \alpha$$

■ EXEMPLO 8.4 ■

Sendo P o peso do disco homogêneo indicado e μ o coeficiente de atrito nos contatos, determinar o valor máximo do momento M compatível com o equilíbrio do disco.

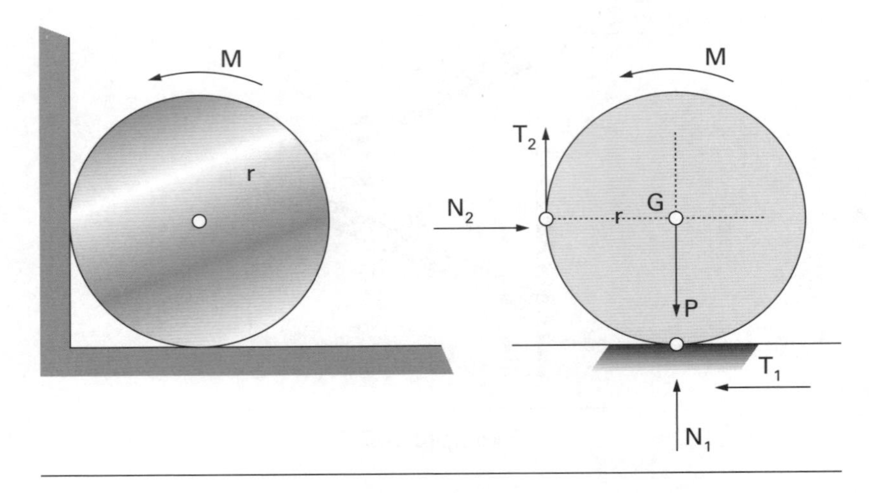

Exemplo 8.4

■ Solução:

As equações de equilíbrio são:

$$N_2 = T_1 \tag{1}$$

$$N_1 + T_2 = P \tag{2}$$

$$M = (T_1 + T_2)r \tag{3}$$

(3) mostra que o valor máximo de M ocorrerá quando T_1 e T_2 forem máximos, isto é, respectivamente iguais a μN_1 e μN_2.

Substituindo, em (1) e (2), estes valores de T_1 e T_2, decorre:

$$N_1 = P/(1 + \mu^2) \quad \text{e} \quad N_2 = \mu P/(1 + \mu^2).$$

Multiplicando por μ cada uma destas forças normais e substituindo em (3), obtém-se o máximo valor de M:

$$M = rP\,(\mu + \mu^2)/(1 + \mu^2).$$

■ EXEMPLO 8.5 ■

Calcular a altura máxima, h, que uma pessoa de peso 8P pode atingir na escada de abrir representada.

Cada uma das partes da escada é uma barra homogênea de peso P. O coeficiente de atrito nos apoios A e B é $\mu = 0{,}5$.

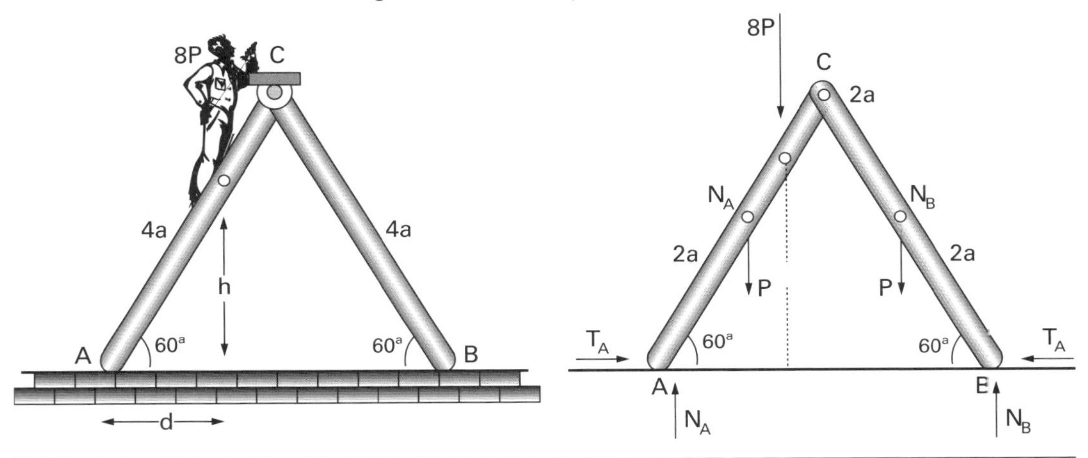

Exemplo 8.5

■ Solução:

Considerando a equação de momentos para toda a escada, tem-se: $M_A = 0$, ou

$$N_B 8a \cos 60^\circ = P2a \cos 60^\circ + 8Pd + P6a \cos 60^\circ, \quad \text{ou}$$

$$d = (1/8P)(4N_B a - 5Pa) \qquad (1)$$

Como o máximo de h exige o máximo de d, $h_{máx}$ ocorrerá quando N_B for máximo.

Consideremos, agora, somente a parte da direita da escada e tomando momentos em relação a C: $M_C = 0$, ou

$$N_B 4a \cos 60^\circ = P2a \cos 60^\circ + T_B 4a \operatorname{sen} 60^\circ,$$

isto é,

$$N_B = (P/2) + T_B\sqrt{3}$$

A fim de justificar com mais clareza a solução do problema, vamos escrever

$$T_B = \varepsilon N_B, \quad 0 \leq \varepsilon \leq \mu,$$

admitindo que T_B (e também T_A) tenham, no equilíbrio, exatamente os sentidos indicados na figura. Então

$$N_B = (P/2) + \varepsilon\sqrt{3}\, N_B, \quad \text{ou} \quad N_B = P/(1 - \varepsilon\sqrt{3})2$$

Fazendo $\varepsilon = e_{máx} = 0{,}5$ obtém-se $N_B = N_{B\,máx} = P/(2 - \sqrt{3})$.

Substituindo em (1), obtém-se

$$d_{máx} = (\sqrt{3} - 1)a/2(2 - \sqrt{3}); \quad h_{máx} = d_{máx}\sqrt{3} = (3 - \sqrt{3})a/2(2 - \sqrt{3})$$

ou,

$$h_{máx} \cong 2{,}37a.$$

Obs.: Se a pessoa ultrapassar, ligeiramente, a altura $h_{máx}$, a escada começará a *escorregar* em B.

De fato, será $T_A = T_B$ (do equilíbrio das forças horizontais). Escrevendo-se $T_A = \varepsilon' N_A$, $(0 \le \varepsilon' \le 0{,}5)$, decorre: $\varepsilon' N_A = \varepsilon N_B$.

Por outro lado, do equilíbrio das forças verticais, considerando toda a escada, vem $N_A + N_B = 10P$, ou $N_A \cong 6{,}27P$ (pois para a expressão de N_B mostra que $N_B \cong 3{,}73P$).

Sendo $N_A > N_B$, decorre $\varepsilon' < \varepsilon = 0{,}5$, e, no "equilíbrio-limite": $\varepsilon' < 0{,}5$.

Isto mostra que, no equilíbrio-limite, a força de atrito em A não atinge seu valor máximo e, portanto, a escada não começa a escorregar em A.

■ Exemplo 8.6 ■

Um trator de lâmina equilibra um tronco cilíndrico, homogêneo, de peso P, ao longo de uma rampa inclinada de um ângulo α com a horizontal, conforme figura.

Supondo iguais a μ (< 1) os coeficientes de atrito nos dois contatos, pede-se:

a) Escrever as relações necessárias para o equilíbrio do bloco.

b) Para que valores de α o cilindro estará na *iminência* de rolar para cima, sem escorregar sobre a rampa?

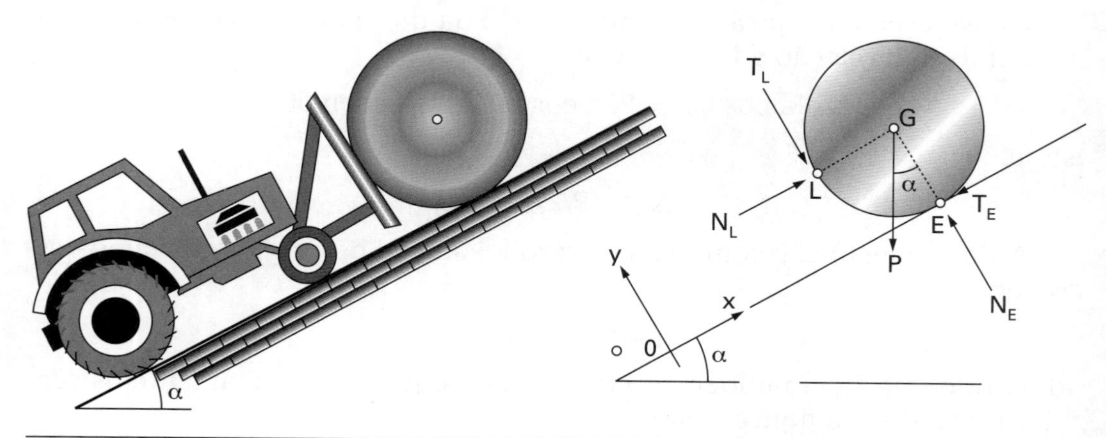

Exemplo 8.6

c) Para que valores de α o cilindro estará na iminência de escorregar para cima, sobre a rampa?

■ Solução:

a)

$$N_L = P\text{sen }\alpha + T_E \qquad (1)$$

$$N_E = P\cos \alpha + T_L \qquad (2)$$

$$M_G = 0 \Rightarrow T_L = T_E = T \qquad (3)$$

Admitindo que os sentidos de T_E e de T_L, representados na figura, estejam corretos, tem-se:

$$0 \le T \le \mu N_L \qquad (4)$$

$$0 \le T \le \mu N_E \qquad (5)$$

b) Na iminência de rolar sobre a estrada (e, portanto, de escorregar na lâmina):

$$T_E = T \le \mu N_E$$

$$T_L = T = \mu N_L \qquad (5')$$

Substituindo o valor $T_L = \mu N_L$ em (1) e (2), obtém-se

$$N_L = P \text{ sen } \alpha/(1 - \mu), \quad \text{e} \quad N_E = P \cos \alpha + (\mu P \text{ sen } \alpha)/(1 - \mu)$$

Levando na (4) e simplificando, vem:

$$\text{tg } \alpha \le 1 \Rightarrow \alpha \le 45°.$$

c) Na iminência de escorregar, para cima, na estrada (sem escorregar na lâmina):

$$T_E = T = \mu N_E \qquad (4')$$

Substituindo o valor $T_E = \mu N_E$ em (1) e (2), obtém-se

$$N_E = P \cos \alpha/(1 - \mu), \quad \text{e} \quad N_E = P \text{ sen } \alpha + (\mu P \cos \alpha)/(1 - \mu)$$

Levando na (5) e simplificando:

$$\text{tg } \alpha \ge 1 \Rightarrow \alpha \ge 45°.$$

(Para $\alpha = 45°$ o tronco cilíndrico estaria na iminência de escorregar em qualquer dos contatos ao sair do equilíbrio.)

■ EXEMPLO 8.7 ■

Determinar o valor mínimo da força Q, a ser aplicada na alavanca do freio, para equilibrar o momento M aplicado na polia. É dado o coeficiente de atrito μ. Desprezar o peso da alavanca.

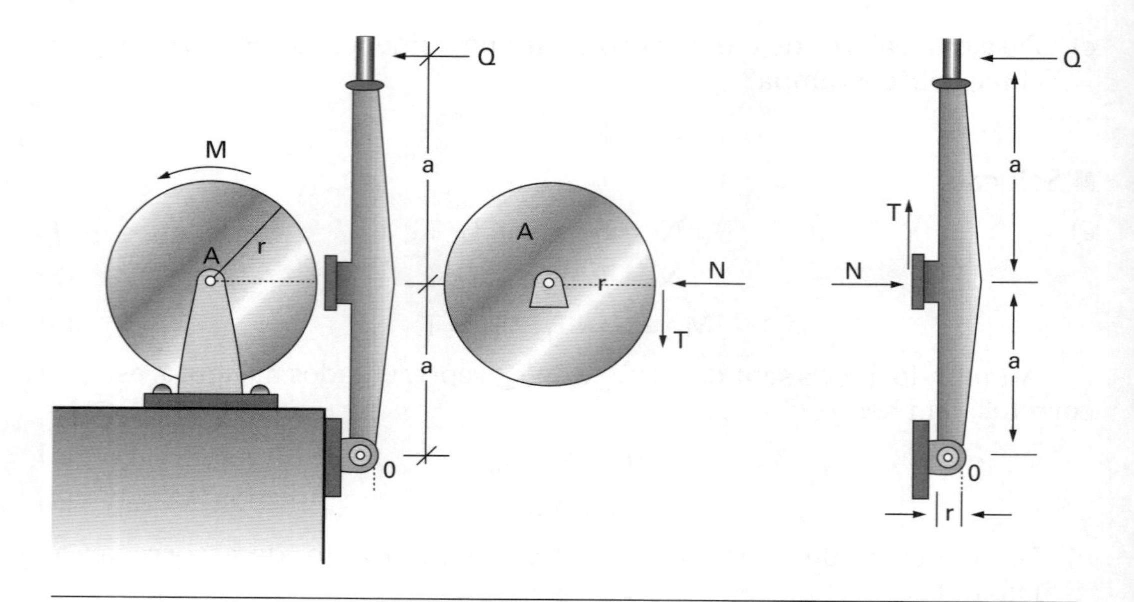

Exemplo 8.7

■ Solução:

Isolando, sucessivamente, a polia e a alavanca, e escrevendo equação de momentos, em relação, respectivamente, aos pontos A e O, vem:

$$M_A = 0 \Rightarrow M = Tr \tag{1}$$

$$M_O = 0 \Rightarrow Q2a = Na + Tr \tag{2}$$

decorre

$$Q = (1/2a)(Na + M).$$

Da lei do atrito vem:

$$T \leq \mu N, \quad \text{e} \quad N \geq \frac{T}{\mu} = \frac{M}{\mu r}$$

mínimo de Q ocorrerá com o mínimo de N; portanto

$$Q_{mín} = \frac{M}{2\mu ra}(a + \mu r)$$

■ EXEMPLO 8.8 ■

No sistema indicado, um binário, aplicado ao anel externo, pode ser transmitido à peça de centro O, devido ao atrito existente nos contatos com as esferas de raio r indicadas.

Se o binário agir no sentido contrário, não haverá transmissão do movimento. Dados também o raio R do anel e o coeficiente de atrito μ, achar o valor mínimo da distância a, supondo que o sistema fique em equilíbrio, resultando "travada" a peça de centro O, sem girar pelo binário externo.

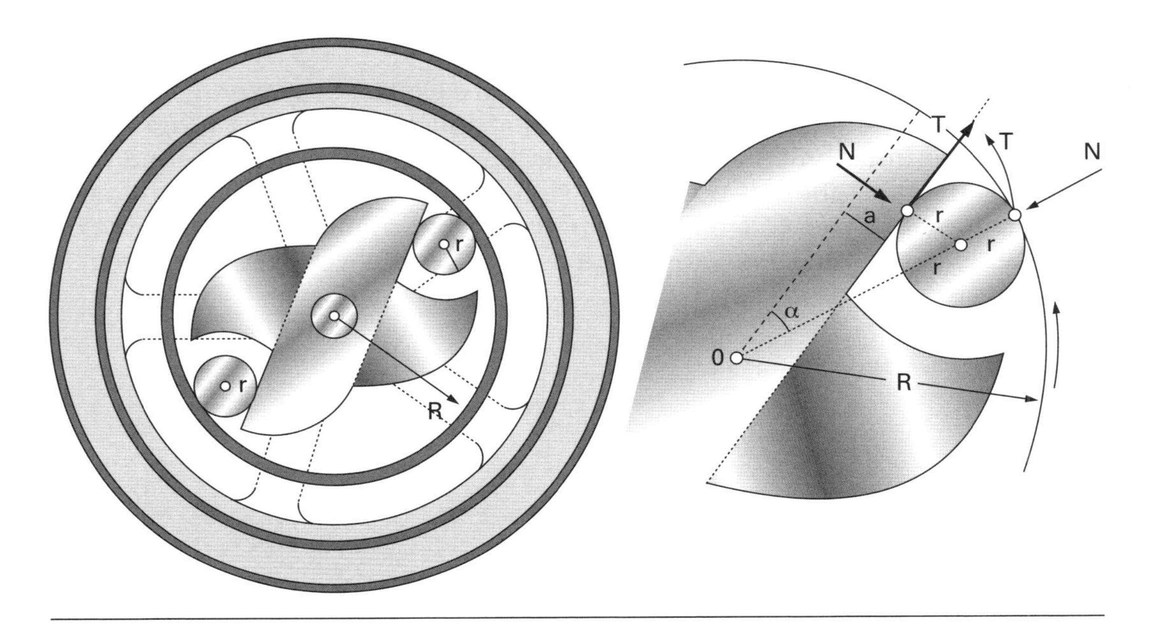

Exemplo 8.8

■ Solução:

A equação de momentos mostra que as forças tangenciais são iguais; vamos designá-las por T.

Projetando as forças na direção normal a N′, obtém-se:

$$T + T \text{ sen } \alpha = N \cos \alpha, \quad \text{ou} \quad N = T(1 + \text{sen } \alpha)/\cos \alpha$$

Devendo ser

$$\frac{T}{N} \leq \mu, \quad \text{decorre} \quad \frac{\cos\alpha}{1 + \text{sen}\alpha} \leq \mu \tag{1}$$

A geometria do mecanismo fornece

$$\text{sen } \alpha \frac{a + r}{R - r} \tag{2}$$

Elevando ao quadrado os dois membros da desigualdade (1) e substituindo o valor do seno dado por (2), obtém-se

$$a \leq \frac{\left(1 - \mu^2\right)R - 2r}{1 + \mu^2}$$

Naturalmente deverá sempre ser

$$a < R - 2r,$$

(para que a parte interna caiba na externa). O mecanismo indicado é empregado no acionamento da "roda-livre" de alguns veículos.

■ EXEMPLO 8.9 ■

A "chave de grifo" representada na figura é usada para fazer girar o tubo de diâmetro 2R indicado, desde que a força, aplicada no cabo CC′ da chave, possa vencer um momento resistente capaz de manter o tubo em equilíbrio. A chave agarra o tubo nos pontos A e C, diametralmente opostos. A ligação entre as peças BB′ e CC′ é feita pelo pino D. Determinar o valor mínimo do coeficiente de atrito, μ, entre o tubo e as peças da chave, para que não haja escorregamento nos contatos A e C.

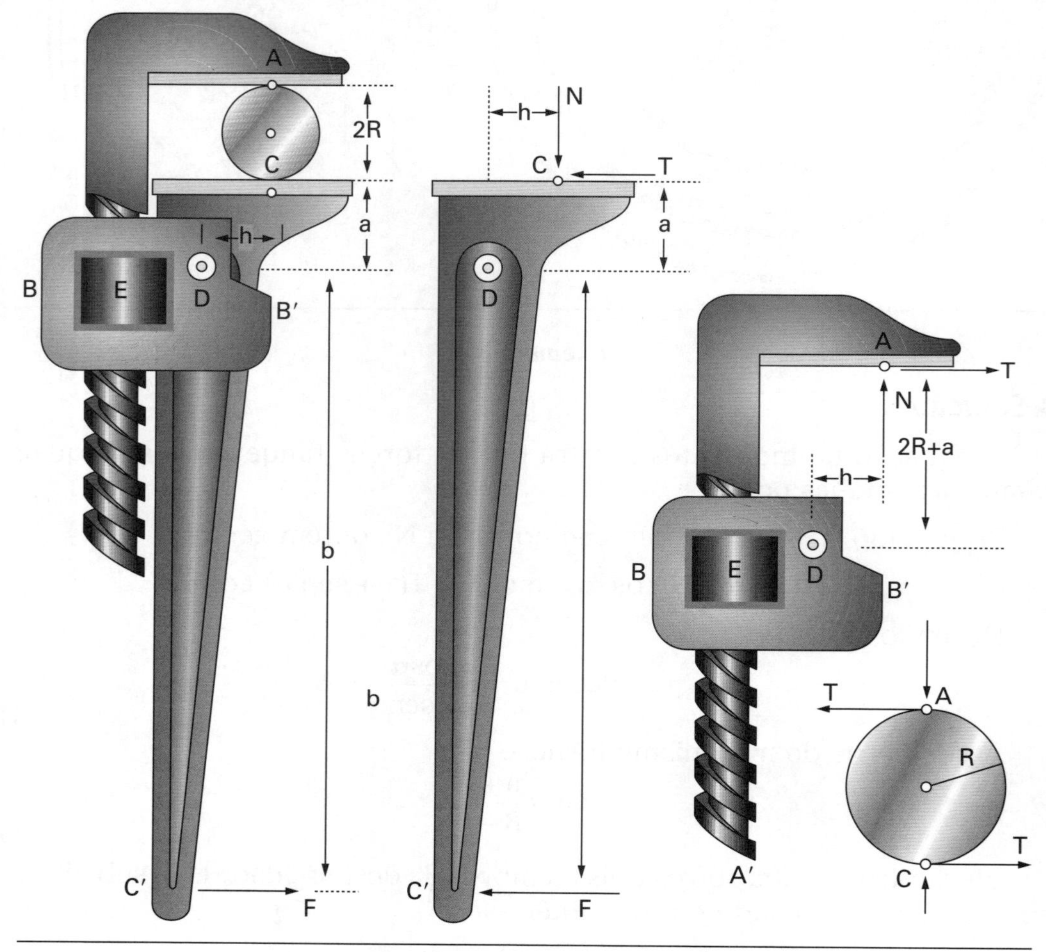

Exemplo 8.9

■ Solução:

Seja F a máxima força aplicada ao cabo da chave que é equilibrada por um momento resistente M aplicado ao tubo (qualquer força maior do que F faria girar o tubo). Considerando o conjunto, chave mais tubo, a equação de momentos em relação ao pino D fornece:

$$bF = M \quad (1)$$

Isolando o tubo verifica-se que, no equilíbrio, as forças de atrito e as forças normais são iguais, nos pontos A e C. Da equação de momentos, em relação ao centro do tubo, vem:

$$2RT = M \quad (2)$$

O momento, em relação a D, do cabo CC′ e depois da peça BB′, fornece as equações:

$$bF + aT = hN \quad (3)$$

$$hN = (a + 2R)T \quad (4)$$

Usando (1), (2) e (3), a equação (4) fornece

$$T = hN/(a + 2R).$$

Para que não haja escorregamento, deve-se ter:

$$T \leq \mu N,$$

decorrendo

$$\mu \leq \frac{h}{a + 2R}$$

■ EXEMPLO 8.10 ■

Uma placa em forma de coroa circular, de raios R_1 e R_2, é pressionada contra uma superfície plana, por meio de uma força F, aplicada perpendicularmente ao plano. Sendo μ o coeficiente de atrito e supondo que a pressão decorrente da aplicação de F se distribua uniformemente na placa, determinar o momento máximo, M, que pode ser equilibrado pelas forças de atrito, sem que haja escorregamento.

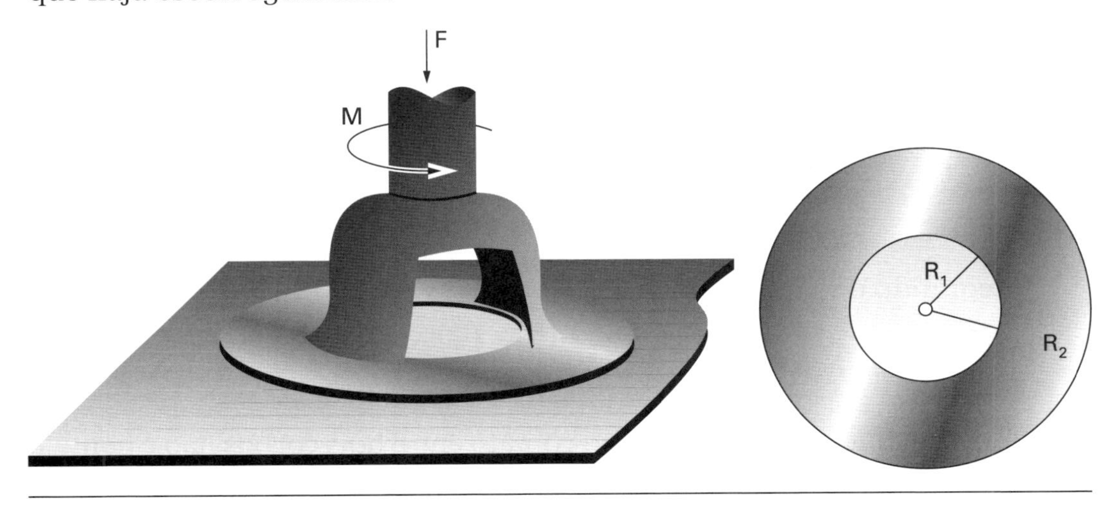

Exemplo 8.10

■ Solução:

A pressão (força por unidade de área) é igual a

$$p = \frac{F}{\pi\left(R_2^2 - R_1^2\right)}$$

Sendo o "elemento de área" em coordenadas polares igual a rdrdθ, decorre para a força normal correspondente

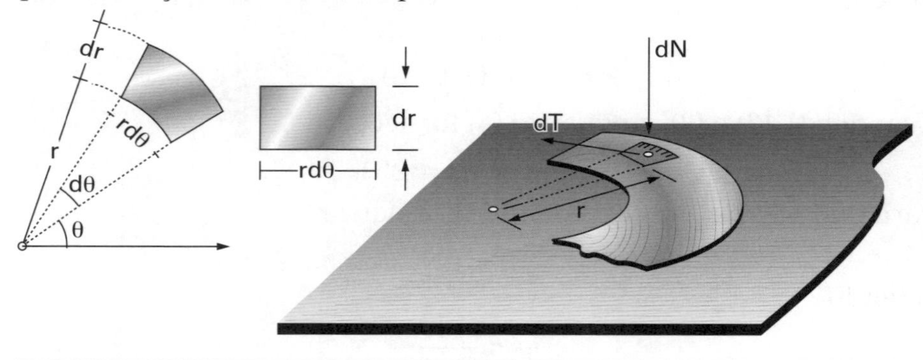

Exemplo 8.10

$$dN = prdrd\theta = \frac{F}{\pi\left(R_2^2 - R_1^2\right)} rdrd\theta$$

A força de atrito máxima, correspondente ao contato nesse elemento de área, é

$$dT = \mu dN = \frac{\mu F}{\pi\left(R_2^2 - R_1^2\right)} rdrd\theta$$

o momento, em relação ao eixo vertical de simetria, devido a essa força é

$$dM = rdT = \frac{\mu F}{\pi\left(R_2^2 - R_1^2\right)} r^2 drd\theta$$

Portanto o momento máximo procurado será:

$$M = \frac{\mu F}{\pi\left(R_2^2 - R_1^2\right)} \int_{R_1}^{R_2} r^2\, dr \int_0^{2\pi} d\theta$$

Integrando e simplificando:

$$M = \frac{2\mu F\left(R_2^3 - R_1^3\right)}{3\left(R_2^2 - R_1^2\right)}$$

Já assinalamos que, na prática, o contato entre dois corpos não é pontual mas ocorre numa certa área de contato. Isso explica a introdução dos conceitos de *atrito de rolamento* e de *atrito de pivotamento*, como veremos a seguir.

8.2 — Atrito de rolamento

Seja $\vec{\omega}$ o vetor de rotação relativo, do sólido C_1, que está em movimento, relativamente ao sólido C_2. Vamos decompor $\vec{\omega}$ em duas componentes ortogonais, sendo uma delas normal às superfícies que limitam os dois sólidos

$$\vec{\omega} = \omega_n \vec{n} + \omega_t \vec{t} \tag{8.1}$$

Por outro lado, reduzindo o sistema $(\vec{F}_i, P_i)$, das forças de contato, a um ponto P da área de contato, obtém-se um sistema equivalente constituído pela resultante $(\vec{R}, P)$ e por um binário de momento $\vec{M}_P$. Já fizemos a decomposição da resultante:

$$\vec{R} = N\vec{n} + T\vec{\tau}$$

onde $\vec{n}$ tem o sentido já mencionado.

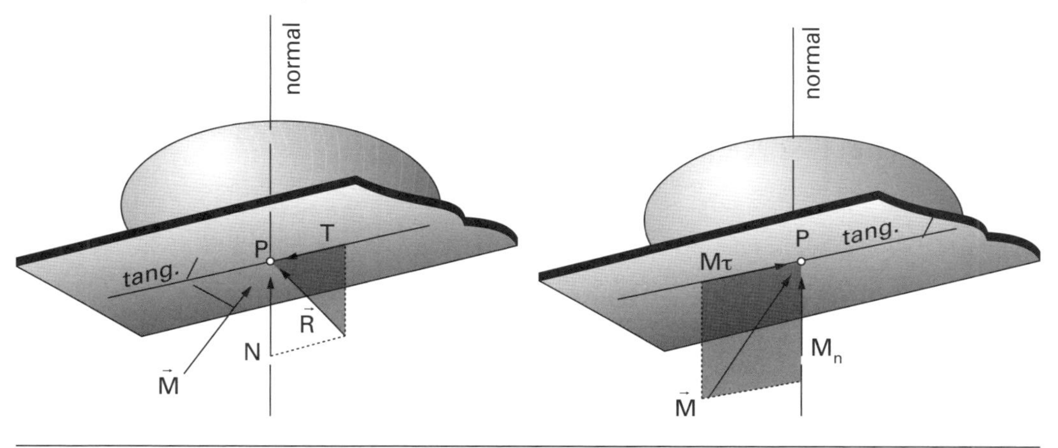

***Figura 8.5** — Redução das forças de contato a um ponto P*

O momento $\vec{M}_P$ pode, por sua vez, ser escrito:

$$\vec{M}_P = M_n \vec{n} + M_t \vec{\tau}_1$$

onde ω é o versor da normal às superfícies em contato (com o sentido adotado em 4.4.1), e $\vec{\tau}_1$ é um versor situado no plano tangente a essas superfícies.

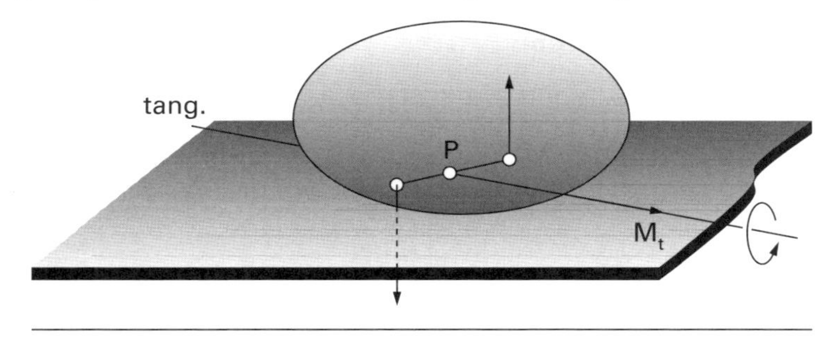

***Figura 8.6** — Momento de resistência ao rolamento*

Verificou-se, experimentalmente, com ressalvas análogas àquelas enunciadas em 8.1, que:

1ª lei:

Se $\vec{\omega}$ se reduzir à componente ω_n, o momento M_t não ultrapassa, em módulo, o valor ρ_N, produto de uma constante ρ, pela força normal N.

$$|M_t| \leq rN$$

O coeficiente ρ (que tem as dimensões de um comprimento) é chamado coeficiente de atrito de rolamento.

(O momento M_t opõe-se à tendência da rotação de um sólido, em relação ao outro, em torno de um vetor $\vec{t}$, pertencente ao plano tangente às superfícies em contato.)

2ª lei:

Se for $\omega t \neq 0$, o vetor $\vec{\tau}_1$ tem a direção do versor $\vec{t}$, que comparece em (8.1) e Mt tem sinal contrário àquele de ωt. O módulo de M_t é igual ao produto do coeficiente ρ, pela força normal N:

$$|M_t| = \rho N$$

8.3 — Atrito de pivotamento

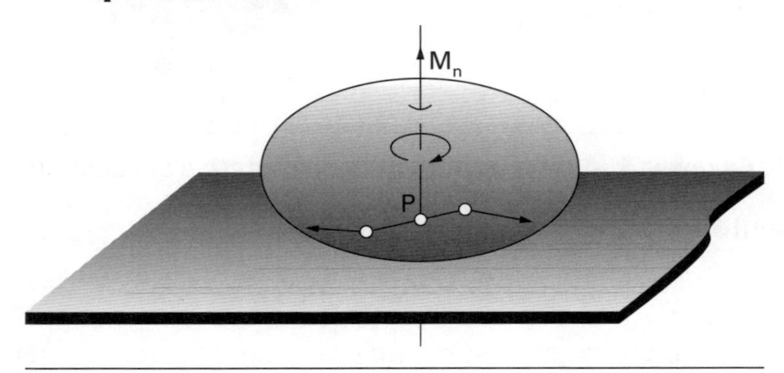

***Figura 8.7** — Momento de resistência ao pivotamento*

A experiência mostrou que:

1ª lei:

Se for $\omega_n = 0$, o momento M_n não ultrapassa, em módulo, o valor kN, produto de uma constante k pelo valor da força normal N:

$$|M_n| \leq kN$$

O coeficiente k (que tem as dimensões de um comprimento) é chamado *coeficiente de atrito de pivotamento.*

(O momento Mn opõe-se à tendência da rotação de um sólido em relação ao outro, em torno da normal, $\vec{n}$, às superfícies em contato.)

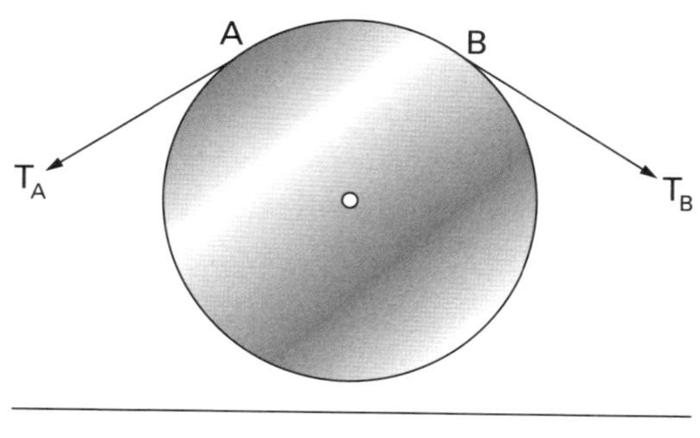

Figura 8.8

2ª lei:

Se for $\omega_n \neq 0$, Mn tem sinal contrário àquele de wn. O módulo de Mn é igual ao produto do coeficiente k pela força normal N:

$$|M_n| = kN.$$

8.4 — Atrito em correias planas

Consideremos uma polia fixa, envolvida por uma correia plana, conforme a figura.

Se não houver atrito de escorregamento, entre a polia e a correia, o equilíbrio da correia exige que as tensões sejam iguais nas suas duas extremidades.

Se houver atrito a tensão pode ser maior em uma extremidade, as forças de atrito equilibrando a diferença entre tensões.

Com efeito, consideremos um trecho de correia, correspondente a um ângulo central $\Delta\theta$.

Sabemos que, havendo forças normais de resultante N pressionando a correia contra a polia, podem aparecer, nesses corpos, forças tangenciais que se opõem ao deslocamento relativo de ambos. O sentido dessas forças é tal que elas se opõem ao movimento que tende a se produzir.

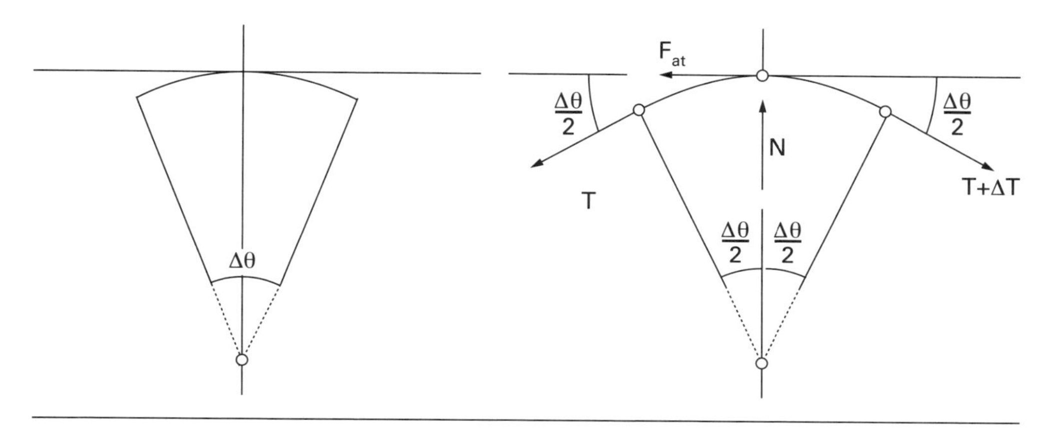

Figura 8.9

O valor máximo compatível com o equilíbrio da resultante dessas forças tangenciais é

$$F_{at} = \mu N,$$

onde μ é o coeficiente de atrito de escorregamento.

Anulando as duas componentes da resultante das forças que atuam no trecho de correia considerado, obtém-se:

$$T\cos\frac{\Delta\theta}{2} + F_{at} = (T + \Delta T)\cos\frac{\Delta\theta}{2} \tag{8.2}$$

$$(2T + \Delta T)\text{sen}\frac{\Delta\theta}{2} = N \tag{8.3}$$

Usando $F_{at} = \mu N$, substituindo (8.2) em (8.3) e dividindo por $\frac{\Delta\theta}{2}$ vem:

$$(2T + \Delta T)\frac{\text{sen}\frac{\Delta\theta}{2}}{\frac{\Delta\theta}{2}} = \frac{\Delta T}{\frac{\Delta\theta}{2}}\cos\frac{\Delta\theta}{2}$$

Passando ao limite para $\frac{\Delta\theta}{2}$ tendendo a zero:

$$\mu(2T + 0)\cdot 1 = 2\frac{dt}{d\theta}\cdot 1$$

ou,

$$\mu T = \frac{dT}{d\theta}$$

A equação diferencial

$$\mu d\theta = \frac{dT}{T} \tag{8.4}$$

vale em qualquer ponto do arco de correia subentendendo um ângulo que chamaremos α.

Para obter a relação entre as tensões em A e em B, extremidades do arco, basta integrar (8.4):

$$\int_0^{\alpha} \mu \, d\theta = \int_{T_a}^{T_B} \frac{dT}{T}$$

ou,

$$\mu\alpha = [\ln T]_{T_A}^{T_B} = \ln\left(\frac{T_B}{T_A}\right)$$

e, finalmente:

$$T_B = T_A e^{\mu\alpha} \tag{8.5}$$

Observe-se que $T_B > T_A$; a tensão maior ocorre no sentido para o qual a correia tende a escorregar sobre a polia fixa (naturalmente o ângulo α deve ser medido em radianos).

■ EXEMPLO 8.11 ■

Sendo μ o coeficiente de atrito entre a correia e a polia, determinar a força Q a ser aplicada no braço da alavanca do freio capaz de equilibrar o torque M que atua no volante do sistema indicado.

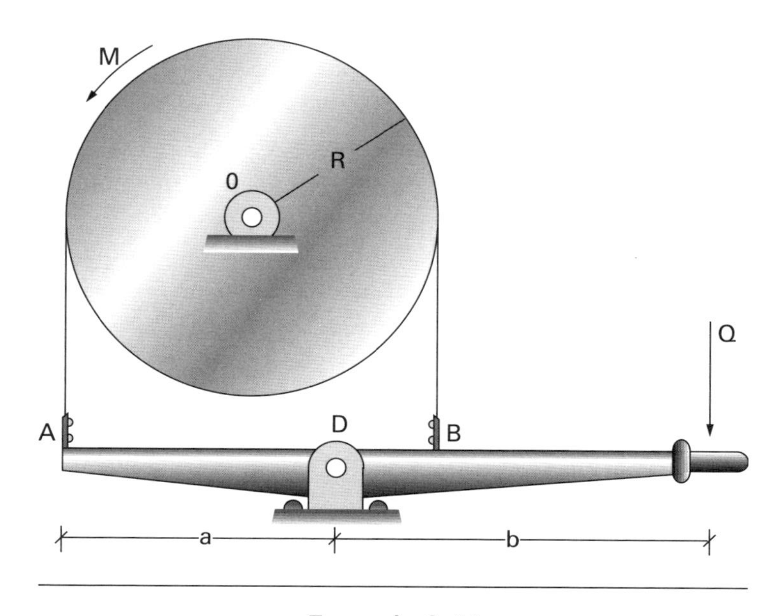

Exemplo 8.11

■ Solução:

Equação de momentos em relação ao centro O para o volante:

$$(T_B - T_A)R = M. \tag{1}$$

Lei de atrito na correia:

$$T_B = T_A e^{\mu\pi} = T_A e^{\mu\pi} \tag{2}$$

Equação de momentos em relação ao ponto D para a barra:

$$T_B \cdot (2R - a) - T_A a - Qb = 0. \tag{3}$$

Substituindo (2) em (1), obtém-se:

$$T_A = \frac{M}{R}\frac{1}{e^{\mu\pi} - 1}$$

Levando em (3) este valor de T_A e usando a expressão anterior, obtém-se:

$$Q = \frac{M}{bR\left(e^{\mu\pi} - 1\right)}\left[(2R - a)e^{\mu\pi} - 2\right]$$

■ EXEMPLO 8.12 ■

No sistema indicado o coeficiente de atrito entre as polias e a correia é μ. Entre que limites pode variar a força F capaz de equilibrar o peso P?

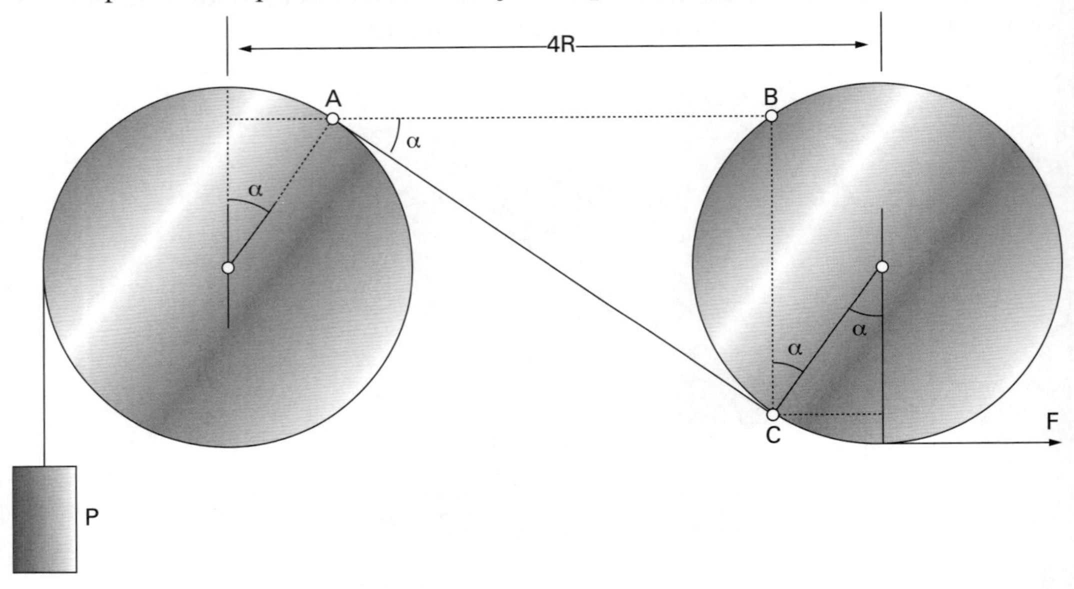

Exemplo 8.12

■ Solução:

O valor máximo de F ocorre quando o peso estiver na iminência de subir:

$$T = P\,e^{[\mu(\pi/2) + \alpha]},\quad F = T\,e^{[\mu(\pi/2) + \alpha]}$$

resultando: $$F_{máx} = P\,e^{[(\pi/2) + 2\alpha]}.$$

O valor mínimo de F ocorre quando o peso estiver na iminência de descer:

$$P = T\,e_{\mu[(\pi/2) + \alpha]},\quad T = F\,e^{\mu\alpha},$$

resultando: $$F_{mín} = P\,e_{-\mu[(\pi/2) + 2a]}$$

Da figura obtém-se

$$\text{tg}\,\alpha = \frac{BC}{AB} = \frac{2R\cos\alpha}{4R - 2R\text{sen}\,\alpha}$$

Resulta a equação

$$\frac{\text{sen }\alpha}{\cos \alpha} = \frac{\cos \alpha}{2 - \text{sen }\alpha}$$

que fornece

$$\text{sen }\alpha = 1/2,\ \text{e portanto}\ \alpha = \pi/6.$$

Resulta $(\pi/2) + 2\alpha = 5\pi/6$, e, sendo $F_{mín} \leq F \leq F_{máx}$,

$$Pe^{-\mu(5\pi/6)} \leq F \leq Pe^{\mu(5\pi/6)}$$

■ EXEMPLO 8.13 ■

A "chave de tubo", representada na figura, consiste numa alavanca AD e uma corrente, AB, que abraça o tubo que se deseja girar. Sendo μ o coeficiente de atrito entre o tubo e a corrente, achar a distância mínima, x = BD,

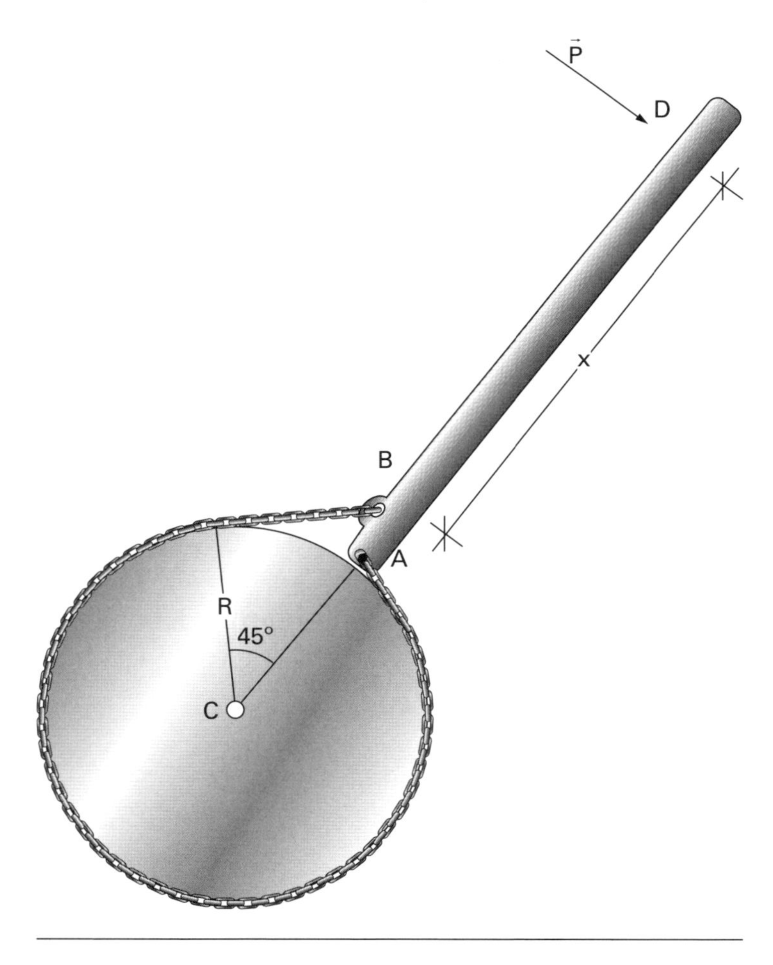

Exemplo 8.13

a partir da qual deve ser aplicada uma força qualquer, F, para que a corrente possa começar a girar o tubo sem que haja escorregamento.

■ Solução:

Considerando as forças externas à corrente, tem-se

$$T_2 = T_1 e^{\alpha\mu} \tag{1}$$

onde $\alpha = 2\pi - (\pi/4) = 7\pi/4$ é o ângulo correspondente ao contato entre o tubo e a corrente, admitindo-se que esta se comporte como uma correia plana. Considerando agora o equilíbrio da alavanca:

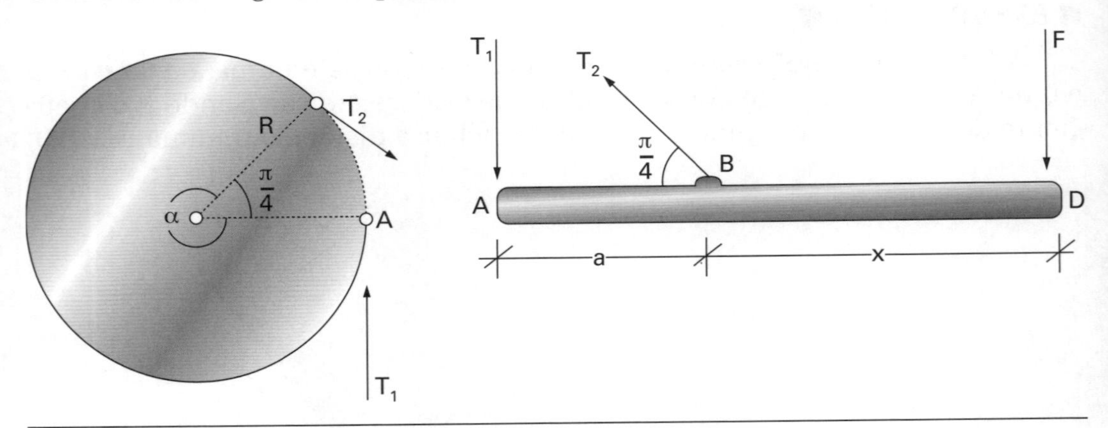

***Exemplo 8.13** — Equilíbrio dos dois sólidos*

Resultante das forças na direção normal à alavanca:

$$-T_1 + T_2\left(\sqrt{2}/2\right) - F = 0 \tag{2}$$

Tomando momentos em relação a A:

$$T_2\left(\sqrt{2}/2\right)a - F(a + x) = 0 \tag{3}$$

Substituindo, em (3), o valor de F dado por (2), decorre:

$$T_1(a + x) = \left(\sqrt{2}/_2\right)T_2 x$$

Usando (1) e simplificando T_1:

$$a + x = \left(\sqrt{2}/2\right)e^{\alpha\mu}x$$

Da geometria da figura tem-se:

$$a = R\left(\sqrt{2} - 1\right)$$

decorrendo

$$x = \frac{2R\left(\sqrt{2} - 1\right)}{\sqrt{2}e^{\alpha\mu} - 2}$$

Naturalmente a alavanca também não deve escorregar no contato com o tubo; chamando N a força normal nesse contato, tem-se, considerando a resultante das forças na direção da alavanca:

$$N - T_2\left(\sqrt{2}/2\right) = 0$$

Deverá então ser

$$T_1 \leq \mu_1 N = \mu_1 T_2 \frac{\sqrt{2}}{2} = \mu_1 \frac{\sqrt{2}}{2} T_1 e^{\alpha\mu}$$

onde μ_1 é o coeficiente de atrito entre a alavanca e o tubo. Para que essa condição também seja satisfeita deverá portanto ser:

$$2 < \mu_1 \sqrt{2} e^{\frac{7\pi}{4}\mu}$$

Capítulo 9

DINÂMICA DO PONTO MATERIAL

9.1 — Leis fundamentais da Mecânica Clássica

Os princípios de Newton podem ser condensados nas duas leis seguintes:

1ª lei:

Existem referenciais (chamados absolutos ou inerciais) e um relógio, privilegiados, em relação aos quais um ponto material de massa m sujeito a forças de resultante $\vec{F}$ move-se com aceleração $\vec{a}$ tal que

$$m\vec{a} = \vec{F} \tag{9.1}$$

Esta equação é chamada Equação Fundamental da Dinâmica.

Um referencial absoluto para o qual valerá a equação (9.1) é aquele com origem no baricentro do sistema solar (aproximadamente o centro do Sol) e eixos dirigidos para três estrelas. Como relógio adequado para medir o tempo adota-se o relógio atômico.

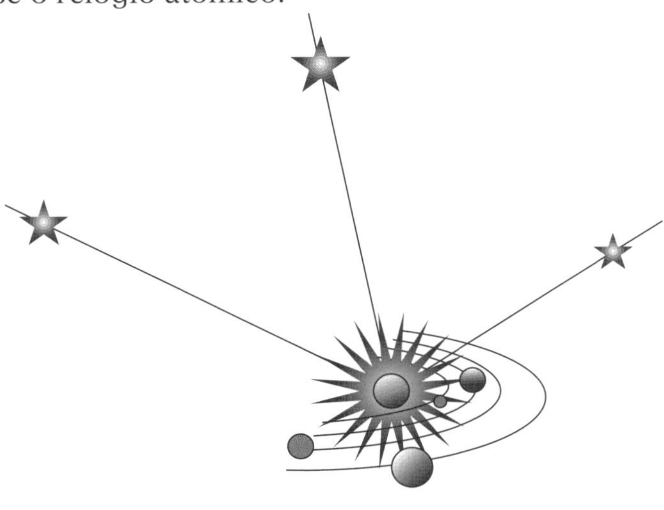

Figura 9.1 — Referencial absoluto

Não existe uma comprovação experimental direta dessa lei; no entanto todas as consequências que se podem deduzir dela têm sido comprovadas por experiências ou observações (ressalvados os casos, já mencionados, de velocidades da ordem da velocidade da luz ou de distâncias na escala atômica).

2ª Lei (Princípio de Ação e Reação):

Trata-se do mesmo princípio já admitido no Capítulo 4, em 4.2.

9.2 — Movimento relativo a referenciais não inerciais

A equação fundamental (9.1) em geral deverá ser modificada quando se considera o movimento em relação a um referencial não inercial. De fato, seja $\vec{a}$ a aceleração do ponto móvel em relação ao referencial inercial $\sum$ e $\vec{a}_r$ sua aceleração em relação a um referencial qualquer S. A fórmula de composição de acelerações

$$\vec{a} = \vec{a}_r + \vec{a}_a + \vec{a}_C \tag{9.2}$$

mostra, em primeiro lugar, que, se S tiver movimento de translação retilíneo e uniforme em relação a $\sum$, $\vec{a}_a = \vec{0}$ e $\vec{a}_C = 2\vec{\omega}_a \wedge \vec{v}_r = \vec{0}$, decorrendo, nesse caso, $\vec{a} = \vec{a}_r$ e, portanto, a equação (9.1) ainda continuará válida. Isto significa que qualquer referencial em movimento de translação retilínea e uniforme em relação ao referencial $\sum$ é também inercial.

Se S não for inercial decorre:

$$m\vec{a}_r = \vec{F} - m\vec{a}_a - m\vec{a}_C$$

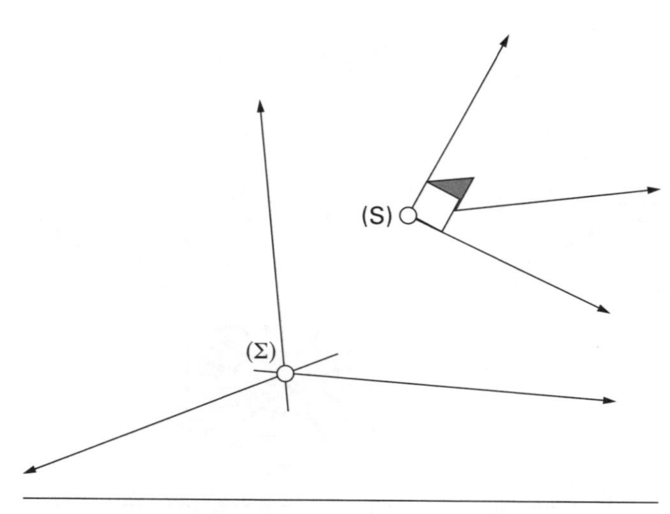

***Figura 9.2** — Referencial não inercial*

Os vetores

$$\vec{F}_a = -m\vec{a}_a, \quad \vec{F}_c = -m\vec{a}_c = -2m\vec{\omega}_a \wedge \vec{v}_r$$

são chamados, respectivamente, *força de inércia de arrastamento* e *força de inércia de Coriolis*.

A equação (9.1) assume então a forma geral

$$m\vec{a}_r = \vec{F} + \vec{F}_a + \vec{F}_c \tag{9.3}$$

a qual representa a equação fundamental da Dinâmica quando exprime a aceleração $\vec{a}_r$ do ponto móvel em relação a qualquer referencial S.

A comparação das equações (9.1) e (9.3) mostra que tudo se passa como se o referencial S fosse inercial e atuassem, no ponto material, além da força real $\vec{F}$, as duas forças fictícias, $\vec{F}_a$ e $\vec{F}_c$.

■ EXEMPLO 9.1 ■

Um ponto material P, de massa m, pode se mover, sem atrito, sobre uma barra retilínea (movimento relativo). A barra, por sua vez, gira num plano horizontal, em torno de um ponto fixo O, com velocidade angular constante ω (movimento de arrastamento). Supondo que nenhuma força ativa atue em P:

1) Calcular, em função do tempo t, a distância r = OP, supondo que, no instante t = 0 P, se encontre com velocidade relativa nula à distância r_0 de O.

2) Obter a equação, em coordenadas polares, $r = r(\theta)$, da trajetória de P no plano horizontal.

3) Calcular a aceleração de Coriolis e a reação horizontal da barra sobre P.

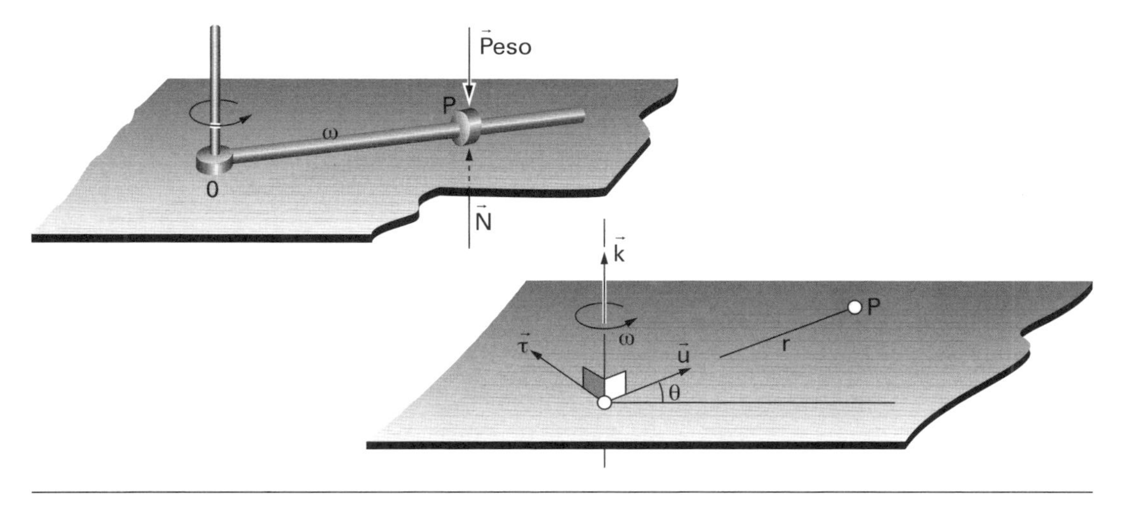

***Exemplo 9.1** — Exemplo de movimento em relação a referencial não inercial*

Obs.: Logo a seguir daremos o conceito de *peso* de um corpo. No exemplo considerado não há, realmente, necessidade de considerar o peso do ponto material, pois ele seria simplesmente anulado por uma componente vertical da reação da barra sobre P.

□ Solução:

1) Chamando $\vec{u}$ o versor, na direção da barra, e $\vec{k}$ o versor da vertical, orientado de maneira que o vetor de rotação da barra seja $\vec{\omega} = \omega\vec{k}$, seja $\vec{\tau} = \vec{k} \wedge \vec{u}$ o versor horizontal, normal à barra. As parcelas da aceleração são

$$\vec{a}_r = \ddot{r}\vec{u}, \quad \vec{a}_a = -\omega^2 r\vec{u}, \quad \vec{a}_C = 2\vec{\omega}_a \wedge \vec{v}_r = 2\omega\vec{k} \wedge \dot{r}\vec{u} = 2\omega\dot{r}\vec{\tau}$$

Da equação (9.3) decorre:

$$m\ddot{r}\vec{u} = R\vec{\tau} + m\omega^2 r\vec{u} - 2m\omega\dot{r}\vec{\tau}$$

isto é

$$\ddot{r} = \omega^2 r, \quad \text{e} \quad R = 2m\omega\dot{r}$$

A equação diferencial $\ddot{r} - \omega^2 r = 0$ tem a solução geral

$$r = C_1 \text{ch } \omega t + C_2 \text{ch } \omega t$$

e, sendo $r = r_0$ para $t = 0 \Rightarrow r_0 = C_1$; além disso, será

$$\dot{r} = C_1 \text{ch } \omega t + C_2 \text{ch } \omega t$$

e, sendo $\dot{r} = 0$, para $t = 0 \Rightarrow 0 = C_2$; decorre

$$r = r_0 \text{ch } \omega t = (r_0/2)(e^{\omega t} + e^{-\omega t})$$

2) Sendo constante a velocidade angular ω da barra: $\theta = \omega t$, resultando a trajetória em coordenadas polares:

$$r = (r_0/2)(e^{\theta} + e^{-\theta})$$

3) A aceleração de Coriolis será

$$\vec{a}_C = 2\omega r_0 \text{sh } \omega t\, \vec{\tau} = 2\omega r_0 \text{sh } \theta\vec{\tau}$$

e a reação da barra sobre P

$$\vec{R} = 2m\omega r_0 \text{sh } \theta\vec{\tau}$$

Obs.: Sempre que o movimento de arrastamento for uma rotação, como no exemplo anterior, a força de inércia de arrastamento será $\vec{F}_a = -m(\dot{\omega}r\vec{\tau} - \omega^2 r\vec{u})$. A componente $m\omega^2 r\vec{u}$, dessa força de inércia, é chamada *força centrífuga*.

9.2.1 — Movimento em relação à Terra

Um ponto material P de massa m, que se encontra nas vizinhanças da Terra, é sujeito à força de atração da Terra e à força de atração dos demais corpos do sistema solar. Estas forças, proporcionais à massa m, serão indicadas por $m\vec{a}_1$ e $m\vec{a}_2$. Indiquemos por $\vec{f}$ outras eventuais forças atuando em P. Este ponto estará então sujeito à força

$$\vec{F} = \vec{f} + m\vec{a}_1 + m\vec{a}_2$$

Como a Terra não é um referencial inercial, para estudar o movimento em relação a ela devem-se introduzir as forças fictícias de arrastamento e de Coriolis.

A força de arrastamento será

$$\vec{F}_a = -m\vec{a}_a = -m\vec{a}_O - m\omega^2 r\vec{n}$$

onde a_O é a aceleração de arrastamento de P devida apenas ao movimento de translação da Terra (aceleração do centro O da Terra) e $\omega^2 r\vec{n}$ é a aceleração de arrastamento de P proveniente da rotação da Terra em torno do seu eixo; designamos por ω a velocidade angular de rotação da Terra, r a distância de P ao eixo de rotação da Terra e $\vec{n}$ o versor da normal por P a este eixo de rotação.

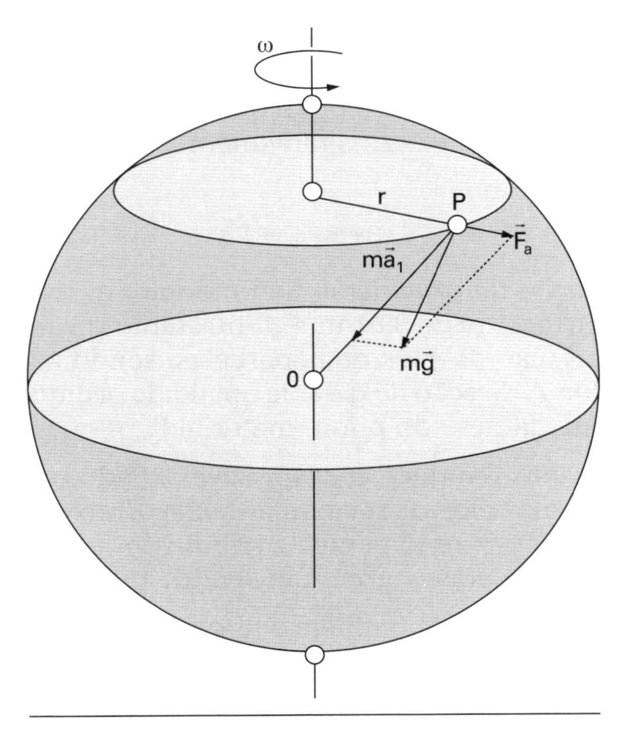

***Figura 9.3** — Aceleração da gravidade*

***Figura 9.4** – Sentido de rotação de um furacão*[1]

A equação (9.3) torna-se então:

$$m\vec{a}_r = \vec{f} + m\left(\vec{a}_1 + \vec{a}_2 - \vec{a}_O - \omega^2 r\vec{n} - 2\vec{\omega} \wedge \vec{v}_r\right)$$

A diferença entre $\vec{a}_2$ e $\vec{a}_O$ é em geral desprezível, porém deve ser levada em conta para explicação de certos movimentos como o das marés.

O vetor definido como

$$\vec{g} = \vec{a}_1 - \omega^2 r\vec{n}$$

é chamado *aceleração da gravidade*. Seu módulo, g, tem um valor médio, internacionalmente aceito, de 9,81 m/s^2. Entretanto g varia na superfície da Terra devido à variação de suas duas parcelas, sendo máximo nos polos e mínimo no equador. A direção de g é a de um fio de prumo (*vertical do lugar*). A força $m\vec{g}$ é chamada *peso* do ponto material P.

A força de Coriolis em geral é desprezível, sendo proporcional a ω = 1 rotação/dia, que é uma velocidade angular baixa. Entretanto seu efeito pode ser observado em alguns fenômenos. Atribui-se a essa força o fato de os furacões, no hemisfério norte, terem um sentido de rotação anti-horário.

A força de Coriolis explica também o fato de os corpos abandonados em queda livre, na superfície da Terra, se desviarem da vertical apresentando um pequeno desvio para o leste. Uma experiência realizada por Reich num

---

[1] *NASA Goddard Laboratory for Atmospheres, in National Geographic, Vol. 195, N. 3, March 1999.*

poço de 158 m, na latitude de 51°, mostrou um desvio para o leste de cerca de 3 cm, comprovando o valor previsto teoricamente.

A influência da força de Coriolis no movimento de um pêndulo foi posta em evidência numa célebre experiência realizada por Foucault (Paris, 1852). A partir de então, museus científicos de várias cidades do mundo apresentam *pêndulos de Foucault* em suas mostras.

O efeito da força de Coriolis é utilizado na construção de *bússolas giroscópicas*.

■ EXEMPLO 9.2 ■

Um pequeno corpo, P, é lançado formando um ângulo α com o plano horizontal. Além de seu peso admitir P sujeito a uma força de resistência igual a $-mk\vec{v}$. Achar, em função do tempo, as coordenadas (x, y) de P que definem o seu movimento num plano vertical definido pela vertical do ponto de lançamento e pela velocidade inicial $\vec{v}_0$.

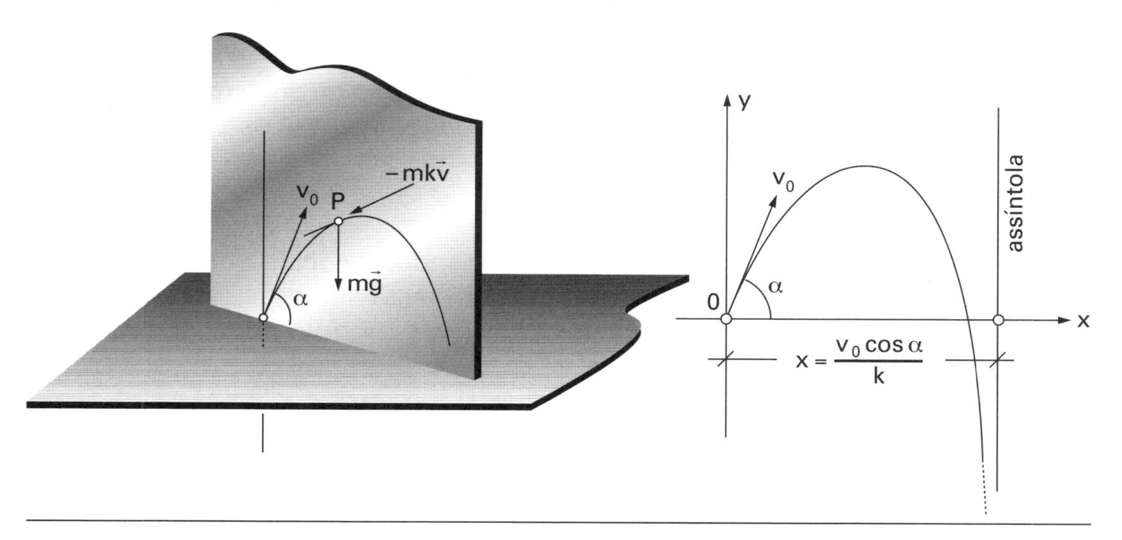

***Exemplo 9.2** – Forma da trajetória*

☐ Solução:

A Equação Fundamental da Dinâmica fornece

$$m\vec{a} = -mk\vec{v} - m\vec{g}$$

e, portanto

$$\ddot{x} + k\dot{x} = 0, \quad e \quad \ddot{y} + k\dot{y} = -g$$

A primeira equação diferencial tem como equação característica $r^2 + kr = 0$, com as raízes $r = -k$ e $r = 0$.

As equações diferenciais têm portanto as soluções

$$x = C_1 e^{-kt} + C_2, \quad e \quad y = C_3 e^{-kt} + C_4 - gt/k$$

No instante t = 0, tem-se: x = y = 0, decorrendo

$$0 = C_1 + C_2, \quad 0 = C_3 + C_4$$

Resulta

$$\dot{x} = C_1\left(-ke^{-kt}\right), \quad \dot{y} = C_3\left(-ke^{-kt}\right) - g/k$$

No instante inicial sendo

$$\dot{x} = v_0 \cos\alpha, \quad \dot{y} = v_0 \operatorname{sen}\alpha$$

obtém-se

$$C_1 = (-v_0 \cos \alpha/k), \quad C_3 = -(v_0 \operatorname{sen} \alpha/k) - g/k^2$$

e portanto

$$x = \left(v_0 \cos\alpha/k\right)\left(1 - e^{-kt}\right) \quad y = -g\, t/k + \left(kv_0 \operatorname{sen}\alpha + g\right)/k^2\left(1 - e^{-kt}\right)$$

Observemos que, para $t \to +\infty$, $x \to v_0\cos\alpha/k$ e $y \to -\infty$; portanto a trajetória admite a assíntota, paralela ao eixo Oy, de equação $x = v_0\cos\alpha/k$.

■ EXEMPLO 9.3 ■

Um pequeno corpo P, de massa m, é lançado verticalmente para cima, com velocidade inicial v_0. Além de seu peso, P está sujeito à força de resistência do ar, de sentido contrário à velocidade $\vec{v}$ e módulo mKv^2, (K > 0, cte.). Estudar o movimento de P.

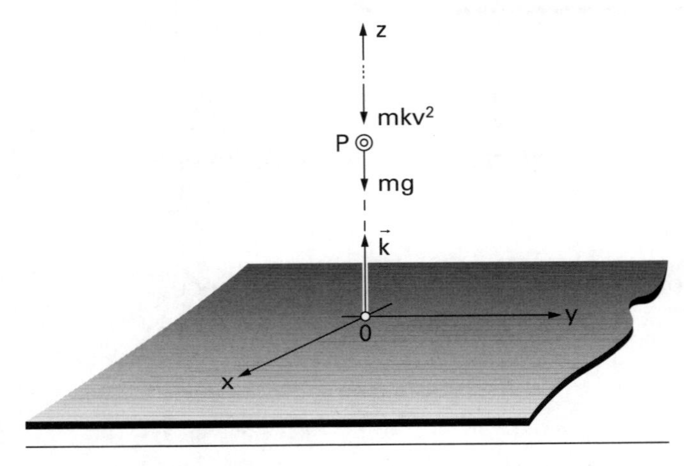

***Exemplo 9.3** — Movimento na vertical com resistência do ar*

☐ Solução:

Chamando o eixo vertical Oz, orientado para cima a equação fundamental fornece

$$m\vec{a} = -mg\vec{k} - mkv^2\vec{k} \quad \text{ou}$$

$$\dot{v} = -g - kv^2, \quad \text{ou}$$

$$dt = -\ dv/\left(g + kv^2\right)$$

Denotando $g/K = a^2$, obtém-se

$$dt = -\ (a^2/g)[dv/(a^2 + v^2)], \tag{1}$$

e, integrando

$$t = -\ (a/g)\text{arctg}(v/a) + C_1.$$

Sendo $v = v_0$ para $t = 0$, $C_1 = (a/g)\text{arctg}(v_0/a)$, resultando

$$t = (a/g)[\text{Arctg}(v_0/a) - \text{arctg}(v/a)].$$

Para obter uma relação envolvendo a distância percorrida, multipliquemos por v, membro a membro, a expressão (1):

$$vdt = -\ (a^2/g)[vdv/(a^2 + v^2)],$$

$$dz = -\ (a^2/2g)[d(v^2)/(a^2 + v^2)], \text{ e integrando}$$

$$z = -\ (a^2/2g)[\ln(a^2 + v^2) - \ln C_2].$$

Sendo $z = 0$ para $v = v_0$, $C_2 = a^2 + (v_0)^2$, resultando

$$z = (a^2/2g)\ln\{[a^2 + (v_0)^2]/(a^2 + v^2)\} \tag{2}$$

A altura máxima h atingida corresponderá a $v = 0$:

$$h = (a^2/2g)\ln[1 + (v_0/a)^2]. \tag{3}$$

Essa altura é atingida num instante t_s obtido de (2) fazendo, nessa expressão, $v = 0$:

$$t_s = (a/g)\text{arctg}(v_0/a).$$

A partir desse instante começará o movimento de descida. Adotemos agora um eixo Hy, com origem no ponto H, correspondente à cota máxima e orientado segundo a vertical descendente. Será

$$dv/dt = g - Kv^2$$

$$dt = dv/(g - Kv^2) = (a^2/g)dv/(a^2 - v^2), \tag{4}$$

e, integrando

$$t = (a/2g)\ln|(a + v)/(a - v)| + C_3.$$

Sendo $t = 0$ para $v = 0$, $C_3 = 0$; resulta:

$$t = (a/2g)\ln|(a + v)/(a - v)|.$$

Multiplicando por v, membro a membro, a expressão (4)

$$vdt = dy = (a^2/2g)d(v^2)(a^2 - v^2),$$

e integrando

$$y = -(a^2/2g)\ln|a^2 - v^2| + C_4.$$

Sendo y = 0 para v = 0, $C_4 = (a^2/g)\ln(a^2)$, resulta:

$$y = (a^2/2g)\ln|a^2/(a^2 - v^2)|. \qquad (5)$$

Dessa expressão resulta

$$v = a\sqrt{1 - e^{-2gy/a^2}}$$

Esta expressão comprova que v é crescente com y; além disso, mostra que, se $y \to +\infty$

$$\lim v = a = \sqrt{g/K}$$

A cte. a que tem as dimensões de uma velocidade é chamada *velocidade-limite*; vamos, de agora em diante, indicá-la por V. Verifica-se imediatamente que, quando v tende a V, a força resistente tende ao peso de P.

Para obter a velocidade v_1 com a qual P volta ao ponto de partida, basta fazer, em (5), y = h, obtendo-se:

$$(v_1)^2 = (g/K)(1 - e^{-(2gh/V)})$$

A relação entre v_0 e v_1 será obtida comparando dois valores de h: o primeiro, dado por (3), e o segundo, dado por (5), fazendo nesta última expressão $v = v_1$, obtém-se:

$$a^2/[a^2 - (v_1)^2] = [a^2 + (v_0)^2]/a^2$$

donde decorre $$v_1/v_0 = V/[V^2 + (v_0)^2]^{1/2}$$

9.3 — Teoremas gerais da Dinâmica

9.3.1 — Quantidade de movimento

Sendo m a massa do ponto material P e $\vec{v}$ sua velocidade, o vetor $\vec{Q} = m\vec{v}$ é chamado *quantidade de movimento* de P.

Derivando $\vec{Q}$ em relação ao tempo, vem:

$$\frac{d\vec{Q}}{dt} = \frac{dm}{dt}\vec{v} + m\frac{d\vec{v}}{dt} \qquad (9.4)$$

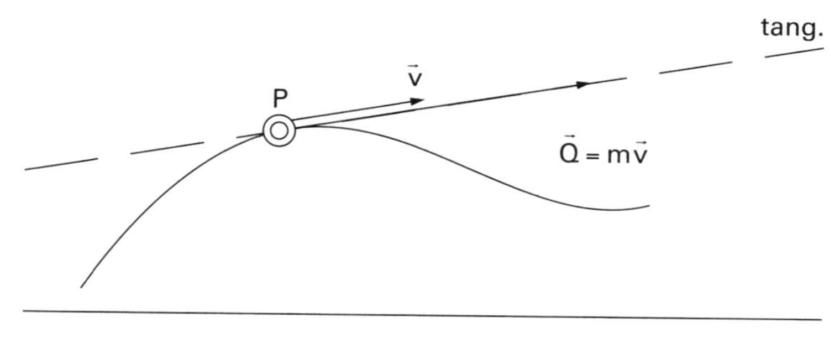

Figura 9.5

Na Mecânica Clássica, a massa sendo suposta constante, decorre

$$\frac{d\vec{Q}}{dt} = m\frac{d\vec{v}}{dt} = m\vec{a}$$

e, por aplicação da equação fundamental (9.1), obtém-se

$$\dot{\vec{Q}} = \vec{F} \tag{9.5}$$

isto é, *a derivada da quantidade do movimento de P é igual à resultante das forças que agem neste ponto.*

A equação (9.5) também seria válida na Mecânica Relativística; contudo, nesse outro contexto, a derivada $\dot{\vec{Q}}$ teria de ser dada pela equação (9.4), não sendo apenas o produto $m\dot{\vec{v}}$.

9.3.2 — Trabalho e Potência

Consideremos uma força que, num certo instante, t, está aplicada num ponto P; este ponto de aplicação poderá mudar no curso do tempo, como acontece, frequentemente, com as reações no contato entre dois corpos.

Vejamos, em primeiro lugar, o caso de ser a força aplicada sempre no mesmo ponto, P, de um corpo material.

Seja $\vec{v}$ a velocidade de P no instante t. Chama-se *potência* da força $(\vec{v}, \vec{F})$, no instante t, a quantidade $\mathcal{P}$, definida por

$$\mathcal{P} = \vec{F} \cdot \vec{v}$$

Chama-se *trabalho elementar* da força, no instante t, a quantidade definida por

$$dW = \vec{F} \cdot \vec{v}dt$$

O *trabalho* da força será definido como a integral do trabalho elementar:

$$W = \int_{t_0}^{t} \vec{F} \cdot \vec{v}\,dt$$

Infelizmente, como observam José & Saletan [20], a força quase nunca é uma função apenas de t, mas uma função de P, $\vec{v}$ e t. Quando P (e $\vec{v}$) são conhecidos em função de t, a integral acima é uma integral definida ordinária e o valor de W poderá ser obtido antes da resolução de todo o problema de Dinâmica, contribuindo para a solução deste.

Se a força for uma função previamente conhecida da posição ocupada por P, na trajetória, diz-se que a força é "posicional". Nesse caso o trabalho correspondente, desde uma posição inicial, P_0, a uma posição genérica, P, da trajetória, será a integral de linha

$$W = \int_{P_0P} \vec{F} \cdot dP = \ldots$$

que, em geral, depende do caminho percorrido.

9.3.3 — Função Potencial e Energia Potencial

Se a força $\vec{F}$ que atua no ponto material for tal que o trabalho elementar $\vec{F} \cdot dP$ seja a diferencial de uma função U(P), chamaremos a U(P) *função potencial* e diremos (por um motivo apresentado adiante) que a força $\vec{F}$ é *conservativa*.

Nesse caso o trabalho realizado pela força não depende da trajetória percorrida pelo ponto material, mas apenas das posições, P_0 e P, inicial e final da trajetória. De fato, quando existe a função U(P), o trabalho, W, dado pela integral de linha que comparece em (9.7), se escreve

$$W = \int_{P_0P} \vec{F} \cdot dP = \int_{P_0}^{P} dU(P) = U(P) - U(P_0)$$

Vejamos dois exemplos importantes de forças conservativas.

Força-peso:

Escolhido um referencial fixo, $O\vec{i}\vec{j}\vec{k}$, sendo o eixo $O\vec{k}$ orientado de acordo com a vertical ascendente, tem-se

$$\vec{F} = -mg\vec{k} \quad \text{e} \quad dP = dx\vec{i} + dy\vec{j} + dz\vec{k}$$

onde mg é o peso do ponto material.

Sendo $\vec{F} \cdot dP = -mgdz$, o trabalho se exprime por uma integral definida elementar

$$W = -mg\int_{z_0}^{z} dz = mg(z - z_0)$$

Força elástica:

Suponhamos o ponto material, P, ligado a uma mola "linear" a qual está presa a um ponto fixo O. A mola exerce, sobre P, a força

$$\vec{F} = -K(r - \ell)\vec{u}$$

onde K é a chamada *constante elástica* da mola, r é o módulo, e $\vec{u}$ o versor, do vetor (P – O); ℓ é chamado *comprimento natural* da mola (é o comprimento que a mola teria se não estivesse tracionada nem comprimida). $\vec{F}$ é, portanto, uma força proporcional à deformação $(r - \ell)$, da mola e na direção do vetor (P – O).

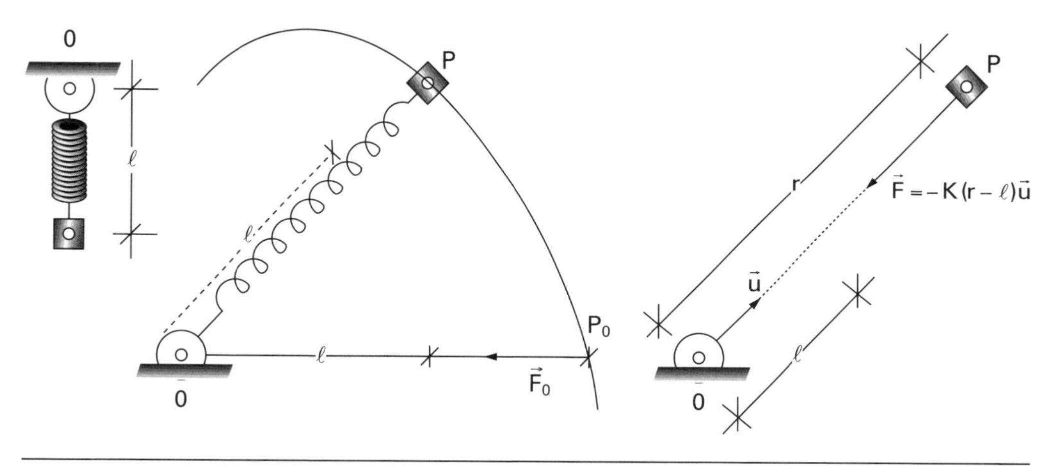

***Figura 9.6** — Ponto sujeito à força elàstica*

Sendo $P - O = r\vec{u}$, decorre $dP = dr\vec{u} + rd\vec{u}$.

Como $\vec{u}$ tem módulo constante, sua diferencial, $d\vec{u}$, é ortogonal a $\vec{u}$; resulta para o trabalho elementar

$$\vec{F} \cdot dP = -K(r - \ell)dr = -K(r - \ell)d(r - \ell),$$

pois ℓ = cte.

O trabalho será dado pela integral definida

$$W = -\int_{r_0}^{r} K(r - \ell)d(r - \ell) = -(K/2)\ (r - \ell)^2 - (r_0 - \ell)^2$$

9.3.4 — Energia Cinética

Define-se como energia cinética de P o escalar $E = mv^2/2$.

Da equação fundamental $m\vec{a} = \vec{F}$ vem, escrevendo a aceleração em componentes intrínsecas e multiplicando escalarmente por $\vec{t}$:

$$m\dot{v} = \vec{F} \cdot \vec{t}$$

Multiplicando membro a membro por v:

$$m v \dot{v} = \vec{F} \cdot v \vec{t} = \vec{F} \cdot \vec{v}, \quad \text{ou}$$

$$\dot{E} = \vec{F} \cdot \vec{v}, \quad \text{ou ainda}$$

$$dE = \vec{F} \cdot \vec{v} dt = \vec{F} \cdot dP \tag{9.6}$$

Integrando entre os instantes t_0 e t, aos quais correspondem as posições P_0 e P na trajetória percorrida, vem

$$E - E_0 = \int_{P_0 P} \vec{F} \cdot dP \tag{9.7}$$

Esta equação exprime o chamado

Teorema da Energia:

A variação de energia cinética de um ponto material, num intervalo de tempo, é igual ao trabalho realizado, no mesmo intervalo, pela resultante das forças que nele atuam.

Energia potencial e trabalho de uma força conservativa:

Quando uma força for conservativa diz-se que a ela está associada uma energia potencial, V(P), definida como o oposto da sua função potencial

$$V(P) = -U(P)$$

Resulta que o trabalho realizado por esta força será dado por

$$W = U(P) - U(P_0) = V(P_0) - V(P).$$

O teorema da energia, expresso por (9.7), se escreve, caso o ponto P esteja sujeito apenas à força conservativa $\vec{F}$.

$$E - E_0 = V(P_0) - V(P),$$

ou, indicando $V(P_0)$ por V_0:

$$E + V = E_0 + V_0 \tag{9.8}$$

A relação acima exprime a chamada *conservação da energia mecânica*, a saber: Quando um ponto material estiver sujeito apenas a uma força *conservativa*, sua energia total, isto é, cinética, (E), mais potencial (V), se *conserva*, isto é, permanece constante.

A relação (9.8) pode ser aplicada ao estudo do movimento de um ponto material, sujeito a forças ativas conservativas e vinculado, sem atrito, a uma curva ou superfície fixas.

De fato, nesse caso o ponto estará sujeito a uma força total proveniente da resultante das ativas, $\vec{F}$, mais a resultante $\vec{R}$, das forças vinculares.

O trabalho elementar será, então $(\vec{F} + \vec{R}) \cdot dP = \vec{F} \cdot dP$, pois, na ausência de atrito, $\vec{R}$ será, sempre, na direção da normal à superfície ou estará no plano normal à curva, à qual P estiver vinculado; em qualquer desses casos $\vec{R}$ será ortogonal a dP, resultando

$$W = \int_{P_0}^{P} \vec{F} \cdot dP = V_0 - V$$

e, portanto, continuando válida a relação (9.8).

Observemos que, nos casos acima considerados, o trabalho só depende do acréscimo, ou da variação, da função U ou da função V. Então, na definição destas funções, pode-se acrescentar ou subtrair qualquer constante: isto não irá alterar o valor do trabalho W. Portanto, desconsiderando eventuais termos constantes podemos escrever as energias potenciais associadas à força-peso ou a uma força elástica, respectivamente como:

$$V_{peso} = mgz, \quad e \quad V_{f.elást.} = (K/2)(r - \ell)^2.$$

Aplicação: Pêndulo simples

É um ponto pesado, P, que se move, sem atrito, numa circunferência fixa, situada num plano vertical.

Adotemos o eixo vertical, Oz, dirigido para cima e com origem no centro O da circunferência.

Seja ℓ o raio da circunferência. A aplicação do teorema da energia fornece

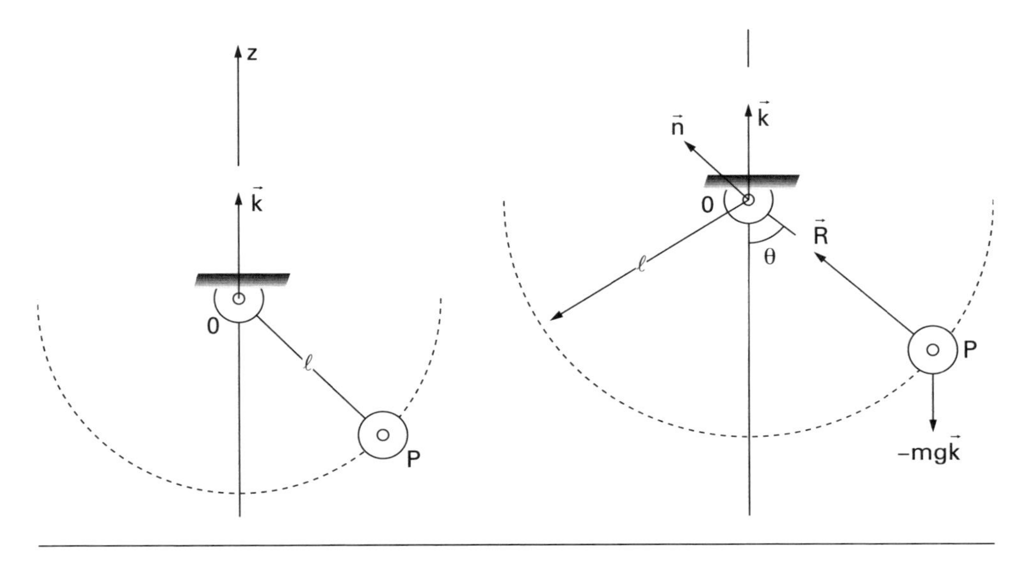

Figura 9.7 — Pêndulo simples

$$(1/2)\,mv^2 + mgz = mgh, \quad \text{ou}$$
$$v^2 = 2g\,(h - z) \tag{9.9}$$

onde h é a cota onde a velocidade de P se anula.

A reação da curva tem a direção do versor normal $\vec{n}$ à circunferência. O valor R desta reação será dado pela equação fundamental

$$m\ \dot{v}\vec{t} + \left(mv^2/\ell\right)\vec{n} = -mg\vec{k} + R\vec{n}$$

onde $\vec{k}$ é o versor da vertical ascendente.

Multiplicando escalarmente por $\vec{n}$ a equação anterior, obtém-se

$$mv^2/\ell = -mg\vec{k}\cdot\vec{n} + R$$

Sendo $\vec{k}\cdot\vec{n} = \cos\theta = -z/\ell$, e, levando em conta (9.9), obtém-se

$$R = (mg/\ell)(2h - 3z) \tag{9.10}$$

Então a reação muda de sentido na cota $z = 2h/3$. Se o ponto P ultrapassar esta cota o movimento circular só continuará a existir se o vínculo for *bilateral*, isto é, se a reação puder se exercer, na direção da normal, indiferentemente nos dois sentidos. Se o vínculo for *unilateral* o ponto móvel abandona a circunferência no momento em que a reação se anula e passa a se comportar como um ponto livre.

As formas particulares do movimento estão condicionadas ao valor de h (que é proporcional à energia total). Como o movimento circular só é possível para $-\ell \leq z \leq \ell$, tudo dependerá da localização do valor de h em relação aos extremos do intervalo anterior.

O movimento pendular, propriamente dito, se apresenta para $-\ell < h < \ell$. Chamemos α o valor positivo de θ correspondente à cota máxima h; ter-se-á $h = -\cos\alpha$.

A expressão (9.9) fornece

$$v = ds/dt = \pm\sqrt{2g(h - z)}$$

sendo s o espaço percorrido. Portanto, $v = \ell d\theta/dt$, e, em consequência, o tempo para ir da posição θ_0 até a posição θ será

$$t = \pm\sqrt{\frac{\ell}{g}}\int_{\theta_0}^{\theta}\frac{d\theta}{\sqrt{2(\cos\theta - \cos\alpha)}}$$

O período T, isto é, o tempo de um ciclo completo será

$$T = 4\sqrt{\frac{\ell}{g}}\int_{0}^{\alpha}\frac{d\theta}{\sqrt{2(\cos\theta - \cos\alpha)}} \tag{9.11}$$

Para pequenas oscilações, isto é, para valores de α suficientemente pequenos, tem-se

$$2(\cos\theta - \cos\alpha) = 4[\operatorname{sen}(\alpha + \theta)/2]\operatorname{sen}[(\alpha - \theta)/2] \approx \alpha^2 - \theta^2,$$

obtendo-se a fórmula conhecida

$$T \cong 2\pi\sqrt{\frac{\ell}{g}}$$

Evidencia-se o fato, já observado por Galileu, que, para pequenas oscilações, o período pode ser considerado independente da amplitude α.

Para oscilações maiores isto já não acontece. A integral que comparece em (9.16) é uma integral elíptica; para valores até a ordem de α^2, o desenvolvimento em série fornece

$$T \cong 2\pi\sqrt{\frac{\ell}{g}}\ 1 + (1/4)\operatorname{sen}^2(\alpha/2) + \ldots$$

Finalmente, para $\ell < h$, a velocidade de P nunca se anula, de modo que a circunferência é percorrida sempre no mesmo sentido. O movimento, embora continue a ser periódico, deixa de ser pendular na acepção usual.

Capítulo 10

DINÂMICA DOS SISTEMAS

10.1 — Teorema do Movimento do Baricentro

Seja S um sistema de pontos P_i, em movimento em relação a um referencial inercial. Seja $\vec{F}_i$ a resultante das forças que atuam em P_i e que são externas ao sistema S. Seja $\vec{f}_i$ a resultante das forças internas a S, que atuam em P_i. A equação do movimento de P_i se escreve

$$m_i\vec{a}_i = \vec{F}_i + \vec{f}_i$$

onde m_i é a massa de P_i e $\vec{a}$ sua aceleração. Escrevendo a equação anterior para todos os pontos P_i e somando membro a membro:

$$\sum_i m_i\vec{a}_i = \sum_i \vec{F}_i + \sum_i \vec{f}_i \qquad (10.1)$$

Pelo Princípio de Ação e Reação as forças internas constituem um sistema equivalente a zero (de resultante e momento nulos), sendo, assim, $\sum\vec{f}_i = \vec{0}$. Por outro lado, da definição de baricentro

$$\sum m_i(P_i - G) = \vec{0} \rightarrow \sum m_i\left(\vec{v}_i - \vec{v}_G\right) = \vec{0} \rightarrow \sum m_i\left(\vec{a}_i - \vec{a}_G\right) = \vec{0}$$

Chamando m a massa total do sistema:

$$\sum_i m_i\vec{a}_i = \sum_i m_i\vec{a}_G = m\vec{a}_G$$

Resulta, por substituição em (10.1), a equação:

$$m\vec{a}_G = \sum_i \vec{F}_i, \quad \text{ou}$$

$$m\vec{a}_G = \vec{F} \qquad (10.2)$$

onde $\vec{F}$ é a resultante das forças externas que atuam em S.

Portanto o baricentro G de qualquer sistema material move-se como se fosse um ponto material, de massa igual à massa total, m, do sistema, sujeito *à resultante, $\vec{F}$, das* ***forças externas*** *ao sistema (Teorema do Movimento do Baricentro ou Teorema da Resultante).*

■ EXEMPLO 10.1 ■

Um ponto material de massa m desliza sobre a aresta do prisma, de massa M, indicado, causando o escorregamento deste sobre o plano horizontal. Não há atrito entre o prisma e o plano. Pede-se, supondo que o sistema parta do repouso:

a) A velocidade do prisma em função da velocidade relativa, v, do ponto material.

b) O deslocamento, d, do prisma, quando o ponto atingir o plano.

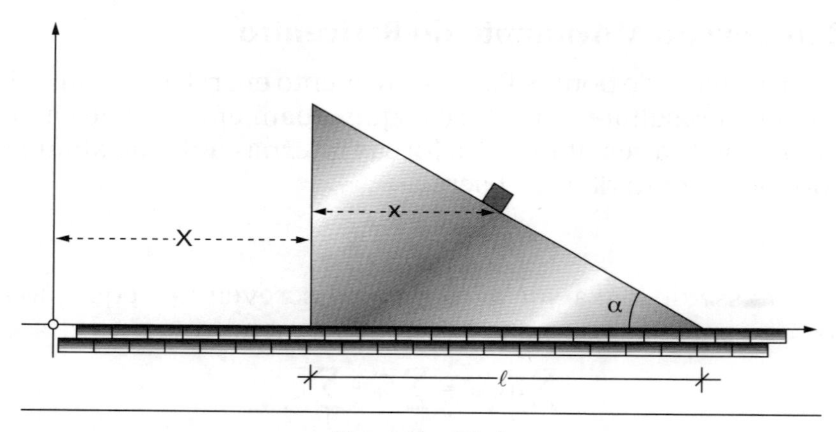

Exemplo 10.1

□ Solução:

As forças externas que atuam no sistema constituído pelo prisma e o ponto são apenas verticais; então o baricentro G, do sistema, tem aceleração de componente horizontal nula.

Conclui-se que este baricentro tem velocidade de componente horizontal, constante, igual à que ele possui no instante inicial, isto é, zero.

Então a abscissa x_G, desse baricentro, é constante, isto é:

$$x_G = \frac{M(X+b)+m(X+x)}{M+m} = \frac{Mb+m0}{M+m}$$

chamando b a distância do baricentro do prisma à aresta vertical deste.

Decorre

$$X = \frac{-mx}{M+m} \quad \text{e} \quad d = -\frac{m\ell}{M+m}$$

Derivando, membro a membro, em relação ao tempo, a primeira das relações acima

$$\dot{X} = \frac{m\dot{x}}{M+m} \quad \text{e} \quad d = -\frac{mv\cos\alpha}{M+m}$$

que é a resposta à pergunta a).

■ EXEMPLO 10.2 ■

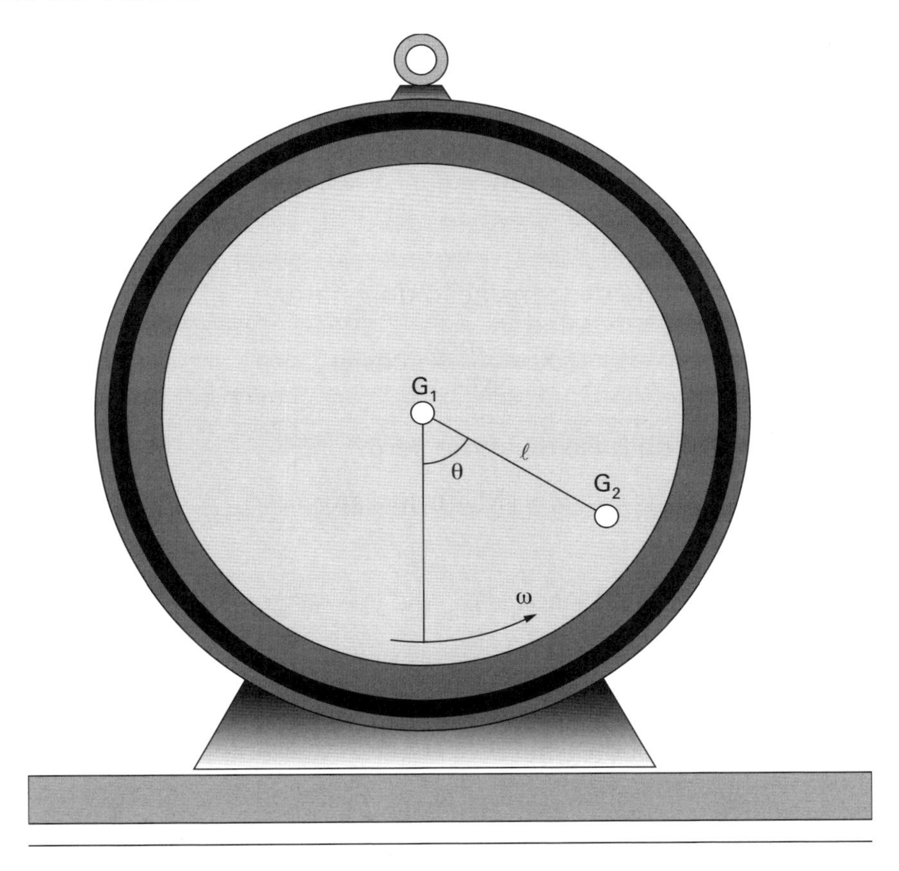

Exemplo 10.2

O baricentro, G_2, de um rotor de massa m não coincide com o baricentro G_1 do estator de massa M. São dados: $G_1G_2 = \ell$; θ: ângulo de rotação do rotor; ω: velocidade angular, constante, do rotor. Desprezando o atrito na base de apoio, determinar:

1) A velocidade de deslocamento do estator em relação à sua base.

2) O deslocamento do estator.

3) A reação vertical na base.

4) A componente horizontal da força exercida, pelo rotor, sobre o estator.

☐ Solução:

$\ddot{x}_G = 0$, $\dot{x}_G$ = cte. = 0 (supondo que o sistema parta do repouso). Então x_G = cte., isto é:

$$MX + m(X + \ell \operatorname{sen} \theta) = M \cdot 0 + m\ell$$

chamando X a abscissa do centro do estator em relação a um referencial fixo no plano.

Portanto

$$X = \frac{m\ell(1 - \operatorname{sen}\theta)}{M + m} = -\frac{m\ell(1 - \operatorname{sen}\omega t)}{M + m}$$

(que é a resposta à pergunta 2).

Decorre a velocidade de translação do estator:

$$\dot{X} = \frac{m\ell\omega}{M + m}\cos\omega t$$

A reação vertical na base de apoio será:

$$V = (M + m)g + m\ddot{y}$$

Ora,

$$y = \ell(1 - \cos\omega t), \quad e \quad \ddot{y} = \ell\omega^2 \cos\omega t$$

resultando

$$V = (M + m)g + m\ell\omega^2 \cos \omega t$$

A força horizontal pedida será

$$H = M\ddot{X}$$

Sendo

$$\ddot{X} = \frac{m\ell\omega^2}{M + m}\operatorname{sen}\omega t;$$

decorre

$$H = Mm = \frac{\ell\omega^2}{M + m}\operatorname{sen}\omega t$$

10.2 — Teorema da Energia

Sabemos que o teorema da energia, aplicado ao movimento do ponto material P_i, do sistema S, se escreve

$$\left(m_i/2\right)\left(v_i^2 - v_{0_i}^2\right) = W_{i,ext} + W_{i,int}$$

As parcelas do segundo membro representam os trabalhos das forças externas e internas, respectivamente, que atuam em P_i. Escrevendo esta equação para todos os pontos P_i e somando, membro a membro, obtém-se:

$$E - E_0 = W_{ext} + W_{int} \tag{10.3}$$

isto é, *a variação da energia cinética de um sistema é igual ao trabalho de todas as forças (externas e internas), que atuam sobre ele (Teorema da Energia).*

10.2.1 — Observações

1) Trabalho de forças internas:

O trabalho, τ_{int}, das forças internas a um sistema, só é nulo em casos particulares.

De fato, consideremos o trabalho elementar, correspondente ao par de forças internas, diretamente opostas $(\vec{f}_i, P_i)$ e $(-\vec{f}_i, P_j)$, devidas à ação de P_j sobre P_i e de P_i sobre P_j:

$$dW_{ij} = \vec{f}_{ij} \cdot dP_i + \left(-\vec{f}_{ij}\right) \cdot dP_j = \vec{f}_{ij} \cdot \left(dP_i = dP_j\right)$$

Ora

$$P_j = P_i = r_{ij}\vec{u}_{ij} \rightarrow dP_i - dP_i = dr_{ij}\vec{u}_{ij} + r_{ij}d\vec{u}_{ij}$$

Então

$$dW_{ij} = -\vec{f}_{ij} \cdot dr_{ij}\vec{u}_{ij} - \vec{f}_{ij} \cdot r_{ij}d\vec{u}_{ij}$$

No caso particular de S ser um sistema rígido,

$$r_{ij} = \text{cte.} \rightarrow dr_{ij} = 0 \rightarrow dW_{ij} = -\vec{f}_{ij} \cdot r_{ij}d\vec{u}_{ij}$$

Como $\vec{u}_{ij}$ é unitário, tem módulo cte. e $d\vec{u}_{ij} \perp \vec{u}_{ij}$, decorrendo

$$\vec{f}_{ij}r_{ij}d\vec{u}_{ij} = 0$$

Então, no caso de S ser rígido, $dW_{ij} = 0$; o trabalho elementar de todas as forças internas sendo identicamente nulo, o mesmo acontece com o trabalho total das forças internas. Então, no caso de S ser um sólido, o Teorema da Energia tem expressão mais simples:

$$E - E_0 = W_{ext} \tag{10.4}$$

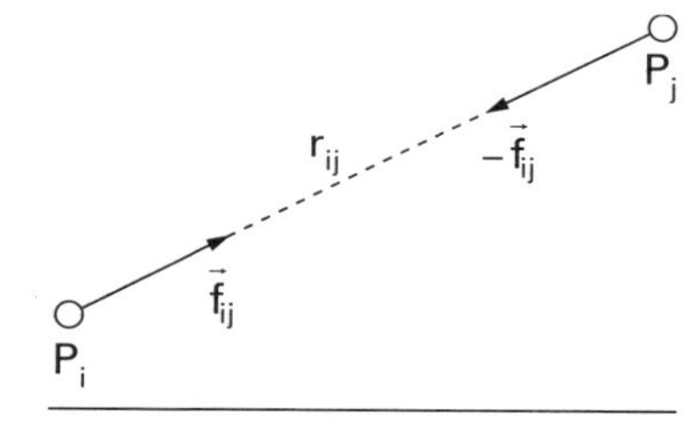

***Figura 10.1** — Par de forças internas*

2) Forças cujo trabalho é nulo:

No caso de um sistema S formado por ***dois*** sólidos em movimento, na expressão (10.3) do trabalho das forças externas ao sistema, pode-se considerar, apenas, o trabalho das *forças externas a cada um dos dois sólidos.*

Sejam $(\vec{R}, P_1)$, $(-\vec{R}, P_2)$ as reações de contato, aplicadas respectivamente no ponto P_1, do sólido I e P_2 do sólido II (aqui subentende-se contato apenas em um ponto P, que se supõe ser a posição comum de P_1 e de P_2).

O trabalho elementar das forças de contato será: $\vec{R} \cdot (dP_1 - dP_2)$.

Este trabalho é identicamente nulo nos casos:

Contato sem atrito: Porque $\vec{R}$ é normal a $(dP_1 - dP_2)$, que tem a direção da velocidade relativa: $(\vec{v}_1 - \vec{v}_2)$.

Contato sem escorregamento: Isto é, caso de um sólido rolar sobre o outro. Nesse caso a velocidade relativa dos pontos que estão em contato é sempre nula: $\vec{v}_1 = \vec{v}_2$ ou $dP_1 = dP_2 \rightarrow (dP_1 - dP_2) = \vec{0}$.

3) Trabalho realizado pelas forças-peso de um sistema material:

$$dW = \sum_i \left(-m_i g\vec{k}\right) \cdot dP_i = -\sum_i m_i g\vec{k} \cdot \left(dx_i\vec{i} + dy_i\vec{j} + dz_i\vec{k}\right) = -g\sum m_i dz_i = -mgdz_G$$

onde m é a massa total do sistema e z_G a cota do seu baricentro.

O trabalho do sistema das forças-peso será:

$$W = \int_{z_{G0}}^{z_G} (-mg)\, dz_G = -mg\left(z_G - z_{G_0}\right)$$

Portanto o trabalho é igual ao trabalho do peso total, suposto aplicado no baricentro do sistema.

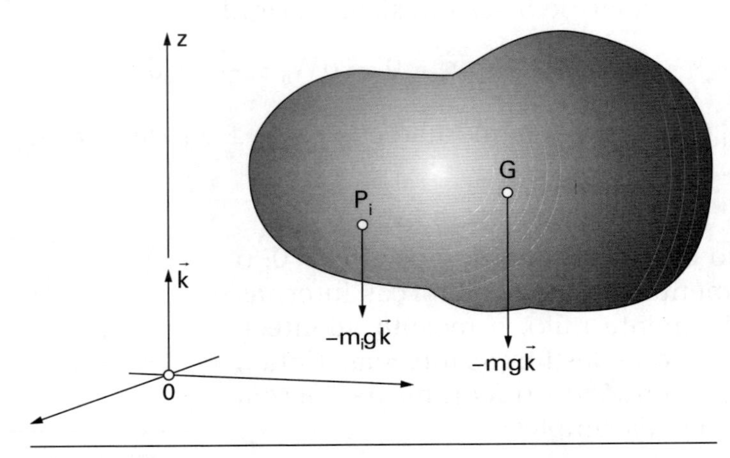

***Figura 10.2** – Forças-peso de um sistema material*

■ EXEMPLO 10.3 ■

Retomando o ex. 10.1, suponhamos que também não haja atrito entre o ponto material e o plano inclinado. Calcular a aceleração do bloco.

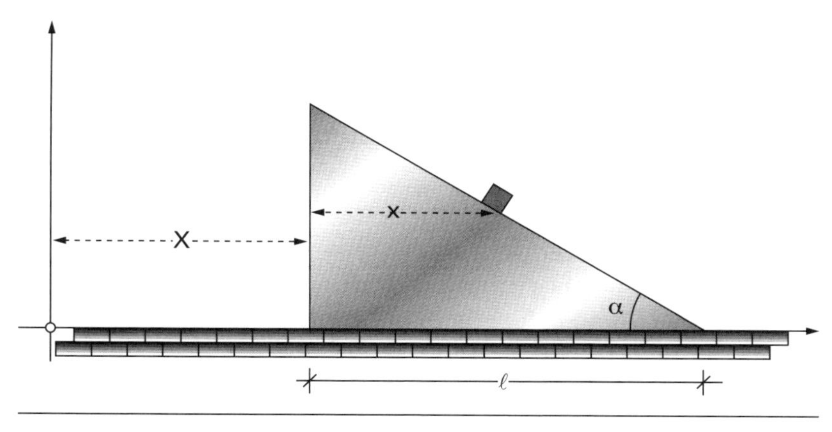

Exemplo 10.3

□ Solução:

Aplicando o teorema da energia ao conjunto dos dois corpos, tem-se que a variação da energia cinética é igual ao trabalho do peso do ponto P.

Ora, $E = E_{pto} + E_{bl} = \frac{m}{2}\left(\dot{s}\vec{u} + \dot{X}\vec{i}\right)^2 + \frac{M}{2}\dot{X}^2 = \frac{m}{2}\left(\dot{s}^2 + \dot{X}^2 + 2\dot{s}\dot{X}\cos\alpha\right) + \frac{M}{2}\dot{X}^2$

Sendo $\dot{s} = \frac{\dot{x}}{\cos\alpha}$, e $\dot{X} = -\frac{m}{M+m}\dot{x}$

decorre $E = \frac{m\dot{x}^2}{2(M+m)\cos^2\alpha}\left(M + m\ \text{sen}^2\alpha\right)$

Igualando ao trabalho realizado pelo peso do ponto material:

$$E = mgx\text{tg}\ \alpha$$

Decorrendo $\dot{x}^2 = \left(\frac{2(M+m)g\ \text{sen}\ \alpha\cos\alpha}{M + m\ \text{sen}^2\alpha}\right)x$

Derivando, membro a membro, em relação ao tempo, obtém-se

$$\ddot{x} = \frac{(M+m)g\ \text{sen}\ \alpha\cos\alpha}{M + m\ \text{sen}^2\alpha}$$

Finalmente, sendo

$$\ddot{X} = \frac{m\ddot{x}}{M+m}$$

obtém-se a resposta:

$$\ddot{X} = \frac{g \text{ sen } \alpha \cos \alpha}{\frac{M}{m} + \text{sen}^2\alpha}$$

10.2.2 — Teorema (de König) sobre o cálculo da energia cinética de um sistema material

Seja S o sistema material cuja energia se deseja calcular. Considera-se um referencial auxiliar, com origem no baricentro G, de S, e cujos eixos têm direções fixas em relação ao referencial inercial. Sendo $P_i = G + \vec{r}_i$ a velocidade $\vec{v}_i$ de um ponto genérico P_i de S, pode-se escrever:

$$\vec{v}_i = \vec{v}_G + \dot{\vec{r}}_i$$

onde $\vec{v}_G$ é a velocidade de G e $\dot{\vec{r}}_i$ é a velocidade de P_i em relação ao sistema auxiliar mencionado. A energia cinética do sistema S será:

$$\begin{aligned} E &= \frac{1}{2}\sum_i m_i \vec{v}_i \cdot \vec{v}_i = \frac{1}{2} = \sum_i m_i v_G^2 + \sum_i m_i \vec{v}_G \cdot \dot{\vec{r}}_i + \frac{1}{2}\sum_i m_i \left|\dot{\vec{r}}_i\right|^2 = \\ &= mv_G^2/2 + \left(\frac{1}{2}\right)\sum_i m_i \left|\dot{\vec{r}}_i\right|^2 \end{aligned} \tag{10.5}$$

pois $\vec{v}_G \cdot \sum_i m_i \dot{\vec{r}}_i = \vec{v}_G \cdot \sum_i m_i \left(\vec{v}_i - \vec{v}_G\right) = 0$, sendo $\sum_i m_i (P_i - G) = \vec{0}$.

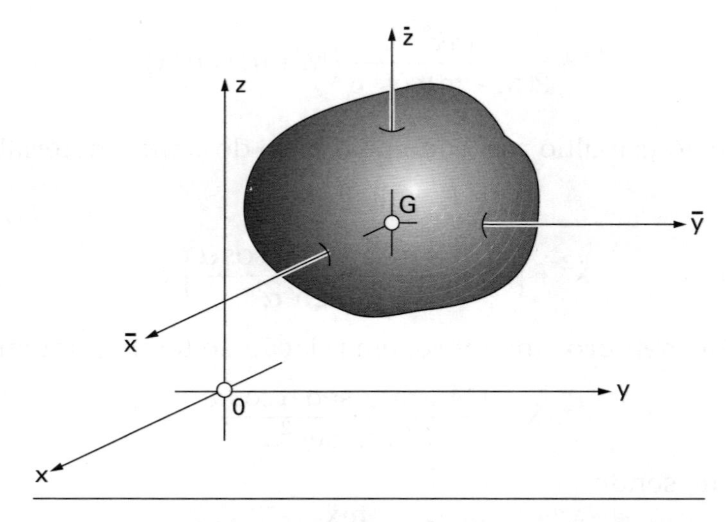

Figura 10.3 – Movimento de um sistema em relação a um referencial baricêntrico

A expressão (10.5) mostra que a energia cinética de um sistema material S, qualquer, é a soma da energia cinética obtida considerando toda massa m, do sistema, concentrada no seu baricentro, G, mais a energia cinética de S em relação a um referencial com origem em G e eixos de direções fixas, em relação ao referencial inercial (Teorema de König).

10.3 — Teorema do Momento Angular

Seja m_i a massa de um ponto genérico P_i, pertencente a um sistema material, S, e $\vec{v}_i$ sua velocidade num certo instante. Define-se como *momento angular* de S, em relação a um ponto O, o vetor:

$$\vec{H}_o = \sum_i (P_i - O) \wedge m_i \vec{v}_i \qquad (10.6)$$

Calculemos a derivada $\dot{\vec{H}}_o$ de $\vec{H}_o$ em relação ao tempo. A velocidade do ponto O será indicada por $\vec{v}_o'$ (e não $\vec{v}_o$), para lembrar que o ponto O é qualquer, não pertencendo, necessariamente, ao sistema S.

$$\dot{\vec{H}}_o = \sum_i (\vec{v}_i - \vec{v}_o) \wedge m_i \vec{v}_i + \sum_i (P_i - O) \wedge m_i \vec{a}_i = \sum (P_i - O) \wedge m_i \vec{a}_i - \vec{v}_o$$

$$\wedge \sum_i m_i \vec{v}_i = \sum_i (P_i - O) \wedge m_i \vec{a}_i + m \vec{v}_G \wedge \vec{v}_o$$

Sendo $m_i \vec{a}_i = \vec{F}_i + \vec{f}_i$, a força total que atua em P_i e sendo $\sum_i (P_i - O) \wedge \vec{f}_i = 0$, (pois o sistema das forças internas a S que atuam em todos os pontos P_i é equivalente a zero), decorre:

$$\dot{\vec{H}}_o = \vec{M}_o^{ext} + m \vec{v}_G \wedge \vec{v}_o \qquad (10.7)$$

onde $\vec{M}_0^{ext}$ representa o momento, em relação ao ponto O, do sistema das forças externas a S.

A expressão (10.6) exprime o Teorema do Momento Angular, para um sistema material qualquer.

Casos particulares importantes:

a) $O = G$;

b) $\vec{v}'_o = \vec{0}$.

Nestes dois casos a expressão do teorema é mais simples, decorrendo de (10.6):

$$\dot{\vec{H}}_o = \vec{M}_o^{ext} \qquad (10.8)$$

■ EXEMPLO 10.4 ■

Um bloco homogêneo de peso mg, altura h e largura b repousa sobre a superfície plana de um carro que se move horizontalmente com aceleração constante, a. O coeficiente de atrito entre o bloco e o carro é μ. Determinar o valor máximo de a para que:

1) Não haja escorregamento do bloco.
2) Não haja tombamento do bloco.

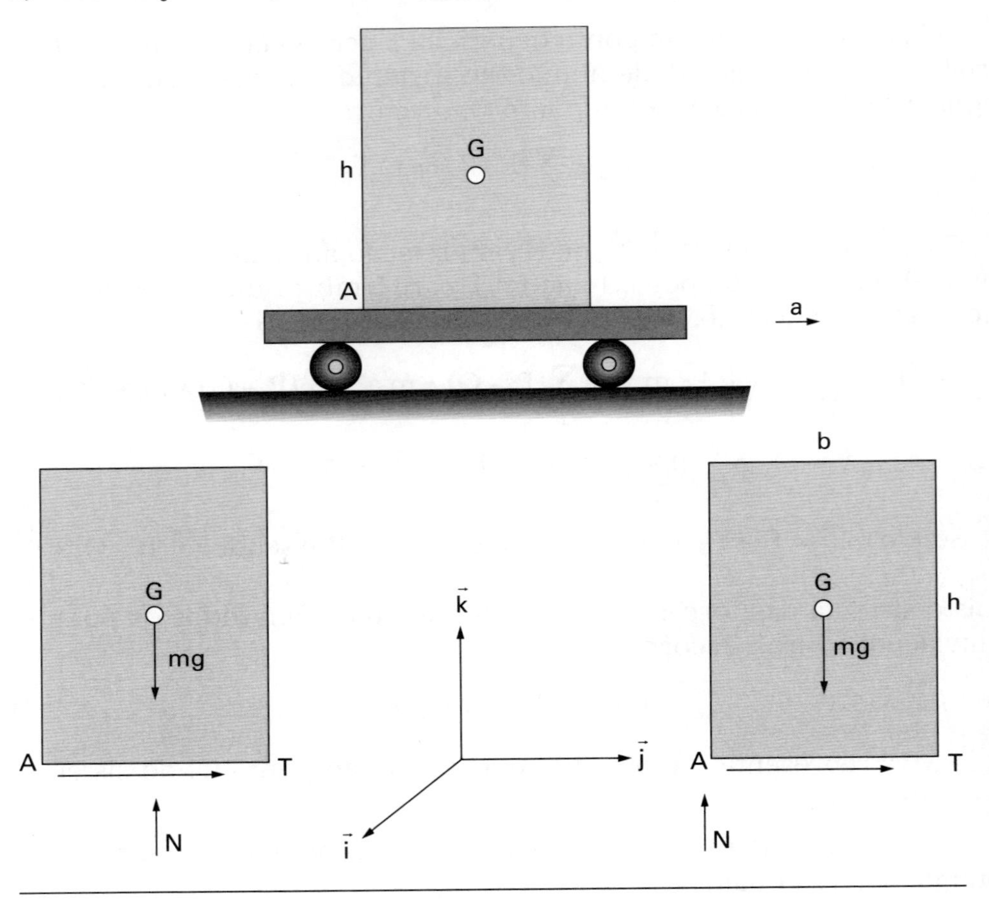

Exemplo 10.4

□ Solução:

1) Suponhamos que o bloco esteja na iminência de escorregar. Isto significa que a força de atrito tem seu valor máximo, que é

$$T = \mu N.$$

Por outro lado, tem-se ainda: N = mg e T = ma. Substituindo acima, obtém-se

$$a = \mu g$$

2) Suponhamos, agora, que o bloco está na iminência de tombar, girando em torno do ponto A. Isto significa que a reação normal, N, se aplica em A (A força de atrito poderá, ou não, ter atingido seu valor máximo). Calculando o momento angular do bloco, em relação a A:

$$\vec{H}_A = (G - A) \wedge m\vec{v} = m\left(\frac{b}{2}\vec{j} + \frac{h}{2}\vec{k}\right)v\vec{j} = -\frac{mhv}{2}\vec{i}$$

Derivando: $$\dot{\vec{H}}_A = -\frac{mha}{2}\vec{i}$$

O momento das forças externas ao bloco, em relação a A, é:

$$\vec{M}_A = -\frac{mgb}{2}\vec{i}$$

Igualando, resulta a segunda resposta:

$$a = gb/h$$

■ EXEMPLO 10.5 ■

No sistema indicado os fios e as polias têm peso desprezível. Os fios são perfeitamente flexíveis e as polias podem girar sem atrito nos respectivos eixos. Calcular as acelerações $\ddot{X}$ e $\ddot{x}$.

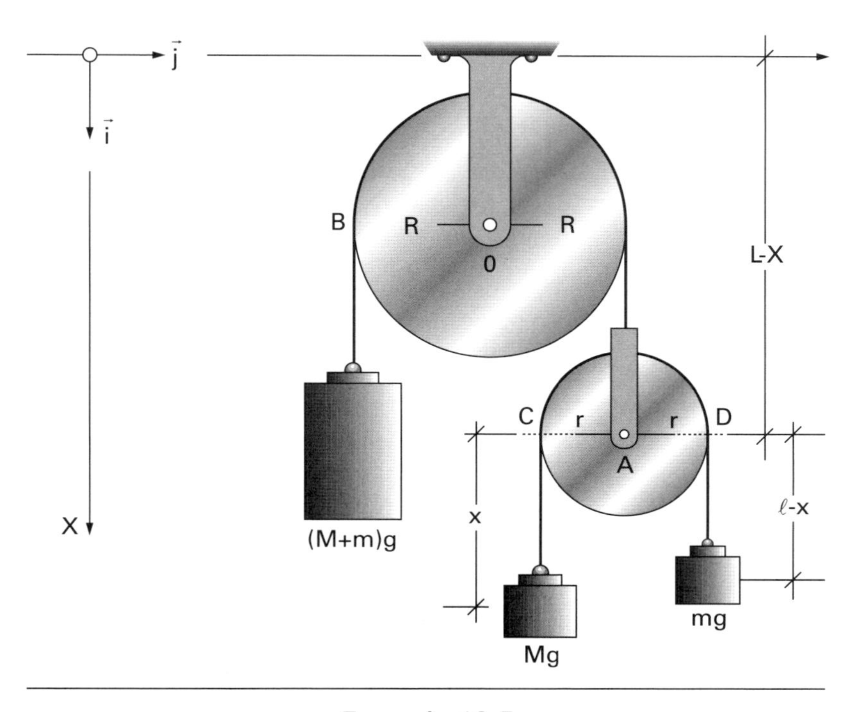

Exemplo 10.5

☐ Solução:

Isolando a polia de centro O e aplicando o Teorema do Momento Angular em relação a esse ponto, tem-se

$$\vec{H}_o = (B - O) \wedge (M + m)\dot{X}\vec{i} = -R\vec{j} \wedge (M + m)\dot{X}\vec{i} = R(M + m)\dot{X}\vec{k}$$

Tem-se $\dot{\vec{H}}_o = \vec{M}_o$, isto é

$$R(M + m)\ddot{X}\vec{k} = \left[(M + m)g - T\right]R\vec{k}$$

onde T é a tensão do fio que passa pela polia de centro O. Então

$$(M + m)\ddot{X} = (M + m)g - T \tag{1}$$

Isolando a polia de centro A e aplicando a ela o Teorema do Movimento do Baricentro:

$$M\left(-\ddot{X} + \ddot{x}\right) + m\left(-\ddot{X} - \ddot{x}\right) = (M + m)g - T \tag{2}$$

Finalmente, aplicando, a essa mesma polia, o Teorema do Momento Angular, em relação ao ponto A:

$$\vec{H}_A + (C - A) \wedge M\left(\dot{x} - \dot{X}\right)\vec{i} + (D - A) \wedge m\left(-\dot{x} - \dot{X}\right)\vec{i}$$

$$\dot{\vec{H}}_A = -r\vec{j} \wedge M\left(\ddot{x} - \ddot{X}\right)\vec{i} + r\vec{j} \wedge m\left(-\ddot{x} - \ddot{X}\right)\vec{i}$$

$$\vec{M}_A = (M - m)gr\vec{k}$$

decorrendo

$$(M - m)\ddot{X} - (M + m)\ddot{x} = (m - M)g \tag{3}$$

De (1), (2) e (3) vem

$$\ddot{X} = \left(\frac{M - m}{5M + 7m}\right)g \quad \text{e} \quad \ddot{x} = \left(\frac{M + m}{5M + 7m}\right)2g$$

Capítulo 11

MOMENTOS E PRODUTOS DE INÉRCIA

11.1 — Momento de inércia

Considera-se um sistema S de pontos materiais P_i, de massas m_i. Chama-se *momento de inércia* de S, em relação a uma reta r, ao escalar

$$J_r = \sum m_i d_i^2$$

soma dos produtos das massas m_i pelos quadrados das distâncias, d_i, dos pontos P_i à reta r.

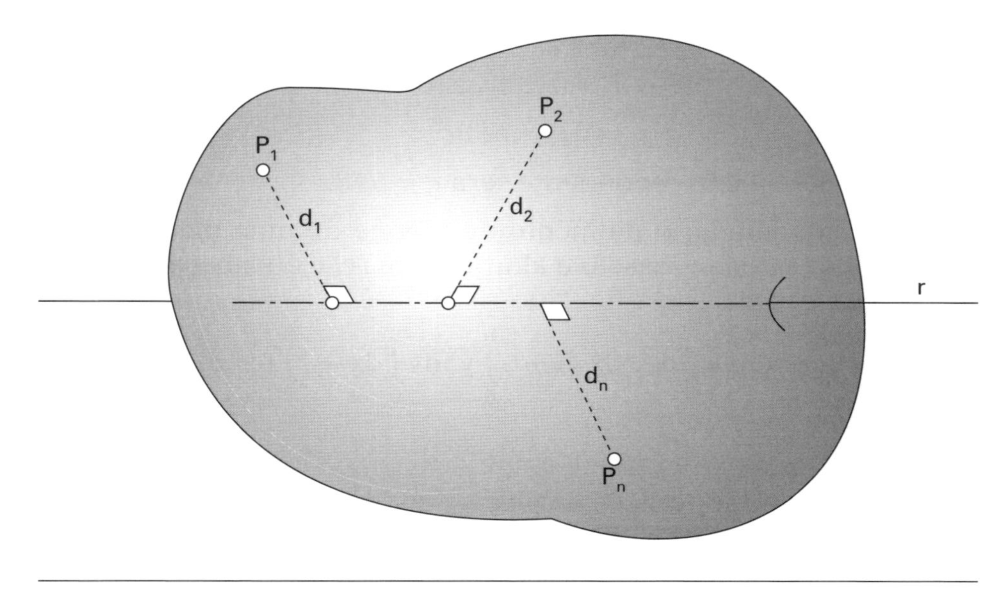

Figura 11.1

Chama-se *raio de inércia* ou *raio de giração* de S, em relação à reta r, ao escalar i_r, não negativo, tal que

$$J_r = M i_r^2, \quad \left(M = \sum_i m_i \right)$$

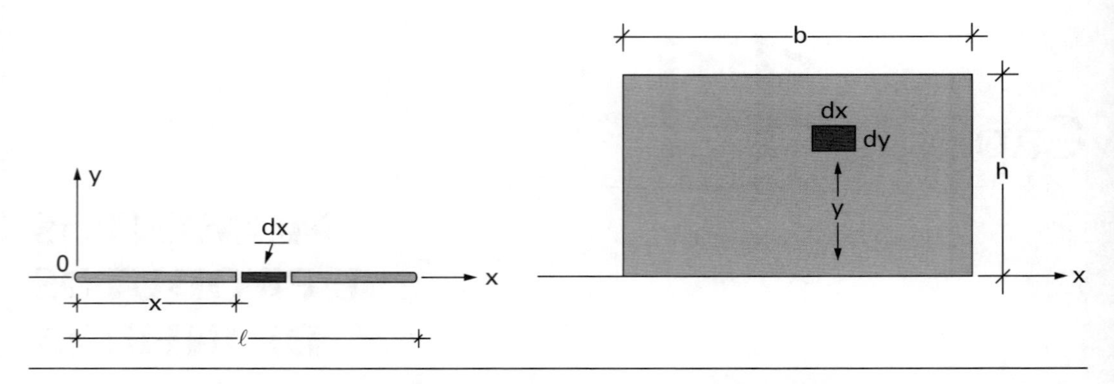

Figura 11.2 – Momento de inércia de barra e de retângulo

No caso de um sistema contínuo a somatória deve ser substituída por uma integral conveniente. Assim o momento de inércia de uma barra reta, homogênea, de massa m e comprimento ℓ, em relação à reta r, normal à barra, passando por sua extremidade, será dado pela integral

$$J_r = \int x^2\,dm = \int_0^{\ell} x^2 \lambda\,dx$$

onde λ é a densidade linear da barra. Portanto o momento de inércia será

$$J_r = (\lambda/3)\ell^3, \text{ isto é}$$

$$J_r = (m/3)\ell^2 \qquad (11.1)$$

O raio de inércia correspondente será $i_r = \ell/\sqrt{3}$.

De maneira análoga, o momento de inércia de uma placa retangular, homogênea, de massa m, base b e altura h, em relação à base do retângulo será dado pela integral

$$J_b = \iint y^2\,dm = \iint y^2 \;\; dx\,dy = \int_0^h y^2\,dy \int_0^b dx = \int_0^h by^2\,dy, \quad \text{ou}$$

$$J_b = \mu(bh^3/3) \qquad (11.2)$$

onde μ é a densidade superficial da placa. Sendo a massa $m = \mu bh$, obtém-se a expressão

$$J_b = (m/3)h^2 \qquad (11.3)$$

A fórmula (11.2) (com a densidade $\mu = 1$) é encontrada nas tabelas de momentos de inércia em livros de Resistência dos Materiais, enquanto (11.3) é encontrada nos livros de Mecânica. O motivo é que a Resistência lida, geralmente, com momento de inércia de *figuras*, cuja densidade pode ser considerada unitária; ao contrário, para a Mecânica interessa o momento de inércia de *corpos materiais*, cuja massa é relevante.

■ EXEMPLO11.1 ■

Demonstrar que o momento de inércia de uma placa triangular homogênea, em relação à base do triângulo, é dada por $J_{base} = (m/6)h^2$.

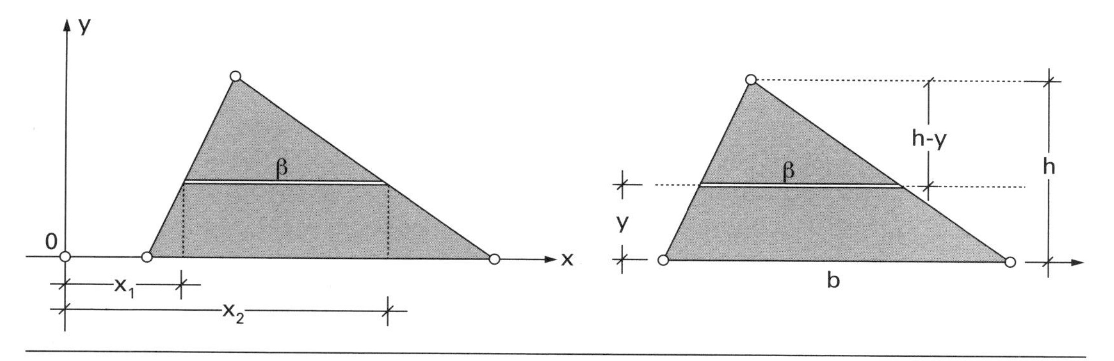

Exemplo 11.1

□ Solução:

Escrevendo $x_2 - x_1 = \beta$, tem-se

$$\beta/b = (h - y)/h, \quad \text{ou} \quad \beta = (h - y)b/h,$$

e portanto

$$J_{base} = \iint y^2\, dm = \iint y^2 \;\, dx\, dy = \int_0^h y^2\, dy \int_{x_1}^{x_2} dx = \int_0^h y^2 \beta\, dy =$$

$$= \int_0^h y^2 (b/h)(h - y)\, dy = bh^2/12$$

Ora: $m = \mu bh/2 \Rightarrow \mu = 2m/bh$, decorrendo

$$J_{base} = (1/6)mh^2.$$

11.1.1 — Sistemas planos

Sendo (x_i, y_i, z_i) as coordenadas de P_i em relação ao referencial ortogonal Oxyz, os momentos de inércia de S em relação aos eixos coordenados serão:

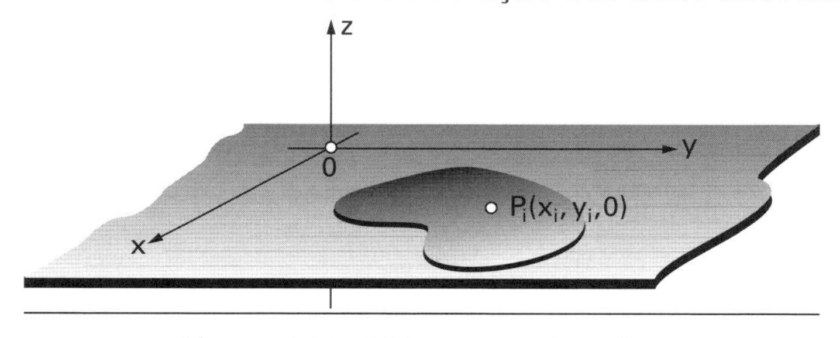

Figura 11.3 Sistema no plano Oxy

$$J_x = \sum_i m_i\left(y_i^2 + z_i^2\right), \quad J_y = \sum_i m_i\left(z_i^2 + x_i^2\right), \quad J_z = \sum_i m_i\left(x_i^2 + y_i^2\right)$$

No caso particular de todos os pontos de S pertencerem ao plano Oxy, teremos $z_i = 0$, decorrendo

$$J_z = J_x + J_y$$

■ EXEMPLO 11.2 ■

Calcular o momento de inércia da placa retangular de massa m, indicada, em relação a uma reta, normal ao plano da placa, passando por um vértice.

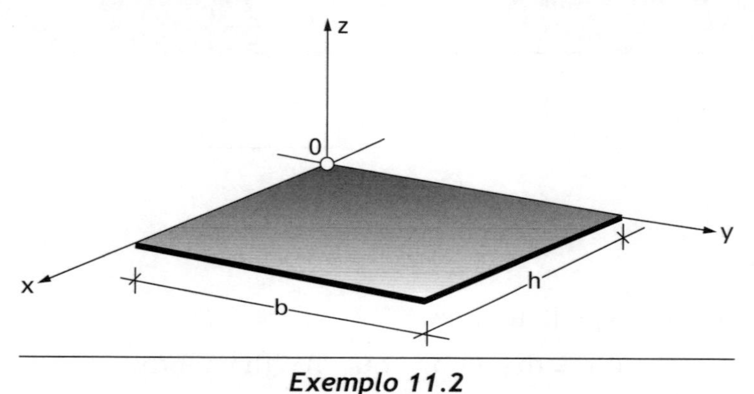

Exemplo 11.2

□ **Resposta:**

$J = (m/3)(h^2 + b^2)$.

11.1.2 — Translação de eixos para momentos de inércia

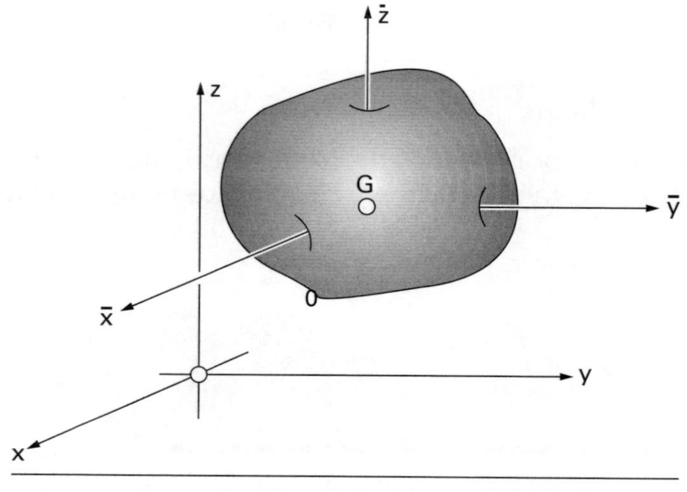

***Figura 11.4** — Translação de eixos*

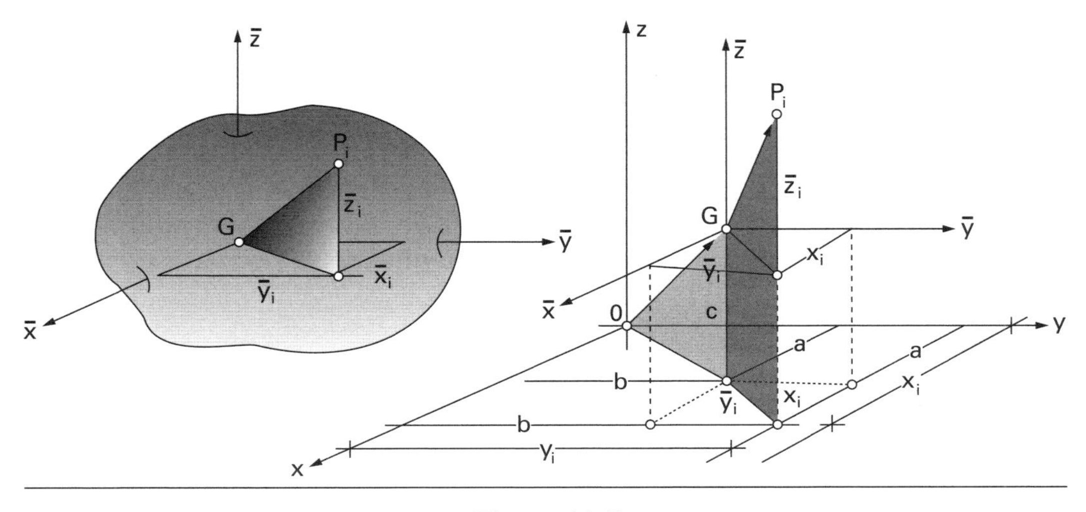

Figura 11.5

Vejamos como variam os momentos de inércia quando é feita uma translação de eixos, considerando como nova origem o baricentro G de S.

Chamando (a, b, c) as coordenadas de G e $\overline{x}_i$, $\overline{y}_i$, $\overline{z}_i$ as coordenadas de P_i no sistema que tem origem em G e eixos paralelos, com as mesmas orientações que Ox,Oy e Oz, pode-se escrever:

$$x_i = x_G + \overline{x}_i, \quad \text{e} \quad y_i = y_G + \overline{y}_i$$

Por outro lado, sendo G o baricentro de S, tem-se, de acordo com a expressão (3.1) do item 3.1:

$$\sum m_i \,(P_i - G) = \vec{0},$$

decorrendo

$$\sum m_i \left(x_i - x_G\right) = \sum m_i \overline{x}_i = 0, \quad \text{e também} \quad \sum m_i \overline{y}_i = \sum m_i \overline{z}_i = 0$$

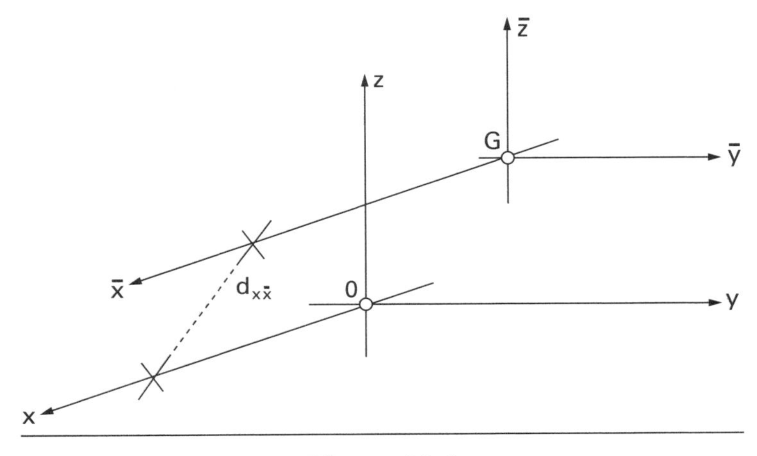

Figura 11.6

Resulta

$$J_x = m\left(b^2 + c^2\right) + J_{\bar{x}}, \quad \text{ou} \quad J_x = J_{\bar{x}} + m d_{x\bar{x}}^2$$

onde $d_{x\bar{x}}$ é a distância dos eixos paralelos Ox e $G\bar{x}$.

A última relação (Teorema de Steiner) mostra, também, que $J_x > J_{\bar{x}}$, isto é, considerando um conjunto de retas paralelas, no espaço, o momento de inércia de S é mínimo em relação àquela reta que passa por G.

■ EXEMPLO 11.3 ■

Calcular o momento de inércia de um triângulo homogêneo, de massa m e altura h, em relação à reta paralela à base, passando pelo seu baricentro.

□ Resposta:

$J_x = mh^2/18$.

■ EXEMPLOS 11.4 e 11.5 ■

Determinar o momento de inércia J_z, para as placas homogêneas indicadas, situadas no plano Oxy:

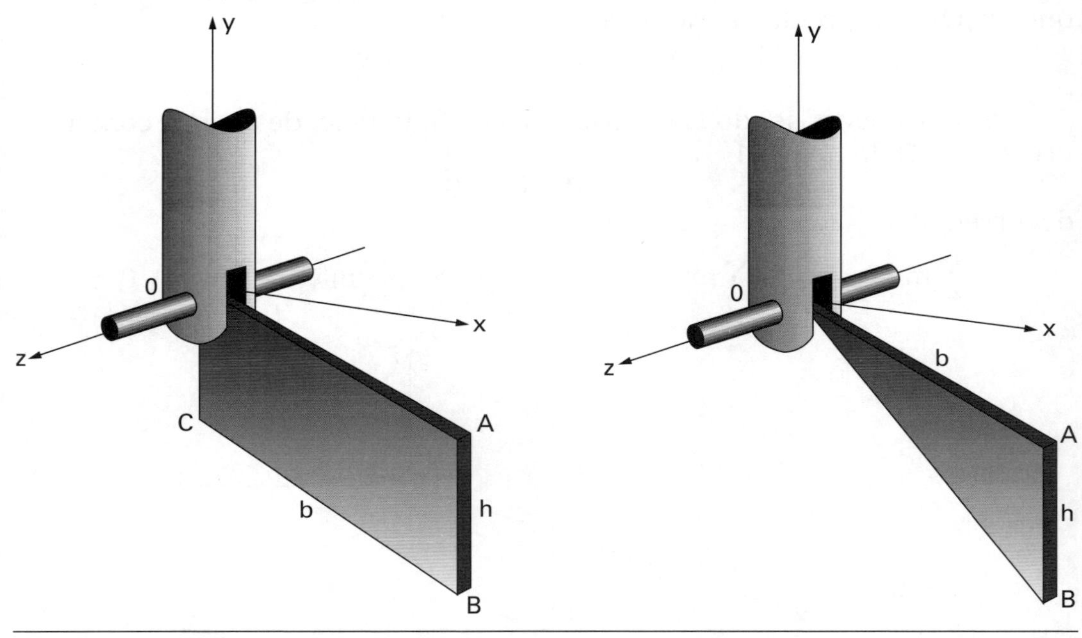

Exemplos 11.4 e 11.5

□ Resposta:

$J_z = m(b^2 + h^2)/3$ e $J_z = m(3b^2 + h^2)/6$.

■ EXEMPLO 11.6 ■

Calcular J_x para a placa homogênea, em forma de setor circular, indicada.

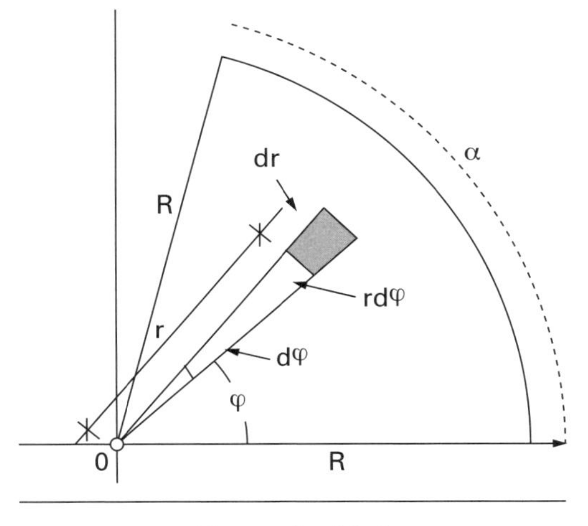

Exemplo 11.6

☐ Solução:

Como o "elemento de área", em coordenadas polares, se escreve dm = = μr drdφ, decorre

$$J_x = \iint y^2\, dm = \iint y^2 \mu r\, dr\, d\varphi = \mu \iint r^3 \operatorname{sen}^2\varphi\, dr\, d\varphi =$$

$$= \mu \int_0^\alpha \operatorname{sen}^2\varphi\, d\varphi \int_0^R r^3\, dr = \mu \frac{R^4}{4} \int_0^\alpha \operatorname{sen}^2\varphi\, d\varphi$$

Sendo $\operatorname{sen}^2\varphi = (1/2)(1 - \cos^2\varphi)$, decorre

$$J_x \mu \frac{R^4}{8} \int_0^\alpha (1 - \cos 2\varphi) = \mu \frac{R^4}{8}\left(\alpha - \frac{\operatorname{sen} 2\alpha}{2}\right)$$

Ora, $m = \mu(R^2\alpha/2)$; substituindo na expressão de J_x, $\mu = (2m/R^2\alpha)$, obtém-se

$$J_x = \frac{mR^2}{4}\left(1 - \frac{\operatorname{sen} 2\alpha}{\alpha}\right)$$

Sempre que for sen $2\alpha = 0$, teremos $J_x = mR^2/4$. Isso ocorrerá, em particular, para $2\alpha = \pi$, 2π e 4π, isto é, para placa homogênea em forma quadrante de círculo, semicírculo e círculo (naturalmente os momentos de inércia correspondentes serão diferentes porque a massa m não é a mesma nos três casos).

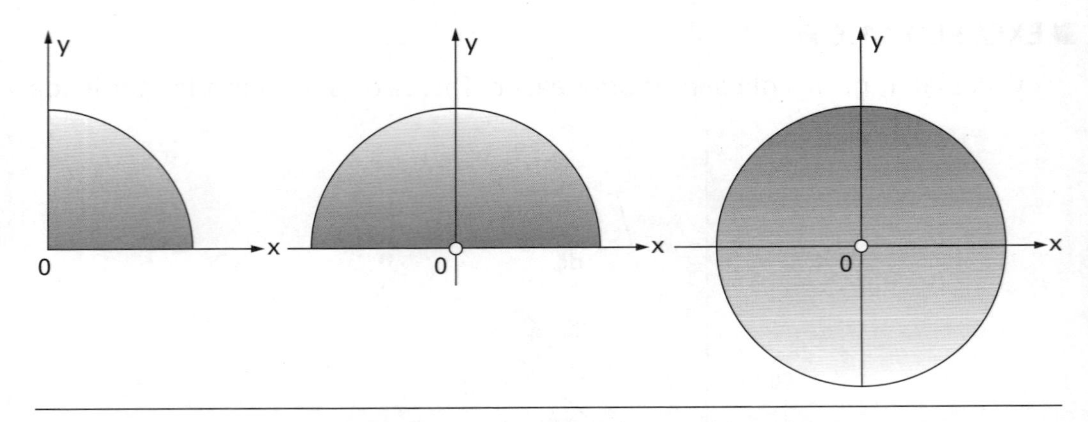

Figura 11.7 — Momento de inércia de quadrante, semicírculo e círculo

Por simetria, nestes três casos, $J_y = J_x$, decorrendo sempre $J_z = J_x + J_y = mR^2/2$ (fórmula do "momento polar de inércia").

■ EXEMPLO 11.7 ■

Determinar o momento de inércia J_z para a placa semicircular, homogênea, de massa m, situada no plano Oxy, indicada.

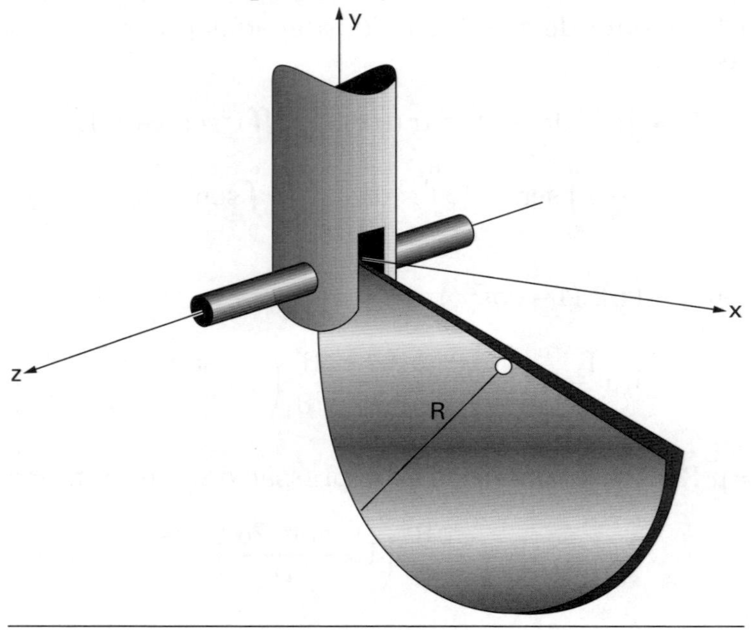

Exemplo 11.7

☐ **Resposta:**

$$J_z = \frac{3}{2}mR^2$$

11.2 – Produtos de inércia

Chamam-se produtos de inércia do sistema material S, em relação aos pares de eixos OxOy, OyOz, OzOx, do sistema ortogonal Oxyz, os escalares:

$$J_{xy} = J_{yx} = \sum_i m_i x_i y_i, \quad J_{yz} = J_{zy} = \sum_i m_i y_i z_i, \quad J_{zx} = J_{xz} = \sum_i m_i z_i x_i$$

11.2.1 — Simetria em produtos de inércia

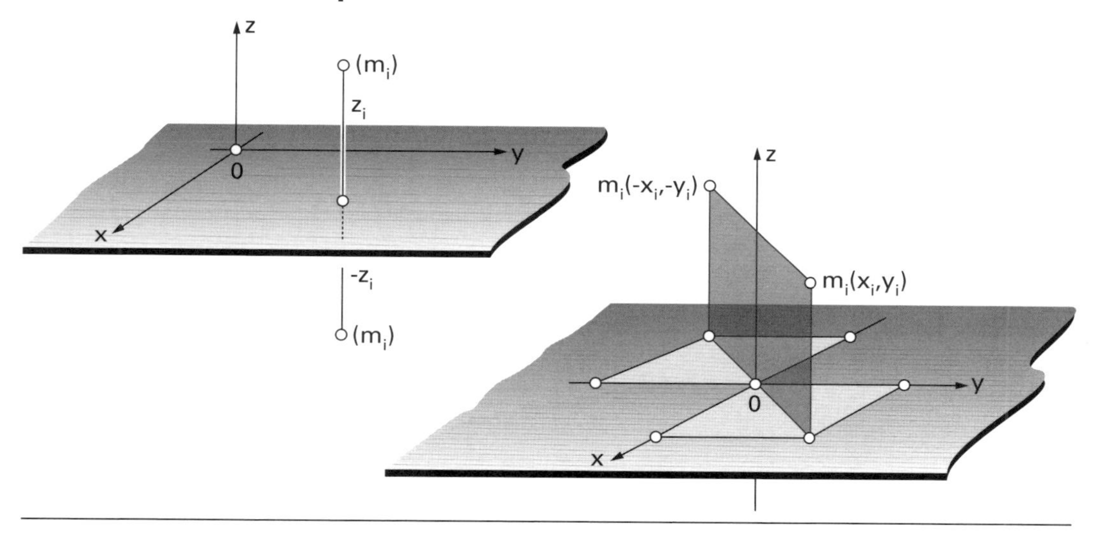

***Figura 11.8** – Propriedades de simetria*

a) Se S tiver simetria material, em relação ao plano Oxy, teremos :

$$J_{xz} = \sum_i m_i x_i y_i = 0, \quad J_{yz} = \sum_i m_i y_i z_i = 0$$

b) Se S tiver simetria material, em relação ao eixo Oz, teremos:

$$J_{xz} = \sum_i m_i x_i y_i = 0, \quad J_{yz} = \sum_i m_i y_i z_i = 0$$

Sistemas planos:

Se todas as massas de S pertencerem ao plano Oxy, teremos:

$$J_{xz} = J_{yz} = 0.$$

Se, *além disso*, um dos eixos, Ox ou Oy, for, também, de simetria material, teremos $J_{xy} = 0$.

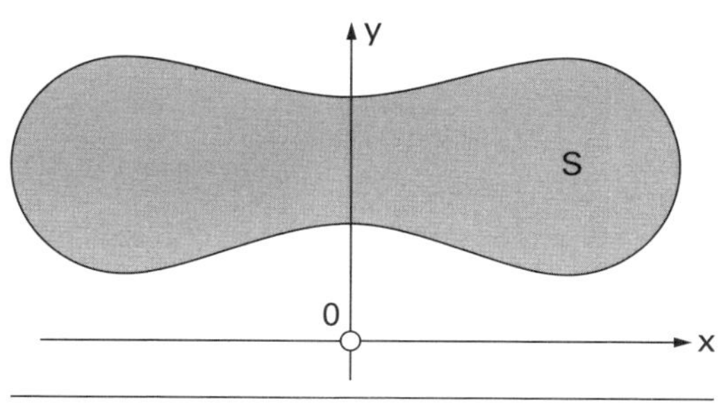

***Figura 11.9** – Sistema plano com simetria*

(Por exemplo, o produto de inércia J_{xy} para uma placa retangular homogênea, em relação aos eixos Ox,Oy, com origem no centro O do retângulo e direções paralelas aos lados, é $J_{xy} = 0$.)

■ EXEMPLO 11.8 ■

Calcular o produto de inércia, J_{xy}, para a placa retangular homogênea, indicada, de massa m, base b e altura h.

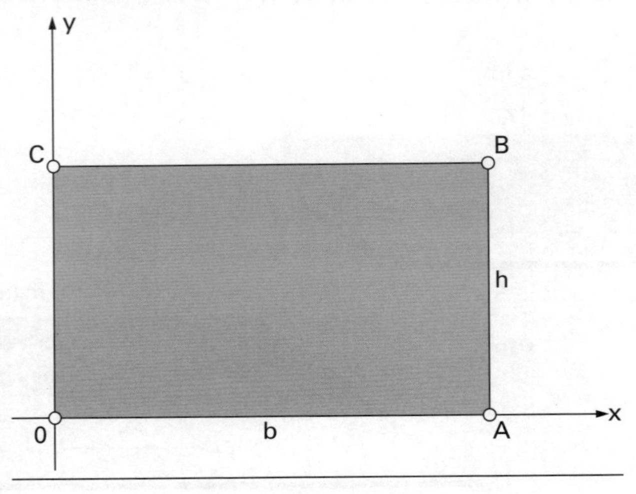

Exemplo 11.8

□ Solução:

$$J_{xy} = \iint xy\,dm = \mu \iint xy\,dx\,dy = \mu \int_0^h x\,dx \int_0^b y\,dy = \mu \frac{b^2h^2}{4}$$

e, sendo $m = \mu bh$, decorre $J_{xy} = mbh/4$.

■ EXEMPLO 11.9 ■

Calcular o produto de inércia J_{xy} para a placa triangular, homogênea, indicada, de massa m, base b e altura h.

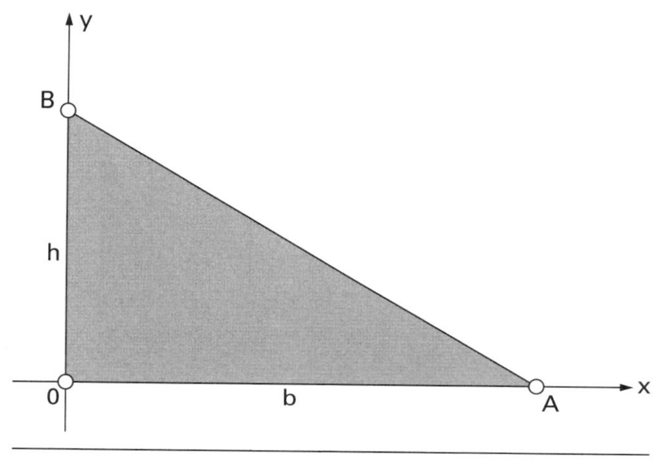

Exemplo 11.9

□ Solução:

$$J_{xy} = \iint xy\,dm = \mu \iint xy\,dx\,dy = \mu \int_0^h y\,dy \int_0^{(h-y)b/h} x\,dx = (\mu/2)(b/h)^2$$

$$\int_0^h y(h-y)^2\,dy = \mu b^2 h^2/24$$

Sendo $m = \mu bh/2$, tem-se, finalmente, $J_{xy} = mbh/12$.

11.2.2 — Translação de eixos para produtos de inércia

Vejamos como variam os produtos de inércia quando é feita uma translação de eixos, considerando como nova origem o baricentro G de S.

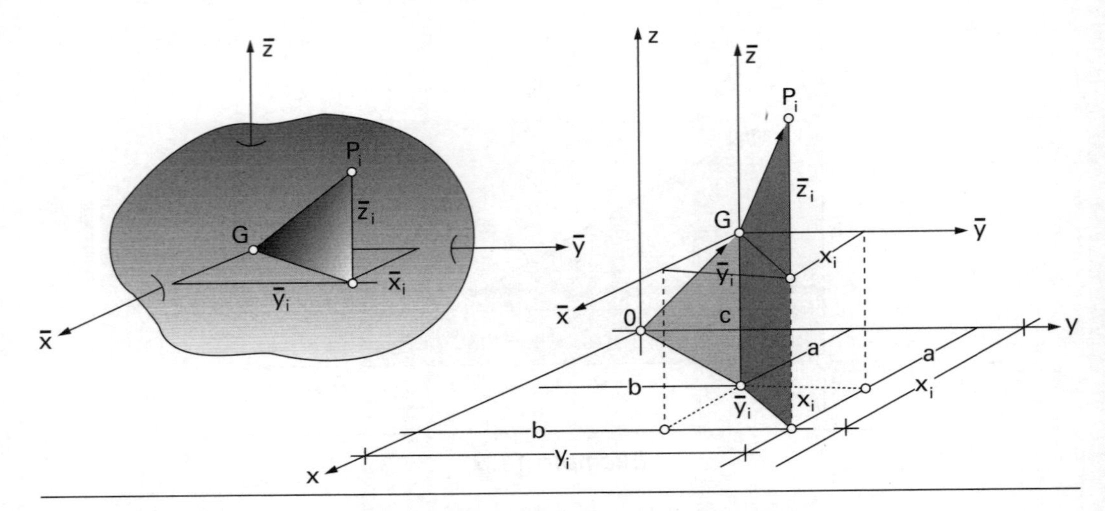

Figura 11.10 – Translação de eixos

Usando as notações e repetindo exatamente o mesmo desenvolvimento feito no item 11.1.2, obtém-se:

$$J_{xy} = \sum_i m_i x_i y_i = \sum_i m_i ab + \sum_i m_i a\bar{y}_i + \sum_i m_i b\bar{x}_i + \sum_i m_i \bar{x}_i \bar{y}_i$$

ou, $J_{xy} = J_{\overline{xy}} + mab$, e, analogamente, para os outros eixos coordenados.

11.3 — Rotação de eixos

11.3.1 — Rotação de eixos para obtenção de um momento de inércia

Calculemos o momento de inércia J_r, do sistema S, em relação a uma reta genérica r, que passa pela origem O do sistema de coordenadas $O\vec{i}\,\vec{j}\,\vec{k}$, em função dos cossenos diretores de r.

Chamando $\vec{u}$ um dos versores de r:

$$\vec{u} = \cos\alpha\vec{i} + \cos\beta\vec{j} + \cos\gamma\vec{k}$$

Sejam: $P_i - O = x_i\vec{i} + y_i\vec{j} + z_i\vec{k}$, $\varphi_i = \text{âng.}\,(P_i - O, \vec{u})$.

$$J_r = \sum_i m_i d_i^2 = \sum_i m_i |P_i - O|^2 \operatorname{sen}^2\varphi_i = \sum_i m_i |(P_i - O) \wedge \vec{u}|^2 \qquad (11.4)$$

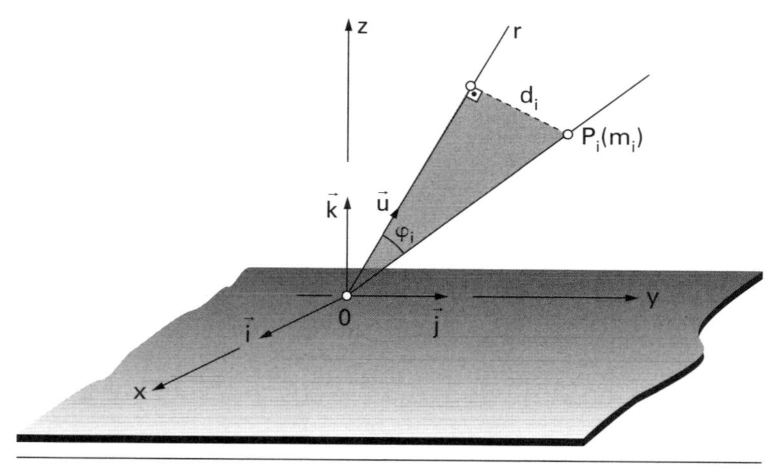

Figura 11.11 — Reta r passando pela origem O

Ora:

$$(P_i - O) \wedge \vec{u} = \begin{vmatrix} \vec{i} & \vec{j} & \vec{k} \\ x_i & y_i & z_i \\ \cos\alpha & \cos\beta & \cos\gamma \end{vmatrix} =$$

$$= (\cos\gamma y_i - z_i \cos\beta)\vec{i} + (\cos\alpha z_i - x_i \cos\gamma)\vec{j} + (\cos\beta x_i - y_i \cos\alpha)\vec{k}.$$

Portanto

$$J_r = \sum_i m_i \left(\cos^2\alpha\right)\left(z_i^2 + y_i^2\right) + \sum_i m_i \left(\cos^2\beta\right)\left(z_i^2 + x_i^2\right) + \sum_i m_i \left(\cos^2\gamma\right)\left(y_i^2 + x_i^2\right)$$

$$-2\sum_i m_i \cos\alpha \cos\beta x_i y_i - 2\sum_i m_i \cos\beta \cos\gamma y_i z_i - 2\sum_i m_i \cos\gamma \cos\alpha z_i x_i$$

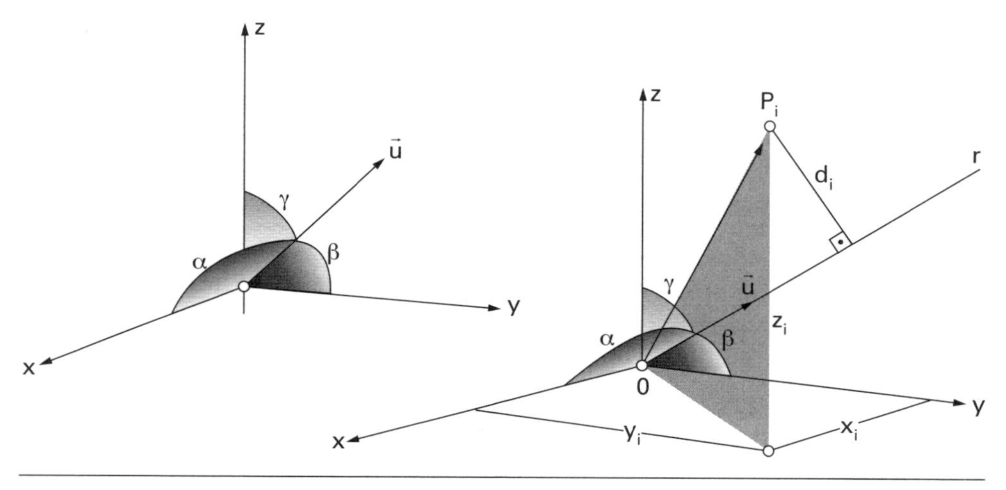

Figura 11.12

Então

$$J_r = J_x \cos^2 \alpha + J_y \cos^2 \beta + J_z \cos^2 \gamma$$
$$- 2J_{xy}\cos \alpha \cos \beta - 2J_{yz}\cos \beta \cos \gamma - 2J_{zx}\cos \gamma \cos \alpha \qquad (11.5)$$

No caso de um sistema material estar situado no plano Oxy, se a reta r também pertencer a esse plano, será $\cos \gamma = 0$ ($\gamma = 90°$), $\cos \beta = \text{sen}\alpha$ e (11.5) assume a forma

$$J_r = J_x\cos^2 \alpha + J_y\text{sen}^2 \alpha - 2J_{xy}\cos \alpha \,\text{sen}\, \alpha \qquad (11.6)$$

Lembrando que

$$\cos^2 \alpha = (1/2)(1 + \cos 2\alpha), \quad \text{sen}^2 \alpha = 1 - \cos^2 \alpha, \quad \text{sen}2\alpha = 2\text{sen}\, \alpha \cos \alpha$$

a fórmula anterior também se pode escrever

$$J_r = (1/2)(J_x + J_y) + (1/2)(J_x - J_y)\cos 2\alpha - J_{xy}\text{sen}\, 2\alpha \qquad (11.7)$$

11.3.2 — Rotação de eixos para obtenção de um produto de inércia

Suponhamos que o sistema material S pertença ao plano Oxy. Seja OXY outro sistema de coordenadas, nesse plano, com a mesma origem O. Calculemos o produto de inércia J_{XY}, de S, supondo conhecidos J_x, J_y, J_{xy} e o ângulo α de OX com Ox.

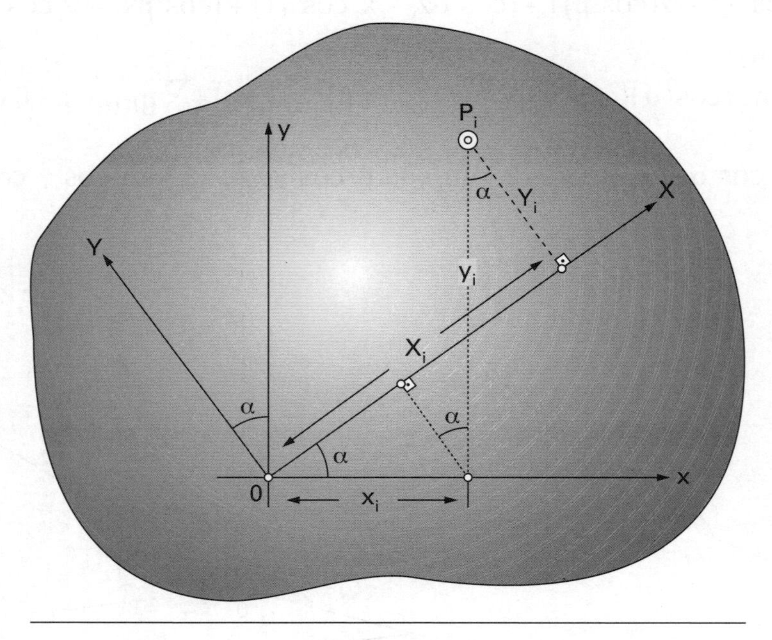

Figura 11.13

O produto de inércia procurado será:

$$\sum m_i X_i Y_i = \sum m_i (x_i \cos\alpha + y_i \operatorname{sen}\alpha)(-x_i \operatorname{sen}\alpha + y_i \cos\alpha) =$$

$$= \sum\left(-m_i x_i^2 \frac{\operatorname{sen} 2\alpha}{2}\right) + \sum m_i y_i^2 \frac{\operatorname{sen} 2\alpha}{2} + \sum m_i x_i y_i \cos 2\alpha$$

isto é

$$J_{XY} = (1/2)(J_x - J_y)\operatorname{sen}2\alpha + J_{xy}\cos 2\alpha$$

■ EXEMPLO 11.10 ■

Calcular o momento de inércia de um retângulo homogêneo de massa m, dimensões b e h, em relação a uma diagonal. Lembrar que o momento de inércia do retângulo, em relação a uma reta paralela à base, passando por G, é dado por $J_{\bar{x}} = \dfrac{mh^2}{12}$

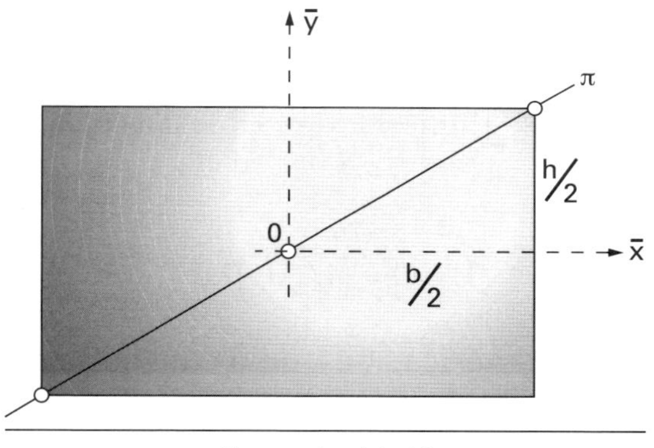

Exemplo 11.10

☐ Resposta:

$$J_r = \frac{m}{6}\frac{b^2h^2}{b^2 + h^2}$$

11.4 — Matriz de inércia e eixos principais

Matriz de inércia de S, em relação ao referencial ortogonal Oxyz é, por definição, a matriz simétrica

$$I_o = \begin{pmatrix} J_x & -J_{xy} & -J_{xz} \\ -J_{yx} & J_y & -J_{yz} \\ -J_{zx} & -J_{zy} & J_z \end{pmatrix}$$

Verifica-se imediatamente que

$$J_r = \vec{u}^T I_o \vec{u}$$

Pode-se demonstrar que, fixada arbitrariamente a origem O, existe, associado a qualquer sistema material S, um referencial ortogonal OXYZ, para o qual

$$J_{XY} = J_{YX} = J_{ZX} = 0$$

Os eixos deste referencial são chamados *eixos principais de inércia*, em relação a O; os momentos de inércia correspondentes J_X, J_Y, J_Z são chamados *momentos principais de inércia*, em relação a O.

Quando O é escolhido coincidente com o baricentro G de S, os eixos principais de inércia, correspondentes, chamam-se *eixos centrais de inércia*.

11.4.1 — Elipsoide de inércia

Tendo presente que $J_r > 0$, decorre de (11.4)

$$\sum_i m_i \left| \frac{(P_i - O) \wedge \vec{u}}{\sqrt{J_r}} \right|^2 = 1$$

e fazendo

$$L - O = \left(1/\sqrt{J_r}\right)\lambda\vec{u} \tag{11.8}$$

Sendo $\vec{u}$ o versor da reta genérica, r, e λ uma constante dimensional de valor arbitrário, obtém-se uma interpretação geométrica da lei de variação dos momentos de inércia em relação a retas passando por um mesmo ponto.

Excluindo o caso particular no qual todos os pontos P_i de S pertencem a uma mesma reta passando por O, J_r é sempre positivo, não se anulando para nenhuma das retas r. Resulta então de (11.8) que o lugar dos pontos L é uma superfície fechada envolvendo o ponto O e, além disso, simétrica em relação a O, pois a substituição de $\vec{u}$ por $-\vec{u}$ não altera o momento de inércia J_r. Em coordenadas cartesianas, tem-se

$$L - O = x\vec{i} + y\vec{j} + z\vec{k} = \lambda/\left(\sqrt{J_r}\right)\left(\cos\alpha\vec{i} + \cos\beta\vec{j} + \cos\gamma\vec{k}\right)$$

e portanto

$$\cos\alpha = \left(\sqrt{J_r}/\lambda\right)x, \quad \cos\beta = \left(\sqrt{J_r}/\lambda\right)y, \quad \cos\gamma = \left(\sqrt{J_r}/\lambda\right)z$$

Introduzindo estes valores em (11.4), obtém-se a equação cartesiana da superfície:

$$J_x x^2 + J_y y^2 + J_z z^2 - 2J_{xy}xy - 2J_{yz}yz - 2J_{zx}zx = \lambda^2$$

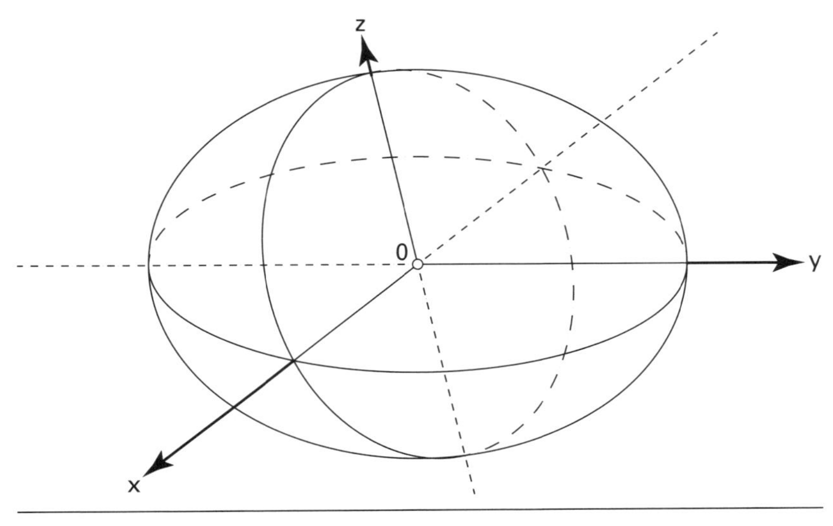

Figura 11.14 — Elipsoide de inércia

Esta superfície fechada do segundo grau e simétrica em relação a O é necessariamente um elipsoide de centro O, que se denomina *elipsoide de inércia do sistema* S relativo ao ponto O. O elipsoide de inércia relativo ao baricentro G do sistema chama-se *elipsoide central de inércia*.

Pode-se verificar que os eixos principais de inércia, definidos em 11.3, coincidem com os eixos do elipsoide de inércia relativo a O. Verifica-se, também, que a condição necessária e suficiente para que um dos eixos, por exemplo o eixo dos z, seja eixo principal de inércia relativo a O, é a nulidade dos dois produtos de inércia, J_{xz}, J_{yz}, que dizem respeito a esse eixo.

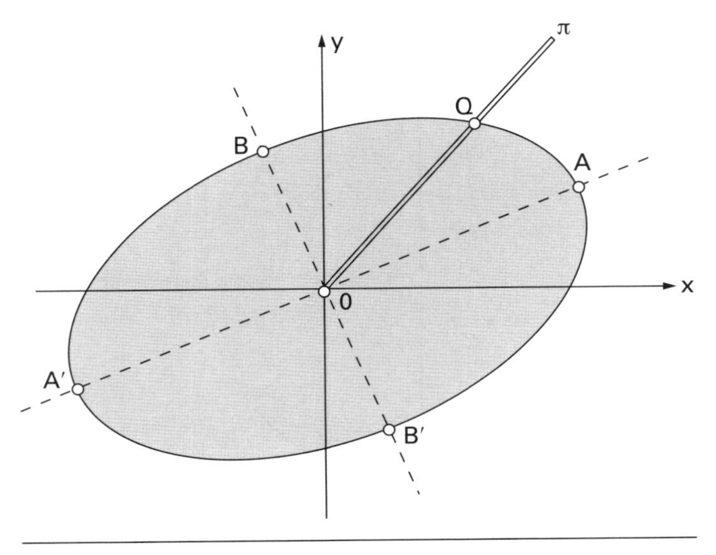

Figura 11.15 — Elipse de inércia

Sistemas planos:

Supondo que o sistema material pertença ao plano Oxy (por exemplo), geralmente só há interesse em considerar a reta r também nesse plano. Nesse caso o elipsoide de inércia transforma-se numa elipse, chamada elipse de inércia. Naturalmente os momentos de inércia obtidos, com a variação de r, terão máximo e mínimo em duas direções correspondentes aos eixos da elipse, e serão, portanto ortogonais.

Para obter esses momentos principais de inércia, basta considerar a fórmula (11.7) do momento de inércia em relação à reta r:

$$J_r = (1/2)(J_x + J_y) + (1/2)(J_x - J_y)\cos 2\alpha - J_{xy}\mathrm{sen}2\alpha$$

Procuremos para que valor de α J_r apresenta máximo ou mínimo relativo. Deveremos igualar a zero a derivada $dJ_r/d\alpha$:

$$dJ_r/d\alpha = -(J_x - J_y)\mathrm{sen}2\alpha - 2J_{xy}\cos 2\alpha$$

obtém-se

$$(J_y - J_x)\mathrm{sen}2\alpha = 2J_{xy}\cos 2\alpha \qquad (11.9)$$

Se for:

$$\cos 2\alpha \neq 0 \quad \text{e} \quad J_x \neq J_y$$

decorre

$$\mathrm{tg}2\alpha = -\frac{2J_{xy}}{J_x - J_y}$$

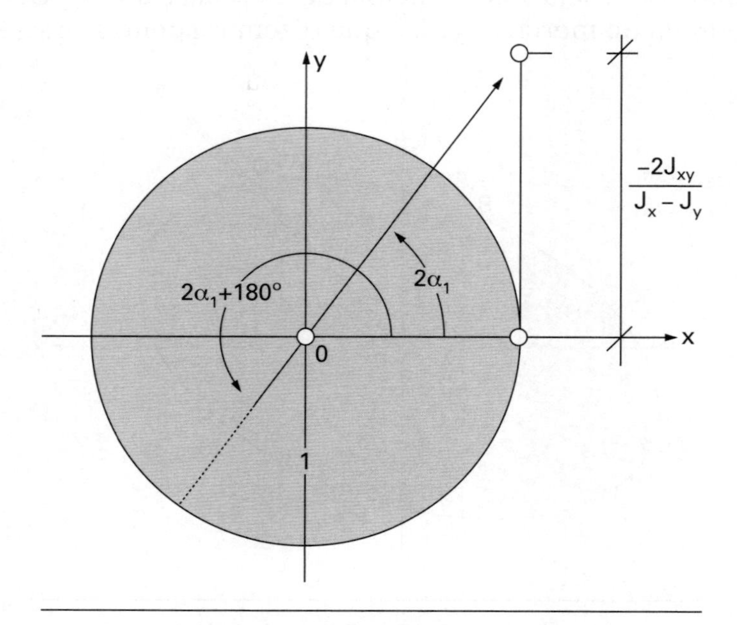

Figura 11.16

Este valor de $tg2\alpha$ corresponde a dois ângulos, que diferem de 180°: $2\alpha_1$ e $2\alpha_1$ +180°. Obtém-se, em consequência, dois ângulos, α_1 e α_1 +90°; um dos ângulos fornece a reta r para a qual J_r é máximo e o outro para a qual J_r é mínimo.

Lembrando que

$$\cos\varphi = \pm\frac{1}{\sqrt{1+tg^2\varphi}}, \quad sen\varphi = \pm\frac{tg\ \varphi}{\sqrt{1+tg^2\varphi}}$$

obtém-se, notando que

$$tg^2 2\alpha = \frac{4J_{xy}^2}{\left(J_x - J_y\right)^2}$$

$$\cos 2\alpha = \pm\frac{J_x - J_y}{\sqrt{\left(J_x - J_y\right)^2 + 4J_{xy}^2}}, \quad sen2\alpha = \pm\frac{2J_{xy}}{\sqrt{\left(J_x - J_y\right)^2 + 4J_{xy}^2}}$$

Substituindo, chega-se aos valores máximo e mínimo de J_r:

$$J_{r\ máx} = \frac{1}{2}\left(J_x - J_y\right) + \frac{1}{2}\sqrt{\left(J_x - J_y\right)^2 + 4J_{xy}^2} \qquad (11.10)$$

$$J_{r\ mín} = \frac{1}{2}\left(J_x - J_y\right) - \frac{1}{2}\sqrt{\left(J_x - J_y\right)^2 + 4J_{xy}^2} \qquad (11.11)$$

No caso, ainda não considerado, de ser $Jx = Jy$, a expressão (11.9) fornece:

a) $\cos 2\alpha = 0$, isto é, $\alpha = 45°$ ou $\alpha = 135°$; ou

b) $J_{xy} = 0$.

Nesta hipótese de serem nulos, $(J_x - J_y)$ e também J_{xy}, (11.7) fornece

$$J_r = J_x = cte.$$

Obs.: É imediata a verificação de que, mesmo no caso de ser $J_x = J_y$, as fórmulas (11.10) e (11.11) fornecem os valores corretos do máximo e do mínimo de J_r.

Capítulo 12

DINÂMICA DOS SÓLIDOS

12.1 — Energia Cinética de um sólido

Se S for um sólido, ter-se-á

$$\dot{\vec{r}}_i = \vec{v}_i - \vec{v}_G = \vec{\omega} \wedge (P_i - G)\vec{\omega} \wedge \vec{r}_i$$

Portanto

$$\left(\dot{\vec{r}}_i\right)^2 = \omega^2 r_i^2 \operatorname{sen}^2\theta_i = \omega^2 d_i^2$$

Decorre

$$(1/2)\sum_i m_i\left(\dot{\vec{r}}_i\right)^2 = (1/2)\sum_i m_i\omega^2 d_i^2 = \left(\omega^2/2\right)J_{G\omega}$$

onde ω^2 é o quadrado do módulo do vetor de rotação de S e $J_{G\omega}$ é o momento de inércia de S em relação à reta $G\vec{\omega}$.

Então, de acordo com a expressão (10.5), do capítulo 10 (Teorema de König), decorre:

$$E = [m(v_G)^2/2] + J_{G\omega}\omega^2/2$$

Obs.: Verifica-se, usando a expressão do momento de inércia de uma reta passando pela origem, que a segunda parcela se pode escrever

$$\frac{1}{2}\vec{\omega}^T I_G \vec{\omega}$$

onde I_G é a matriz de inércia relativa a G.

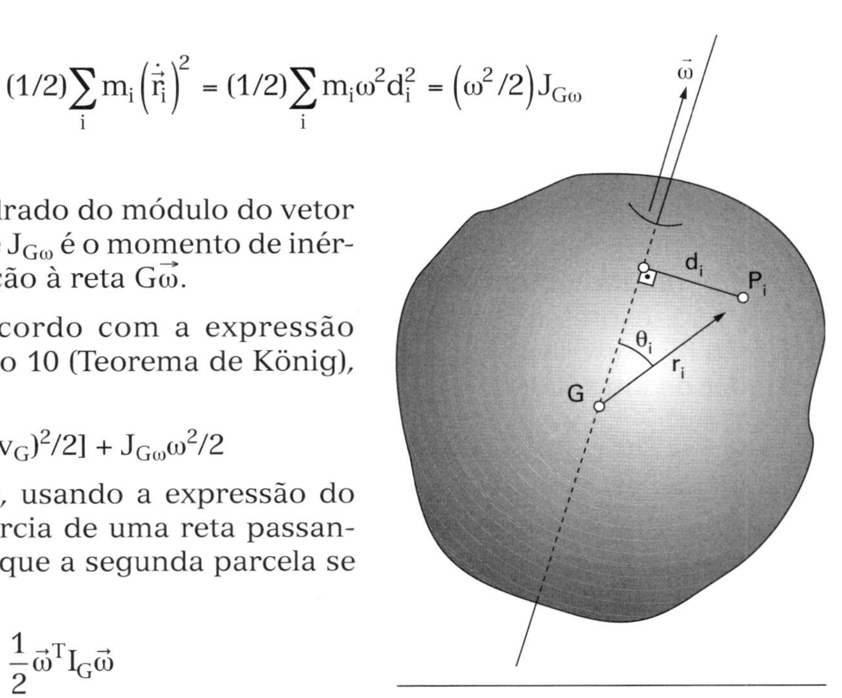

Figura 12.1 — Energia cinética de um sólido

Quando o sólido possuir, num certo instante, um ponto C de velocidade nula, sua energia cinética terá, nesse instante, uma expressão ainda mais simples. De fato, será, nesse instante:

$$\vec{v}_G = \vec{\omega} \wedge (G - C), \quad v_G^2 = \omega^2 d^2$$

onde d é a distância de G à reta $C\vec{\omega}$.

Substituindo na expressão de E:

$$E = (m/2)\omega^2 d^2 + (1/2)J_{G\omega} \cdot \omega^2 = (\omega^2/2)J_{C\omega}$$

(pela fórmula de translação de eixos), onde $J_{C\omega}$ é o momento de inércia de S em relação à reta $C\vec{\omega}$. Então, no caso de ser $\vec{v}_C = \vec{0}$, decorre

$$E = (1/2)J_{C\omega} \cdot \omega^2 \frac{1}{2}\vec{\omega}^T I_C \vec{\omega}$$

onde I_C é a matriz de inércia de S em relação a C.

12.2 — Momento angular de um sólido

Se S for um corpo rígido, seu momento angular pode ser expresso de maneira simples. Consideremos os dois casos a seguir:

a) S tem movimento de translação (com velocidade $\vec{v}$):

$$\vec{H}_O = \sum_i (P_i - O) \wedge m_i \vec{v}_i = \sum_i m_i (P_i - O) \wedge \vec{v}$$

resultando

$$\vec{H}_O = m(G - O) \wedge \vec{v}$$

b) S tem um movimento qualquer:

$\vec{H}_O$ terá expressão simples se tomarmos como *O um ponto de S*; admitida essa hipótese teremos, usando a expressão da velocidade de um ponto qualquer de um sólido:

$$\vec{H}_O = \sum_i (P_i - O) \wedge m_i \vec{v}_O + \sum_i (P_i - O) \wedge m_i \; \vec{\omega} \wedge (P_i - O)$$

$$\vec{H}_O = m(G - O) \wedge \vec{v}_O + \vec{\Sigma}_2$$

designando por $\vec{\Sigma}_2$ a segunda somatória acima.

Considerando o sistema de coordenadas $O\vec{i}\,\vec{j}\,\vec{k}$, com a origem O pertencente a S, vamos escrever:

$$\vec{\omega} = \omega_1 \vec{i} + \omega_2 \vec{j} + \omega_3 \vec{k}, \quad P_i - O = x_i \vec{i} + y_i \vec{j} + z_i \vec{k}$$

Sendo

$$\vec{\omega} \wedge (P_i - O) = \omega_1\left(y_i\vec{k} - z_i\vec{j}\right) + \omega_2\left(z_i\vec{i} - x_i\vec{k}\right) + \omega_3\left(x_i\vec{j} - y_i\vec{i}\right)$$

substituindo $\vec{\omega}$ em $\vec{\sum}_2$, as componentes ω_1, ω_2, ω_3 serão constantes, em relação à somatória, podendo-se escrever:

$$\vec{H}_O = m(G - O) \wedge \vec{v}_O + \omega_1\vec{S}_1 + \omega_2\vec{S}_2 + \omega_3\vec{S}_3$$

onde $\vec{S}_1$, $\vec{S}_2$, $\vec{S}_3$ são somatórias estendidas a todos os pontos P_i de S:

$$\vec{S}_1 = \sum_i m_i\,(P_i - O) \wedge \left[\vec{i} \wedge \left(x_i\vec{i} + y_i\vec{j} + z_i\vec{k}\right)\right] =$$

$$\vec{S}_1 = \sum_i m_i\left[\left(y_i^2 + z_i^2\right)\vec{i} - x_iy_i\vec{j} - x_iz_i\vec{k}\right] = J_x\vec{i} - J_{xy}\vec{j} - J_{xz}\vec{k}$$

Analogamente:

$$\vec{S}_2 = J_y\vec{j} - J_{yz}\vec{k} - J_{yx}\vec{i} \quad \text{e} \quad \vec{S}_3 = J_z\vec{k} - J_{zx}\vec{i} - J_{zy}\vec{j}$$

Resulta:

$$\vec{H}_O = m(G - O) \wedge \vec{v}_o + \left(J_x\vec{i} - J_{xy}\vec{j} - J_{xz}\vec{k}\right)\omega_1 + \left(-J_{yx}\vec{i} + J_y\vec{j} - J_{yz}\vec{k}\right)\omega_2 +$$
$$+\left(-J_{zx}\vec{i} - J_{zy}\vec{j} - J_z\vec{k}\right)\omega_3$$

ou, de maneira mais condensada:

$$\vec{H}_O = m(G - O) \wedge \vec{v}_o + I_O\vec{\omega} \qquad (12.1)$$

onde I_O é a matriz de inércia de S em relação a O.

Casos particulares:

Se O = G, ***ou*** $\vec{v}_O = \vec{0}$, decorre

$$\vec{H}_O = I_O\vec{\omega} \qquad (12.2)$$

12.2.1 — Teorema do momento angular aplicado ao caso de um sólido

Neste caso o teorema pode ser expresso de maneira mais simples. Para obtê-la principiemos por derivar (12.1), membro a membro, em relação a t:

$$\dot{\vec{H}}_O = m\left(\vec{v}_G - \vec{v}_O\right) \wedge \vec{v}_O + m(G - O) \wedge \vec{a}_O + (d/dt)\left(I_O\vec{\omega}\right)$$

$$\dot{\vec{H}}_O = m\left(\vec{v}_G \wedge \vec{v}_O\right) + m(G - O) \wedge \vec{a}_O + (d/dt)\left(I_O\vec{\omega}\right)$$

Substituindo na expressão (10.7), do Teorema do Momento Angular (Cap. 10), obtém-se:

$$(d/dt)\left(I_O\vec{\omega}\right) + m(G - O) \wedge \vec{a}_O = \vec{M}_O^{ext} \qquad (12.2)$$

A equação (12.2), que expressa o Teorema do Momento Angular (T.M.A), quando S é rígido e O pertence a S, se simplifica em três casos particulares importantes:

1) $G = O$,
2) $\vec{a}_O = \vec{0}$ (por exemplo, O ponto fixo),
3) $(G - O)$ paralelo a $\vec{a}_O$.

Nestes três casos a expressão do teorema se simplifica e se escreve:

$$(d/dt)\left(I_O\vec{\omega}\right) = \vec{M}_O^{ext} \qquad (12.3)$$

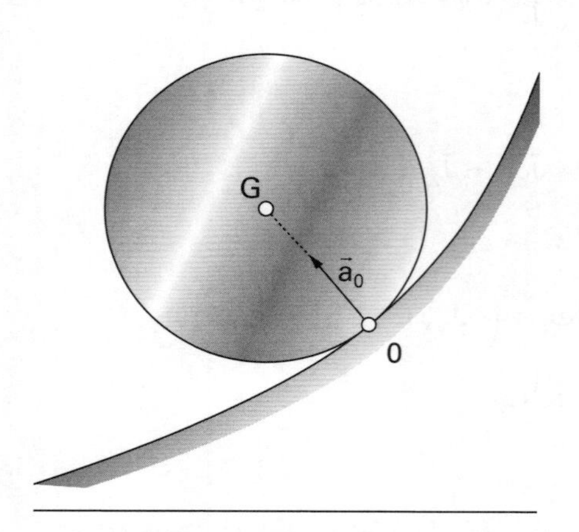

***Figura 12.2** — Caso de simplificação da expressão do T.M.A*

Observação: A terceira alternativa ocorre, por exemplo, quando um *disco homogêneo rola, sem escorregar,* sobre uma curva fixa, sendo O o ponto de contato.

Observações:

1ª) Geralmente adota-se um sistema $O\vec{i}\vec{j}\vec{k}$ ligado a S; nesse caso J_x, J_{xy}, etc. são constantes e a derivada de $(I_O\vec{\omega})$ é, simplesmente, $I_O\dot{\vec{\omega}}$.

2ª) Se o vetor de rotação de S for constantemente igual a $\vec{\omega} = \omega\vec{k}$, ($\omega_1 = \omega_2 = 0$; $\omega_3 = \omega$), e, portanto

$$I_O\vec{\omega} = -J_{zx}\vec{i} - J_{zy}\vec{j} + J_z\vec{k}$$

3ª) Se, *além disso*, $O\vec{k}$ for eixo principal de inércia em relação a O (por ex.: $O\vec{k}$ eixo de simetria material, **ou** S pertencer ao plano $O\vec{i}\vec{j}$), resulta $J_{zx} = J_{zy} = 0$, decorrendo

$$I_O\vec{\omega} = J_z\omega\vec{k}$$

Observações gerais:

Um caso importante é aquele dos sistemas planos, no qual o vetor de rotação das figuras é normal ao seu plano. Para *cada sólido* (figura plana rígida), pode-se usar o Teorema do Movimento do Baricentro (duas equações escalares) e o Teorema do Momento Angular (uma equação escalar). O Teorema da Energia (uma equação escalar) *não* fornece equação independente das anteriores; há vantagem em usá-lo quando se deseja calcular velocidades e/ou velocidades angulares, e não apenas acelerações ou forças e, principalmente, quando existe conservação da energia.

12.3 — Potência das forças aplicadas a um sólido

Seja um sólido S em movimento, $\vec{\omega}$ seu vetor de rotação e $\vec{v}_O$ a velocidade de seu ponto O, num certo instante.

Suponhamos que, nesse instante, as forças externas a S tenham resultante $\vec{F}$ e momento $\vec{M}_O$ em relação ao ponto O.

A potência do sistema dessas forças externas será, nesse instante:

$$\mathcal{P} = \sum_i \vec{F}_i \cdot \vec{v}_i = \sum_i \vec{F}_i \cdot \left[\vec{v}_O + \vec{\omega} \wedge (P_i - O)\right] = \left(\sum_i \vec{F}_i\right) \cdot \vec{v}_O +$$

$$\sum_i (P_i - O) \cdot \vec{F}_i \wedge \vec{\omega} = \vec{F} \cdot \vec{v}_O + \sum_i (P_i - O) \wedge \vec{F}_i \cdot \vec{\omega}$$

resultando

$$\mathcal{P} = \vec{F} \cdot \vec{v}_O + \vec{M}_O \cdot \vec{\omega}$$

12.4 — Movimento de um sólido em torno de um eixo fixo

Seja S um sólido que pode girar, sem atrito, em torno de um eixo fixo. (Para fixar ideias, suponhamos o sólido vinculado ao eixo por meio de uma articulação A e de um anel B.)

Considera-se um sistema de coordenadas Oxyz, *ligado a S*, onde Oz é o eixo de rotação.

Sejam dadas: As distâncias OA = a, OB = b; as coordenadas (x_G, y_G, z_G) do baricentro G de S; a resultante das forças ativas $\vec{F}^a = (F_x^a, F_y^a, F_z^a)$ que atuam em S; o momento, ***em relação a O***, $\vec{M}_O^a = (M_x^a, M_y^a, M_z^a)$ destas forças ativas. Seja também dada a massa m, de S e sua matriz de inércia I_O.

Calculemos a velocidade angular de S, $\omega = \omega(t)$ e as reações vinculares

$$\vec{R}_A = (X_A, Y_A, Z_A), \quad \vec{R}_B = (X_B, Y_B, 0)$$

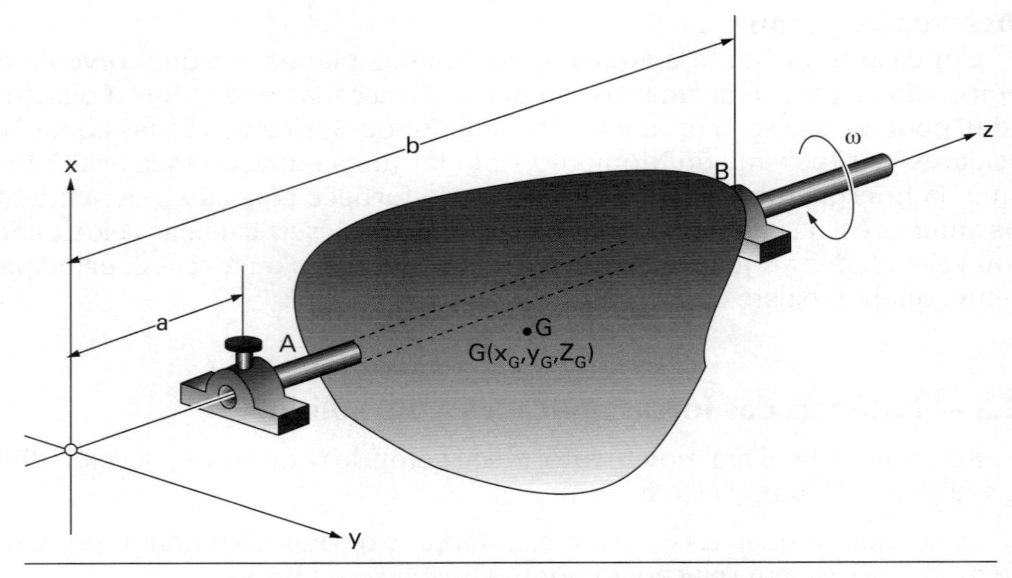

Figura 12.3 – Sólido em torno de um eixo fixo

Pelo Teorema do Movimento do Baricentro

$$m\vec{a}_G = \vec{R}_A + \vec{R}_B + \vec{F}^a$$

Ora,

$$\vec{v}_G = \vec{v}_O + \vec{\omega} \wedge (G - O) = \omega\vec{k} \wedge \left(x_G\vec{i} + y_G\vec{j} + z_G\vec{k}\right) = \omega\left(x_G\vec{j} - y_G\vec{i}\right)$$

Sendo

$$\dot{\vec{i}} = \vec{\omega} \wedge \vec{i} = \omega\vec{k} \wedge \vec{i} = \omega\vec{j}, \quad \dot{\vec{j}} = \vec{\omega} \wedge \vec{j} = \omega\vec{k} \wedge \vec{j} = -\omega\vec{i}$$

obtém-se

$$\vec{a}_G = \left(-\dot{\omega}y_G - \omega^2 x_G\right)\vec{i} + \left(\dot{\omega}x_G - \omega^2 y_G\right)\vec{j}$$

As equações fornecidas pelo Teorema do Movimento do Baricentro são:

$$-m\left(\dot{\omega}y_G + \omega^2 x_G\right) = X_A + X_B + F_x^a \tag{12.4}$$

$$m\left(\dot{\omega}x_G - \omega^2 y_G\right) = Y_A + Y_B + F_y^a \tag{12.5}$$

$$0 = Z_A + F_z^a \tag{12.6}$$

O Teorema do Momento Angular, aplicado ao ponto O, fornece

$$\dot{\vec{H}} = (d/dt)\left(I_O\vec{\omega}\right) = \vec{M}_O = \begin{vmatrix} \vec{i} & \vec{j} & \vec{k} \\ 0 & 0 & a \\ X_A & Y_A & Z_A \end{vmatrix} + \begin{vmatrix} \vec{i} & \vec{j} & \vec{k} \\ 0 & 0 & b \\ X_B & Y_B & Z_B \end{vmatrix} + \vec{M}_O^a$$

Ora,

$$\vec{H}_O = I_O\vec{\omega} = \omega\left(-J_{xz}\vec{i} - J_{yz}\vec{j} + J_z\vec{k}\right) \quad \text{e} \quad \dot{\vec{H}}_O = \dot{\omega}\left(-J_{xz}\vec{i} - J_{yz}\vec{j} + J_z\vec{k}\right) +$$

$$+\omega^2\left(-J_{xz}\vec{j} + J_{yz}\vec{i}\right) = \left(-\dot{\omega}J_{xz} + \omega^2 J_{yz}\right)\vec{i} + \left(-\dot{\omega}J_{yz} + \omega^2 J_{xz}\right)\vec{j} + \left(J_z\dot{\omega}\vec{k}\right)$$

Portanto o Teorema do Momento Angular fornece as três seguintes equações:

$$-\dot{\omega}J_{xz} + \omega^2 J_{yz} = aY_A - bY_B + M_x^a \tag{12.7}$$

$$-\dot{\omega}J_{yz} - \omega^2 J_{xz} = bX_B - aX_a + M_y^a \tag{12.8}$$

$$-\dot{\omega}J_z = M_z^a \tag{12.9}$$

Suponhamos que M_z^a seja tal que, da equação (12.9), possa-se obter $\omega = \omega(t)$ (por exemplo, se M_z^a = constante, ou $M_z^a = M_z^a(t)$, ou $M_z^a = M_z^a(\varphi)$, onde φ é o ângulo de rotação em torno do eixo); as outras 5 equações do sistema fornecerão as 5 componentes das reações vinculares em A e em B. As reações dependerão de ω^2 e de $\dot{\omega}$, podendo, eventualmente ser crescentes com ω^2 ou com $|\dot{\omega}|$.

12.5 — Balanceamento

Diz-se que o sólido S é *balanceado* quando as reações, em A e em B, independerem de ω^2 e de $\dot{\omega}$, quaisquer que forem $\vec{F}^a$ e $\vec{M}_O^a$.

As condições de balanceamento se obtêm de (12.4), (12.5), (12.7) e (12.8), anulando os coeficientes de ω^2 e de $\dot{\omega}$ nessas equações.

Obtém-se:

$$x_G = y_G = 0 \quad \text{e} \quad J_{xz} = J_{yz} = 0.$$

Conclui-se que o eixo Oz de rotação deve conter o baricentro G e deve ser eixo principal de inércia de S em relação a O (por exemplo, eixo de simetria material de S).

Vamos verificar que o balanceamento de qualquer sólido, S, pode ser conseguido, acrescentando a S duas massas, m_1 e m_2, colocadas em pontos P_1 e P_2, de S, situados em dois planos diferentes, ortogonais ao eixo de rotação.

As massas m_1 e m_2 deverão satisfazer às condições:

$$x_{G,tot} = 0 \Rightarrow mx_G + m_1x_1 + m_2x_2 = 0$$

$$y_{G,tot} = 0 \Rightarrow my_G + m_1y_1 + m_2y_2 = 0$$

$$J_{xz,tot} = 0 \Rightarrow J_{xz} + m_1x_1z_1 + m_2x_2z_2 = 0$$

$$J_{yz,tot} = 0 \Rightarrow J_{yz} + m_1y_1z_1 + m_2y_2z_2 = 0$$

Este sistema, linear, nas 4 incógnitas m_1x_1, m_2x_2, m_1y_1 e m_2y_2, será compatível e determinado se for diferente de zero o seu determinante

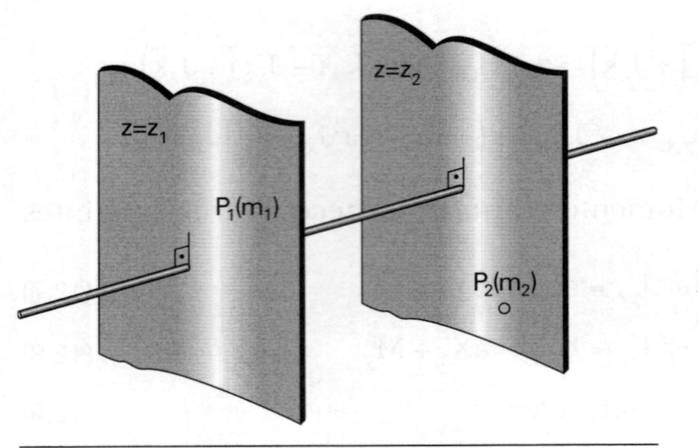

Figura 12.4 — Balanceamento

$$\begin{vmatrix} 1 & 1 & 0 & 0 \\ 0 & 0 & 1 & 1 \\ z_1 & z_2 & 0 & 0 \\ 0 & 0 & z_1 & z_2 \end{vmatrix} = -(z_1 - z_2)^2$$

Portanto, se for $z_1 \neq z_2$, o balanceamento sempre será conseguido.

■ EXEMPLO 12.1 ■

A barra homogênea OA de peso mg e comprimento 2a move-se num plano vertical girando livremente em torno da articulação O.

Achar a reação em O

$$\vec{R} = T\vec{t} + N\vec{n}$$

onde $\vec{t}$ e $\vec{n}$ são os versores tangente e normal à trajetória do baricentro G da barra.

Achar os ângulos θ que fornecem o máximo e o mínimo de $|\vec{R}|$. Qual a direção e o módulo da reação nessas posições de valor extremo?

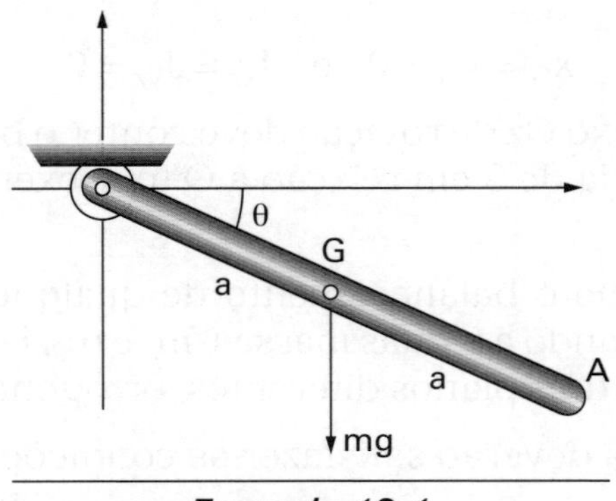

Exemplo 12.1

□ Solução:

O Teorema do Movimento do Baricentro fornece:

$$m\vec{a}_G = -mg\vec{k} + \vec{R}$$

Multiplicando escalarmente esta equação por $\vec{t}$ e por $\vec{n}$, obtém-se:

$$ma\dot{\omega} = -mg\vec{k} + \vec{t} + T \qquad (1)$$

$$ma\omega^2 = -mg\vec{k} \cdot \vec{n} + N \qquad (2)$$

Por outro lado, o Teorema da Energia fornece

$$J_O\omega^2/2 = mga\,\text{sen}\theta, \quad \text{ou} \quad \omega^2 = (3g/2a)\text{sen}\theta$$

pois $J_O = 4\,ma^2/3$.

Derivando, membro a membro, esta última equação, em relação ao tempo, vem:

$$2\omega\dot{\omega} = \frac{3g}{2a}(\cos\,\theta)\dot{\theta}$$

ou

$$\dot{\omega} = \frac{3g}{4a}\cos\,\theta$$

Substituindo, em (1) e (2), estes valores de $\dot{\omega}$ e de ω^2, obtém-se:

$$T = (-\,mg/4)\cos\,\theta \quad \text{e} \quad N = (5mg/2)\text{sen}\,\theta$$

Devemos achar o máximo e o mínimo de $R^2 = T^2 + N^2$, no intervalo fechado $[0, \pi]$, de variação de θ.

Sendo $R^2 = (m^2g^2/16)(\cos^2\theta + 100\,\text{sen}^2\theta)$, decorre imediatamente:

Ponto de máximo: $\theta = \pi/2 \Rightarrow R_{máx} = 2{,}5mg$ (reação vertical);

Pontos de mínimo: $\theta = 0$ e $\theta = \pi \Rightarrow R_{mín} = 0{,}25\,mg$ (reação também vertical).

■ EXEMPLO 12.2 — *Movimento do "iô-iô"* ■

O sólido S tem peso mg e simetria de revolução em relação a seu baricentro. É dado seu momento de inércia, J, em relação ao eixo de simetria.

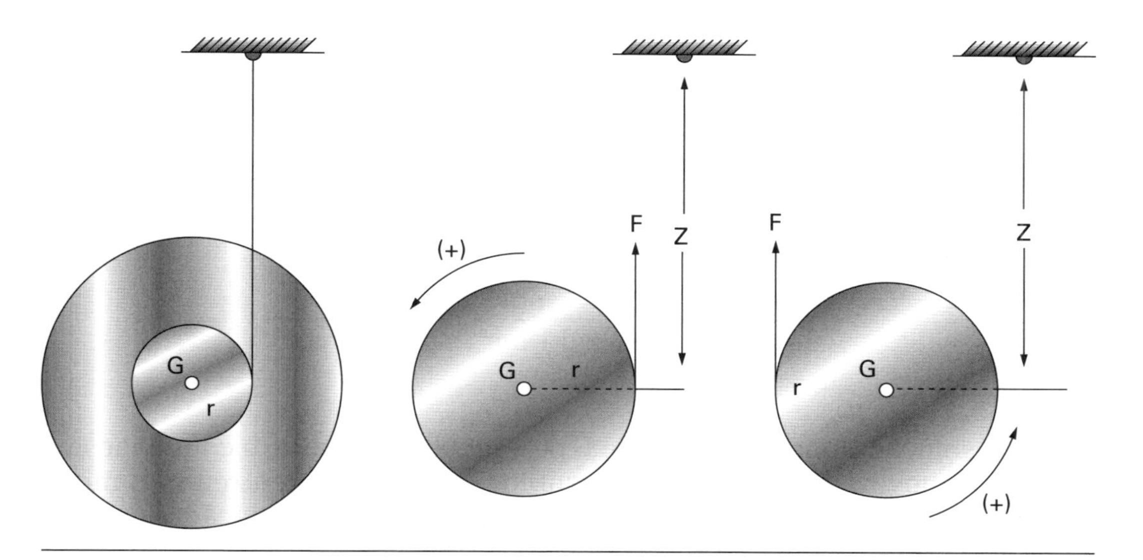

Exemplo 12.2

S tem um fio, de peso desprezível, enrolado em sua parte cilíndrica, de raio r, conforme a figura.

Calcular a aceleração do baricentro G, a aceleração angular de S e a força de tração no fio (nos movimentos de descida e de subida).

☐ Solução:

1) Movimento de descida:

Teorema do movimento do baricentro:

$$m\ddot{z} = mg - F \tag{1}$$

Teorema do momento angular (em relação a G):

$$J\dot{\omega} = Fr \tag{2}$$

Relação cinemática:

$$\dot{z} = r\varphi \Rightarrow \ddot{z} = r\dot{\omega} \tag{3}$$

Resolvendo o sistema anterior de equações, obtém-se:

$$\ddot{z} = \frac{mr^2}{J + mr^2}g, \quad \dot{\omega} = \frac{mgr}{J + mr^2}, \quad F = \frac{mg}{1 + \frac{mr^2}{J}}$$

2) Movimento de subida:

Teorema do movimento do baricentro:

$$m\ddot{z} = mg - F \tag{1'}$$

Teorema do momento angular:

$$J\dot{\omega} = -Fr \tag{2'}$$

Relação cinemática:

$$\dot{z} = -r\omega \Rightarrow \ddot{z} = -r\dot{\omega} \tag{3'}$$

(isso porque ω não muda de sinal e $\dot{z}$ sim)

Resolvendo, obtém-se:

$$\ddot{z} = \frac{mr^2}{J + mr^2}g, \quad \dot{\omega} = -\frac{mgr}{J + mr^2}, \quad F = \frac{mg}{1 + \frac{mr^2}{J}}$$

(*Obs.*: A solução obtida mostra que F permanece constante e com o mesmo valor, nos movimentos de descida e subida; na *transição* entre esses movimentos, F não mantém esse valor; verifica-se que, nessa transição, F assume valores maiores do que mg.)

■ EXEMPLO 12.3 ■

A barra homogênea AO, de peso mg e comprimento 2a pode girar, livremente, em torno do eixo Ox, podendo mover-se no plano vertical que a contém. Os eixos horizontais, Ox e Oy, giram em torno do eixo vertical, Oz, com velocidade angular ω = cte. Quando o ângulo da barra com o eixo Oy for igual a θ ela estará numa posição de equilíbrio, relativamente ao referencial móvel Oxyz.

Determinar o ângulo θ.

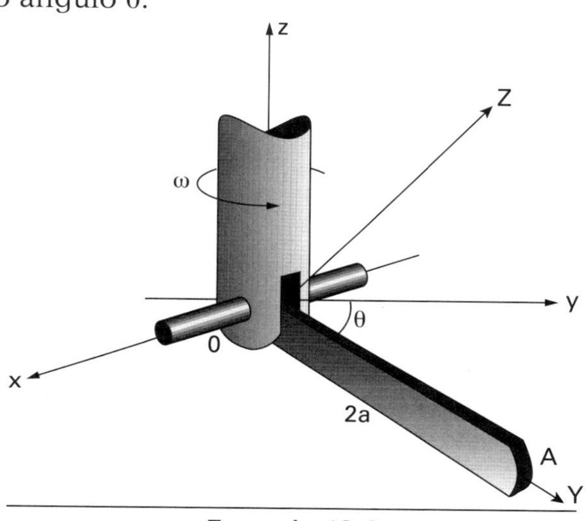

Exemplo 12.3

□ Solução:

Consideremos o referencial ortogonal OxYZ, ligado à barra, os eixos OY e OZ no plano vertical que contém a barra; OY na direção da barra e OZ normal a ela, conforme a figura.

A matriz de inércia da barra em relação a esse referencial será

$$I_O = \begin{pmatrix} J_X & 0 & 0 \\ 0 & 0 & 0 \\ 0 & 0 & J_Z \end{pmatrix}$$

Por outro lado, o vetor de rotação da barra em relação ao referencial fixo Ox_1y_1z, que tem Oz como o terceiro eixo coordenado, é

$$\vec{\omega} = \omega\vec{k} = \omega\left(-\text{sen}\theta\vec{J} + \cos\theta\vec{K}\right)$$

Resulta

$$I_O\vec{\omega} = I_O \begin{pmatrix} 0 \\ -\omega\ \text{sen}\ \theta \\ \omega \cos\theta \end{pmatrix} = \begin{pmatrix} 0 \\ 0 \\ J_Z\ \omega \cos\theta \end{pmatrix} = J_Z\omega\cos\theta\vec{K}$$

Como o vetor de rotação do eixo $\vec{Oj}$ (isto é, da barra), em relação ao referencial fixo é $\vec{\omega}$, decorre:

$$\frac{d}{dt}\left(I_O\vec{\omega}\right) = J_Z\omega\cos\theta\dot{\vec{K}} = J_Z\omega\cos\theta\left(\vec{\omega}\wedge\vec{K}\right) = -J_Z\omega^2\cos\theta\,\mathrm{sen}\,\theta\vec{i}$$

Sendo

$$\vec{M}_O = (G - O)\wedge\left(-mg\vec{k}\right) = -mga\cos\theta\vec{i}$$

resulta, por aplicação do teorema do momento angular:

$$\mathrm{sen}\,\theta = \frac{mga}{J_Z\omega^2} = \frac{3g}{4a\omega^2}$$

Obs.: Devendo ser

$$0 < \mathrm{sen}\,\theta \le 1, \quad \text{decorre} \quad 0 < \frac{3g}{4a\omega^2} \le 1, \quad \text{ou} \quad \omega^2 \ge \frac{3g}{4a}$$

(Para $\omega^2 < 3g/4a$, não existirá a posição de equilíbrio relativo mencionada.)

$$\text{Se } \omega^2 \to \frac{3g}{4a}, \quad \theta \to 90°; \quad \text{se } \omega^2 \to +\infty, \quad \theta \to 0$$

■ EXEMPLO 12.4 – *Aceleração de um veículo* ■

O veículo indicado tem massa total M e baricentro em G. Cada uma de suas rodas tem massa m, raio r e momento de inércia J em relação ao respectivo baricentro. Supondo que o motor transmita um torque T ao conjunto das rodas dianteiras, pede-se, sem levar em conta a resistência do ar:

Exemplo 12.4

1) A aceleração do veículo, supondo que não haja escorregamento entre as rodas dianteiras e o piso.
2) Na hipótese anterior, a força de atrito do piso sobre cada roda traseira.
3) Se o coeficiente de atrito com o piso for μ, qual o máximo valor de T para que o veículo possa realmente acelerar sem haver escorregamento nas rodas traseiras?

□ **Solução:**

Teorema do momento angular, para uma roda dianteira

$$J\dot{\omega} = \frac{T}{2} - F_D r \tag{1}$$

Idem para uma roda traseira

$$J\dot{\omega} = F_T r \tag{2}$$

Relação cinemática:

$$a = r\dot{\omega} \tag{3}$$

Teorema do movimento do baricentro para o veículo todo:

$$Ma = 2(F_D - F_T) \tag{4}$$

Somando, membro a membro, (1) e (2), vem:

$$2J\dot{\omega} = \frac{T}{2} + r(F_T - F_D)$$

Utilizando (3) e (4), obtém-se:

$$a = \frac{Tr}{4J + Mr^2}$$

De (2) decorre:

$$F_T = \frac{J}{4J + Mr^2} \cdot \frac{T}{r}$$

e, devendo ser

$$F_T \leq \mu \frac{Mg}{4}$$

obtém-se:

$$T_{máx} = \mu Mgr \frac{4J + Mr^2}{4J}$$

■ EXEMPLO 12.5 – *Frenagem de um veículo* ■

O veículo, a que se refere o exemplo anterior, move-se com movimento retilíneo uniforme, o torque motor sempre equilibrando a resistência do ar. Em cada uma das rodas é aplicado um torque de frenagem igual a T. Pede-se, supondo que não haja escorregamento no piso:

1) A força de atrito, F, em cada uma das rodas.

2) O valor máximo do torque T para que não ocorra, efetivamente, escorregamento, dado o coeficiente μ, de atrito, com o piso.

Exemplo 12.5

□ Solução:

O teorema do momento angular, aplicado a cada roda, e o teorema do movimento do baricentro, aplicado a todo o veículo, fornecem as equações:

$$J\dot{\omega} = T - Fr \quad \text{e} \quad Ma = 4F$$

decorre:

$$F = \frac{TMr}{4J + Mr^2}$$

e, devendo ser

$$F \leq \mu \frac{Mg}{4}$$

obtém-se:

$$T_{máx} = \mu g(4J + Mr^2)/4r$$

■ EXEMPLO 12.6 ■

A janela de ventilação, representada pelo corte OB, na figura, pode girar em torno de seu lado superior, representado em O.

A janela tem peso mg e simetria material em torno de seu baricentro G. A mola, que controla a abertura da janela, está presa a um cabo que passa por uma pequena polia em A. A mola tem constante elástica K e está sem deformação quando $\varphi = 0$. Se a janela for abandonada a partir do repouso, da posição horizontal, determinar:

1) O ângulo φ_1 para o qual a velocidade angular da janela é máxima.
2) O ângulo φ_2 para o qual essa velocidade angular se anula.

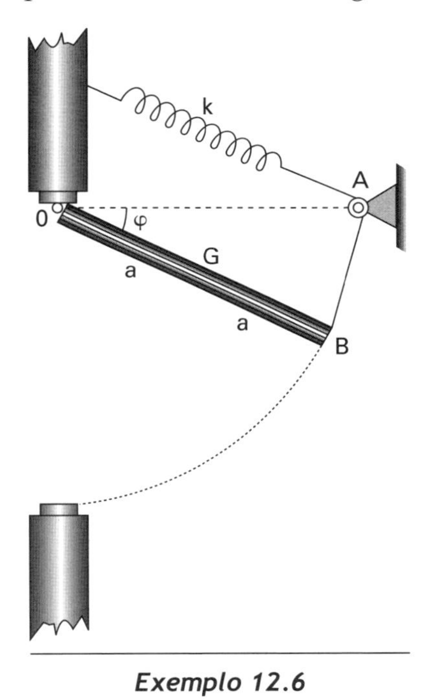

Exemplo 12.6

□ Solução:

O teorema da energia fornece

$$\Delta E = V_0 - V$$

Ora,

$$E = \frac{J_O}{2}\omega^2; \quad V = mgy_G + (K/2)(\text{def.})^2$$

Da figura obtém-se: $y_G = -\,a \text{ sen } \varphi$.

Por outro lado, a deformação da mola é igual à distância AB, isto é:

$$\text{def.} = 4a \text{ sen } (\varphi/2)$$

Resulta

$$\frac{J\omega^2}{2} = mga \text{ sen } \varphi - \frac{K}{2} \cdot 16a^2 \text{sen}^2 \frac{\varphi}{2}$$

$$\omega^2 = \frac{2a}{J}\left(mg \text{ sen } \varphi - 8Ka \text{ sen}^2 \frac{\varphi}{2}\right)$$

Chamemos Y a função:

$$Y = mg \text{ sen } \varphi - 8Ka \text{ sen}^2 \frac{\varphi}{2}$$

Derivando em relação a φ:

$$Y' = mg\cos \varphi - 8Ka \text{ sen } (\varphi/2) \cos (\varphi/2) = mg\cos \varphi - 4Ka \text{ sen } \varphi$$

Igualando esta derivada a zero, para pesquisar φ_1:

$$4Ka \text{ sen}\varphi = mg \cos \varphi$$

Esta equação mostra que deverá ser $\cos \varphi \neq 0$; dividindo por $\cos \varphi$:

$$\text{tg } \varphi = mg/4Ka.$$

Derivando Y´:

$$Y'' = -\, mg\text{sen } \varphi - 4Ka \cos \varphi = -\,[mg(\text{tg } \varphi) + 4Ka]\cos \varphi$$

No ponto φ_1, a ser determinado, esta derivada vale:

$$-\,[(m^2g^2/4Ka) + 4Ka]\cos \varphi_1 < 0,$$

se φ_1 pertencer ao 1° quadrante.

Então

$$\varphi_1 = \text{arctg}(mg/4Ka)$$

é ponto de máximo relativo para Y e para ω^2.

2) A velocidade angular se anulará juntamente com Y no ponto φ_2 tal que:

$$mg\text{sen } \varphi_2 = 8Ka \text{ sen}^2(\varphi_2/2)$$

ou

$$mg2 \text{ sen } (\varphi_2/2)\cos (\varphi_2/2) = 8Ka \text{ sen}^2 (\varphi_2/2).$$

Descartando a solução $\text{sen}(\varphi_2/2) = 0$, que corresponde à situação de repouso inicial, obtém-se:

$$\text{tg}(\varphi_2/2) = mg/4Ka.$$

Então $\varphi_2/2 = \varphi_1$, e $\varphi_2 = 2\varphi_1$.

12.6 — Giroscópio e aplicações

12.6.1 — Introdução

Consideremos, em primeiro lugar, um sólido S, de peso mg, possuindo um eixo de simetria material, $O\vec{k}$, e podendo girar em torno do ponto fixo O.

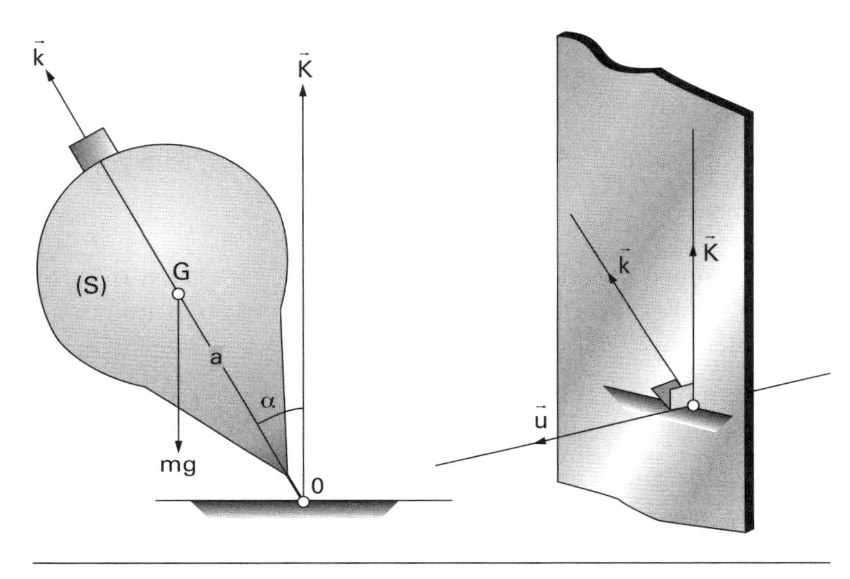

Figura 12.5 — *Sólido móvel com um ponto fixo*

Se S for abandonado, a partir do repouso, ele girará em torno do eixo $O\vec{u}$ (sendo $\vec{u}$ normal ao plano $O\vec{k}\vec{K}$, $\vec{K}$ vertical). Este movimento obedecerá, naturalmente, ao Teorema do Momento Angular, aplicado em relação ao ponto fixo O:

$$\dot{\vec{H}}_O = \vec{M}_O = mga \cdot \text{sen}\,\alpha\vec{u}$$

sendo a = OG.

Contudo, se S tiver uma rotação inicial, em torno de $O\vec{k}$, o momento $\vec{M}_O$ (e portanto o vetor $\dot{\vec{H}}_O$) será o mesmo, mas o movimento realizado por S será completamente diferente, como o mostra a experiência, quando se observa o movimento de um pião.

Para uma explicação *elementar* de fenômenos desse tipo, consideremos o caso de um pião rígido, com vetor de rotação cuja componente, em torno de $O\vec{k}$, seja grande. Chamemos esta componente de *vetor de rotação relativo*: $\vec{\Omega}_{rel} = \Omega\vec{k}$, ($\Omega$ = cte.).

Admitamos, entretanto, que também seja, aproximadamente, $\vec{\Omega}_{abs} \cong \Omega\vec{k}$. Sendo J o momento de inércia de S, em torno de O, será, então

$$\vec{H}_O = I_O\vec{\Omega}_{abs} \cong J\Omega\vec{k} \Rightarrow \dot{\vec{H}}_O = J\Omega\dot{\vec{k}}$$

A observação mostra que o ponto $G = O + a\vec{k}$ poderá ter movimento aproximadamente circular, num plano horizontal, com velocidade angular aproximadamente constante, a qual vamos chamar ω. (Nesse caso o vetor de rotação resultante, do pião, será $\vec{\Omega}_{abs} = \Omega\vec{k} + \omega\vec{K}$.)

Sendo $\omega\vec{K}$ o vetor de rotação do movimento da reta $O\vec{k}$, ligada ao sólido S, vem:

$$\dot{\vec{k}} = \omega\vec{K} \wedge \vec{k} = \omega \text{ sen } \alpha\vec{u}$$

decorrendo

$$\dot{\vec{H}}_O \cong J\Omega\omega \text{ sen } \alpha\vec{u}$$

O valor que deverá ter a velocidade angular ω (de arrastamento do sólido S) decorrerá da expressão do Teorema do Momento Angular:

$$J\,\Omega\,\omega \text{ sen } \alpha = mg \text{ sen } \alpha,$$

isto é $\omega = mg/J\Omega$.

O movimento do pião, atrás descrito, chama-se *precessão regular*.

A análise rigorosa do movimento anterior mostraria que, se Ω fosse suficientemente grande, além do valor ω, obtido, também seria possível uma outra precessão regular, com velocidade angular de arrastamento

$$\omega_1 \cong J\,\Omega/I \cos\alpha,$$

onde I é o momento de inércia do pião em relação à reta $O\vec{u}$.

12.6.2 — Giroscópio

A palavra "giroscópio" foi introduzida por Foucault para designar aparelhos que demonstravam a rotação de corpos, aos quais o giroscópio era vinculado (por exemplo, a rotação da Terra, em relação a um referencial inercial).

Chamaremos *giroscópio* a todo sólido que possui um eixo de simetria material e que se move em torno de um ponto fixo, O, desse eixo. (Na construção de giroscópios costuma-se usar um sistema de anéis concêntricos, que permitem a rotação do sólido em torno de qualquer eixo passando por um ponto O: "suspensão Cardan".)

Os giroscópios usados para aplicações práticas têm vetor de rotação com componente ω_3 muito grande, na direção do seu eixo de simetria. Numa análise aproximada pode-se admitir, então, $\vec{H}_O \cong J\omega_3\vec{k}$, onde $J = J_{Ok}$.

Figura 12.6 — Giroscópio

Propriedade de um giroscópio livre:

Admitamos que um giroscópio possa girar, ***livremente***, em torno do seu baricentro G, de maneira que

$$\vec{M}_G = \vec{0} = \dot{\vec{H}}_G \Rightarrow \vec{H}_G = \text{cte}.$$

O momento angular permanecendo constante, o mesmo acontece com a direção $G\vec{k}$ do seu eixo de simetria ($\vec{H}_G$ é, aproximadamente, paralelo a $\vec{k}$).

Esta propriedade, de o eixo do giroscópio livre apresentar direção fixa, em relação a um referencial inercial, é usada em várias aplicações do giroscópio.

Ação de uma força aplicada ao eixo de um giroscópio:

Suponhamos que a força F, de momento $\vec{M}_G = Fh\vec{i}$, seja aplicada ao eixo $G\vec{k}$ de um giroscópio cuja velocidade angular seja, inicialmente, $\omega_3\vec{k}$ (ω_3 = constante).

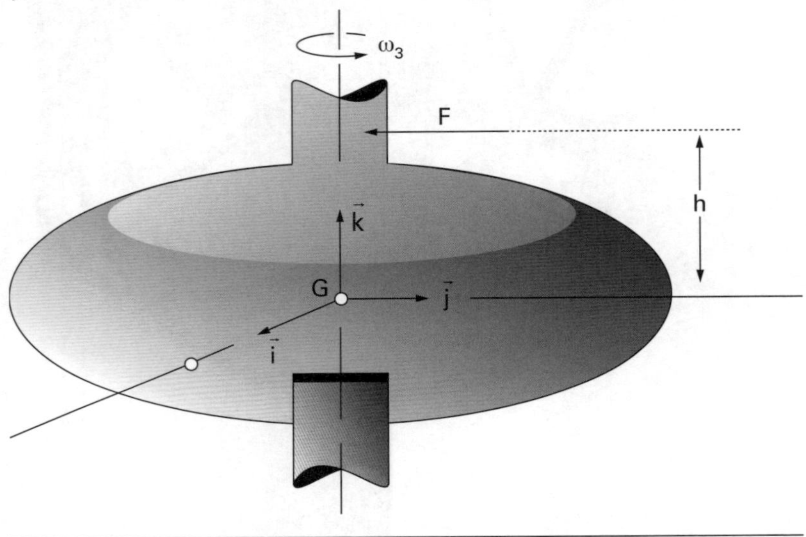

Figura 12.7 *– Força aplicada a um giroscópio*

O momento angular, $\vec{H}_G$, irá variar de maneira que $\dot{\vec{H}}_G = \vec{M}_G$.

Sendo $\vec{H}_G \cong J\omega_3\vec{k}$, admitamos que $\dot{\vec{H}}_G \cong J\omega_3\dot{\vec{k}}$.

Então a derivada do vetor $\vec{k}$ terá a direção de $\vec{i}$, que é a direção de $\vec{M}_O$. Portanto a aplicação de F faz o eixo $G\vec{k}$ girar no plano $G\vec{k}\,\vec{i}$ (e não no plano $G\vec{j}\,\vec{k}$!).

Aparece, então, outra componente, ω_2, da velocidade angular do giroscópio, tal que

$$\dot{\vec{k}} = \omega_2\vec{i}$$

Da equação $\dot{\vec{H}}_G = \vec{M}_G$, obtém-se $J\omega_3\omega_2 = Fh$. Dessa última equação obtém-se o valor de ω_2.

A equação mostra que ω_2 se anula (e o eixo do giroscópio para) no instante em que F se anular. Se a aplicação de F for de curta duração (por meio de um pequeno choque), o eixo do giroscópio praticamente não muda de orientação.

Esta é a causa da *estabilidade* do eixo de um giroscópio.

Estabilização de uma embarcação por meio de giroscópio:

Suponhamos que o giroscópio indicado, de eixo de simetria $G\vec{k}$, possua velocidade angular relativa (ao seu eixo) igual a $\omega_3\vec{k}$, (ω_3 = cte.).

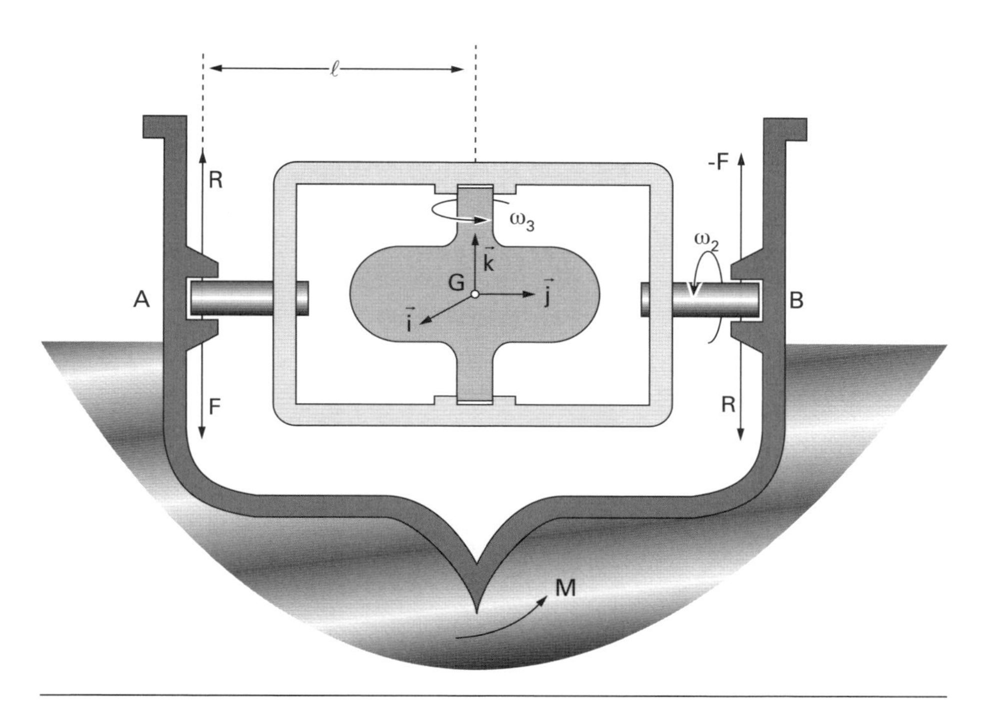

***Figura 12.8** — Estabilização de embarcação*

Este eixo poderá girar (quando necessário), em torno de $G\vec{j}$, devido ao sistema de suspensão esquematizado na figura.

O eixo AB da "caixa" que sustenta o giroscópio está ligado ao casco da embarcação por meio dos mancais A e B, conforme a figura.

Suponhamos, aplicado ao casco (representado em corte), um binário externo, de momento $M\vec{i}$.

Um mecanismo de controle, registrando a rotação incipiente produzida, em torno de $G\vec{i}$, faz o eixo do giroscópio girar com velocidade angular (de arrastamento) $\omega_2\vec{j}$, causando uma variação no momento angular $\vec{H}_G \cong J\omega_3\vec{k}$, tal que

$$\dot{\vec{H}}_G \cong J\omega_3\dot{\vec{k}} = J\omega_3\omega_2\vec{i}$$

Em consequência, aparecem, nos mancais A e B, forças ($\vec{F}$, $-\vec{F}$), cujo momento é

$$\vec{M}_G = F\ell\vec{i}, \quad (F\ell = J\omega_3\omega_2)$$

Pelo Princípio de Ação e Reação, o eixo AB, da caixa, reage sobre o casco, através dos mancais, com um binário de forças $(\vec{R}, -\vec{R})$ tal que $\vec{R} = -\vec{F}$. Este último binário se opõe à perturbação causada pelo binário de momento $M\vec{i}$. Para valores razoavelmente grandes de $J\omega_3$, pequenas velocidades angulares, ω_2, podem assim contrabalançar o momento externo M.

Capítulo 13

IMPULSO E CHOQUE

13.1 — Introdução

Pode acontecer que as velocidades dos pontos de um corpo material mudem, bruscamente, sem que a posição do corpo mude sensivelmente. (Por exemplo, quando uma bola elástica é atirada contra uma parede, durante o tempo do contato a posição da bola permanece praticamente a mesma, mas as velocidades de seus pontos mudam, bruscamente.)

Quando acontece esse tipo de fenômeno, diz-se que os corpos sofrem *choques* ou *percussões*.

Seja P um ponto material de massa m, que se move sob a ação de uma força $\vec{F}$, durante um intervalo de tempo $[t_1, t_2]$.

Sabemos que $m\dfrac{d\vec{v}}{dt} = m\vec{a} - \vec{F}$,

ou,

$$m\left(\vec{v}_2 - \vec{v}_1\right) = \int_{t_1}^{t_2} \vec{F}\, dt \qquad (13.1)$$

Chamemos $\vec{I}$ a integral definida

$$\vec{I} = \int_{t_1}^{t_2} \vec{F}\, dt, \qquad (13.2)$$

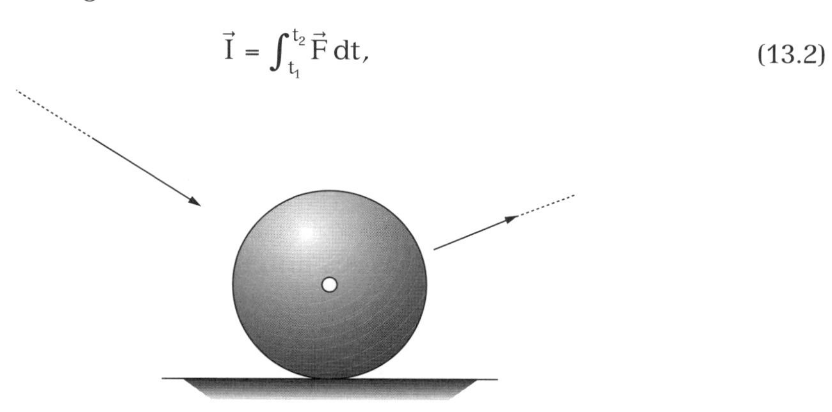

Figura 13.1

Esse vetor é chamado impulso da força $\vec{F}$ no intervalo de tempo $[t_1, t_2]$.

Os impulsos $\vec{I}$, conforme a natureza das forças $\vec{F}$, correspondentes, recebem os nomes de *impulsos externos*, ou *internos, impulsos ativos* ou *reativos*.

Deduz-se de (13.2) que a resultante $\left(\sum \vec{I}_i^{int}\right)$ dos impulsos internos a um sistema material é sempre nula (pelo Princípio de Ação e Reação).

Resulta de (13.1) que

$$m\left(\vec{v}_2 - \vec{v}_1\right) = m\Delta\vec{v} = \vec{I} \tag{13.3}$$

Esta é a equação fundamental da Teoria do Choque.

Na formulação dessa teoria costuma-se fazer $t_2 \cong t_1 \cong t$, considerando $\vec{v}_1$ e $\vec{v}_2$ como duas "determinações" da velocidade do ponto P, no instante do choque (admite-se que, nesse instante, o ponto P não muda de posição).

$\vec{v}_1$ é chamada *velocidade anterior* e $\vec{v}_2$, *velocidade posterior*.

O problema que se apresenta é calcular $\vec{v}_2$ conhecendo $\vec{v}_1$.

Tem-se $\vec{v}_2 = \vec{v}_1 + \dfrac{\vec{I}}{m}$; no entanto, o impulso $\vec{I}$ geralmente não pode ser calculado por (13.2).

Sendo $\vec{t}_2$ praticamente igual a $\vec{t}_1$, admite-se que, no instante do choque, ocorrem forças muito grandes, de maneira que a integral $\vec{I} = \int_{t_1}^{t_2} \vec{F}\,dt$ resulte não nula.

Admite-se que, no valor de $\vec{I}$, influem, unicamente, as forças que só aparecem durante o choque (por exemplo, a força-peso dá, em geral, contribuição desprezível na integral que representa o impulso $\vec{I}$).

Como veremos adiante, $\vec{I}$ geralmente é calculado a partir de dados empíricos.

13.2 — Teorema da Resultante dos Impulsos

Aplicando (13.3) para o ponto material P_i, de um sistema S, chamando $\vec{v}_i$ e $\vec{v}_i'$, respectivamente as velocidades anterior e posterior de P_i, vem

$$m_i\left(\vec{v}_i' - \vec{v}_i\right) = \vec{I}_i \tag{13.4}$$

Somando membro a membro as equações do sistema acima (i = 1, 2, ..., n), e, observando que a resultante dos impulsos *internos* a S é nula, obtém-se

$$\sum_i m_i \left(\vec{v}_i - \vec{v}_i \right) = \vec{I}$$

chamando $\vec{I}$ a resultante dos impulsos *externos* a S; ou:

$$m\left(\vec{v}_G - \vec{v}_G \right) = \vec{I}$$

ou ainda

$$m\Delta\vec{v}_G = \vec{I} \tag{13.5}$$

onde $m = \sum_i m_i$ (massa total de S); $\vec{v}_G$ e $\vec{v}'_G$ são as velocidades anterior e posterior, respectivamente, do baricentro G de S. (13.5) exprime o *Teorema da Resultante dos Impulsos*.

13.3 — Teorema do Momento dos Impulsos

Considerando o impulso $\vec{I}$ como vetor aplicado ao ponto P, define-se o momento, $\vec{M}_O$, do impulso $\vec{I}$, aplicado a P, em relação ao ponto O, como

$$\vec{M}_O = (P - O) \wedge \vec{I}$$

Para um sistema de impulsos $(\vec{I}_i, P_i)$, define-se:

$$\vec{M}_O = \sum_i (P_i - O) \wedge \vec{I}_i$$

Verifiquemos, em primeiro lugar, que é nulo o momento, $\vec{M}_O^{int}$, do sistema de impulsos internos a um sistema material qualquer. De fato:

$$\vec{M}_O^{int} = \sum (P_i - O) \wedge \vec{I}_i^{int} = \sum_i (P_i - O) \wedge \int_{t_1}^{t_2} \vec{F}_i^{int}\, dt$$

Como admitimos que os pontos P_i e O não mudam de posição no intervalo de tempo $[t_1, t_2]$:

$$\vec{M}_O^{int} = \int_{t_1}^{t_2} \sum_i (P_i - O) \wedge \vec{F}_i^{int} dt = \int_{t_1}^{t_2} \vec{0}\, dt = \vec{0}$$

pois o momento $\sum_i (P_i - O) \wedge \vec{F}_i^{int}$, das forças internas a S, que atuam nos pontos P_i de S, é nulo, uma vez que tal sistema de forças é equivalente a zero.

Para demonstrar, agora, o Teorema do Momento dos impulsos, multipliquemos, membro a membro, a equação (13.4), vetorialmente, à esquerda, por $(P_i - O)$:

$$(P_i - O) \wedge m_i\vec{v}_i - (P_i - O) \wedge m_i\vec{v}_i = (P_i - O) \wedge \vec{I}$$

Somando, membro a membro, as equações do sistema acima:

$$\vec{H}_O - \vec{H}_O = \vec{M}_O, \quad \text{ou} \quad \Delta\vec{H}_O = \vec{M}_O \tag{13.6}$$

onde $\vec{H}_O$ e $\vec{H}'_O$ são os momentos angulares de S, anterior e posterior, relativamente a O; $\vec{M}_O$ é o momento dos impulsos *externos* a S, relativamente a O, pois a parcela referente aos impulsos internos é nula, como vimos. (13.6) exprime o Teorema do Momento dos Impulsos.

13.4 — Teorema do Momento dos Impulsos para o caso de um sólido

Vimos no Cap. 12, "Dinâmica dos Sólidos", que, sendo O um ponto pertencente ao sólido S:

$$\vec{H}_O = m(G - O) \wedge \vec{v}_O + I_O\vec{\omega}$$

Os pontos de S não mudando de posição durante o choque:

$$\Delta\vec{H}_O = m(G - O) \wedge \Delta\vec{v}_O + I_O\Delta\vec{\omega}$$

O Teorema do Momento Angular se escreve, então, nesse caso:

$$m(G - O) \wedge \Delta\vec{v}_O + I_O\Delta\vec{\omega} = \vec{M}_O$$

Essa expressão se simplifica, por exemplo, se:

a) O não sofrer variação de velocidade no choque, $(\Delta\vec{v}_O = \vec{0})$.

b) O = G, $[(G - O) = \vec{0}]$.

Nesses dois casos teremos $\Delta\vec{H}_O = \vec{I}_o\Delta\vec{\omega}$, decorrendo, para o Teorema do Momento Angular, a expressão

$$I_O\Delta\vec{\omega} = \vec{M}_O \tag{13.7}$$

■ EXEMPLO 13.1 ■

As duas barras homogêneas, AB e BC, de comprimento 2a e massa m, são articuladas sem atrito em B e estão em repouso, alinhadas, colocadas sobre um plano horizontal liso. Um impulso horizontal, I, é aplicado em C, normalmente a AC. Pedem-se:

a) O impulso Y, em B, resultante do choque.

b) As velocidades posteriores, de G1, e G2.

c) As velocidades angulares, posteriores, das duas barras: ω'_1 e ω'_2.

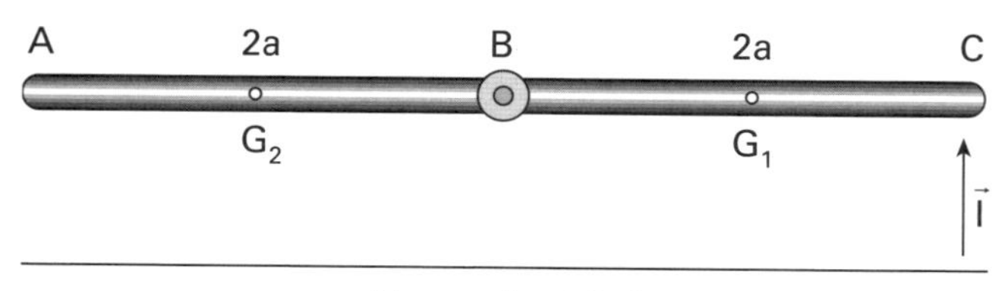

Exemplo 13.1

☐ Solução:

Aplicando a cada uma das barras o teorema da resultante dos impulsos e escrevendo a velocidade do ponto B, como pertencente a cada uma das barras, verifica-se imediatamente que o impulso em B se reduz à componente Y, indicada, e que as velocidades posteriores, dos pontos G_1, G_2 e B, são normais às barras; vamos denotá-las por v'_1 v'_2 e v', respectivamente.

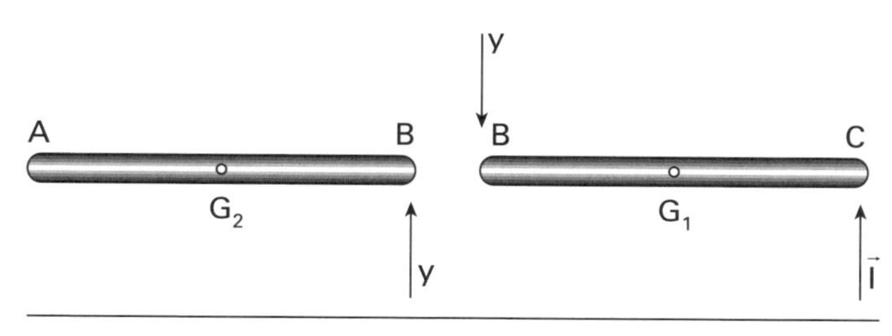

Exemplo 13.1 — *Barras AB e BC*

Considerando a barra BC e aplicando a ela, sucessivamente, o teorema da resultante dos impulsos e o teorema do momento dos impulsos, relativamente a G_1:

$$mv'_1 = I - Y \tag{1}$$

(adotando como sentido positivo, para a velocidade e para os impulsos, aquele que, na figura, corresponde à vertical ascendente)

$$J\omega'_1 = (I + Y)a \tag{2}$$

onde J é o momento de inércia da barra em relação ao seu baricentro; adota-se como sentido positivo, para a velocidade angular e para o momento dos impulsos, o anti-horário.

Os mesmos teoremas, aplicados à barra AB, fornecem:

$$mv'_2 = Y \tag{3}$$

$$J\omega'_2 = Ya \tag{4}$$

Finalmente, igualando as velocidades posteriores de B, considerando este ponto como pertencente às duas barras:

$$v_1' - a\omega_1' = v_2' + a\,\omega_2' \qquad (5)$$

A resolução deste sistema fornece as respostas:

$$Y = -I/4, \quad v_1' = 5I/4m, \quad v_2' = -I/4m, \quad \omega_1' = 9I/4ma, \quad \omega_2' = -3I/4ma.$$

■ EXEMPLO 13.2 ■

Um cilindro homogêneo, de raio r, está inicialmente em repouso sobre um plano horizontal.

O cilindro recebe um impulso, formando um ângulo α com a direção da normal, no ponto de contato e situado no seu plano vertical de simetria conforme a figura.

Admitindo que o choque seja sem atrito (impulso reativo vertical), pede-se:

a) A relação entre os ângulos α e β para que o cilindro passe a rolar sem escorregar.

b) Se for $\alpha = 30°$, qual será a altura h, sempre na hipótese da ausência de escorregamento posterior ao choque?

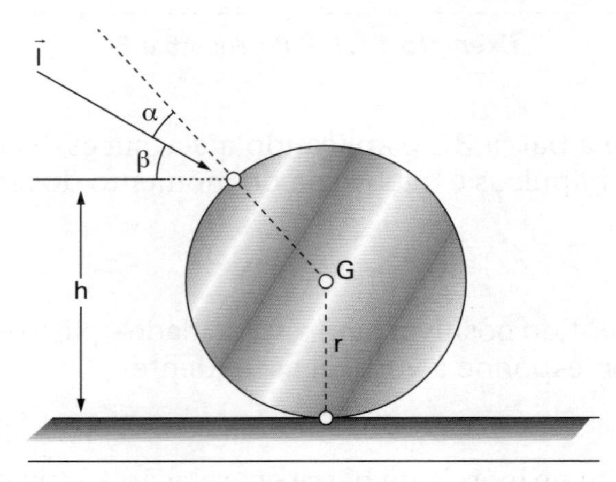

Exemplo 13.2

□ Solução:

a) A equação do teorema da resultante dos impulsos, multiplicada escalarmente pelo versor horizontal, fornece

$$mr\Delta\omega = I\cos\beta,$$

pois a velocidade posterior do baricentro, no movimento de escorregamento resultante, é $r\omega' = r\Delta\omega$; I denota o valor do impulso.

Aplicando o teorema do momento dos impulsos, em relação ao eixo do cilindro

$$J\Delta\omega = rI\text{sen }\alpha,$$

onde J é o momento de inércia do cilindro em relação a seu eixo. Dividindo, membro a membro, as relações anteriores:

$$\frac{J}{mr} = \frac{r \text{ sen } \alpha}{\cos \beta}$$

e sendo $J = (mr^2/2)$,

$$\cos \beta = 2\text{sen } \alpha.$$

Para $\alpha = 30°$ a equação anterior fornece $\beta = 0$, e, sendo $h = r + r\text{sen}(\alpha + \beta)$: $h = 3r/2$.

■ EXEMPLO 13.3 ■

Um disco homogêneo, de peso mg e raio r, rola sobre o plano horizontal com velocidade angular ω_1 quando encontra a depressão caracterizada, na figura, pelo ângulo α. Calcular a velocidade angular, ω_2, com a qual o disco continua rolando depois da depressão.

Admitir que o *disco não escorrega* nas quinas e *nem perde o contato* em nenhum instante.

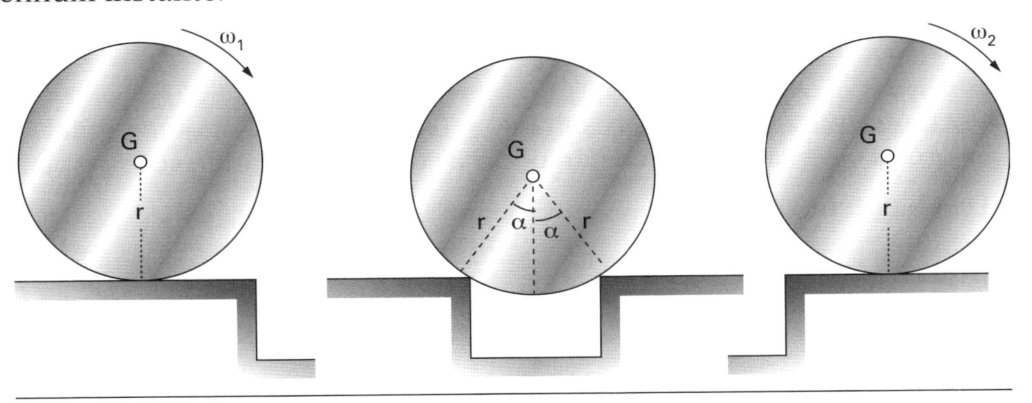

Exemplo 13.3

□ Solução:

Designemos as velocidades angulares do disco, anterior e posterior ao choque, respectivamente por ω e por ω'. O teorema da energia aplicado entre as posições correspondentes ao último instante em que o disco rola sobre o plano e o instante anterior ao choque fornece:

$$\frac{J}{2}\left(\omega_1^2 - \omega^2\right) = mgr\ \cos\alpha \tag{1}$$

onde J é o momento de inércia do disco em relação ao ponto de contato com o plano.

O mesmo teorema, aplicado entre o instante posterior ao choque e o primeiro instante no qual o disco volta a rolar sobre o plano, fornece:

$$\frac{J}{2}\left(\omega'^2 - \omega_2^2\right) = mgr\ \cos\alpha \tag{2}$$

Por outro lado, o teorema do momento dos impulsos, aplicado ao baricentro do disco, fornece:

$$J_G(\omega' - \omega) = -\,Ir \tag{3}$$

onde J_G é o momento de inércia do disco, em relação a seu baricentro, e I é a componente do impulso na direção da tangente ao disco, no ponto em que ele recebe o choque com a quina.

Finalmente, chamando v e v′ os módulos das velocidades anterior e posterior do baricentro, tem-se:

$$m(v' - v\cos 2\alpha) = I \tag{4}$$

Ora, $v = r\omega$, $v' = r\omega'$; (3) e (4) fornecem então, eliminando I:

$$\frac{\omega'}{\omega} = \frac{1}{3} + \frac{2}{3}\cos 2\alpha \tag{5}$$

Portanto, para $2\alpha = 120°$ resulta $\omega' = 0$; assim, para ângulos iguais ou superiores a esse valor, o disco não poderá continuar rolando sobre o plano.

De (2) obtém-se

$$\omega_2^2 = \omega'^2 - \frac{2mgr}{J}\cos\alpha \tag{6}$$

De (5) vem

$$\omega'^2 = (1 + 2\cos 2\alpha)^2\,\frac{\omega^2}{9} \tag{7}$$

Finalmente de (1) obtém-se

$$\omega^2 = \omega_1^2 - \frac{2mgr}{J}\cos\alpha = \omega_1^2 - \frac{4g}{3r}\cos\alpha$$

Denotando $\frac{4g}{3r} = K$, a última relação se torna

$$\omega^2 = \omega_1^2 - K \cos \alpha \tag{8}$$

Substituindo (8) em (7) e depois em (6), obtém-se, finalmente:

$$\omega_2^2 = \frac{(1+2\cos 2\alpha)^2}{9}\omega_1^2 - \left[\frac{(1+2\cos 2\alpha)^2}{9} + 1\right] K \cos\alpha \tag{9}$$

Obs.: A solução apresentada supôs que o disco realmente atingisse o plano horizontal. Isto só será possível se a expressão de ω_2^2, dada por (9), resultar positiva, isto é, se for

$$\omega_1^2 > \left[\frac{9}{(1+2\cos 2\alpha)^2}\right] K \cos\alpha$$

13.4.1 — Impulso sobre um sólido móvel em torno de um eixo fixo

Consideremos um sólido S girando livremente em torno de um eixo fixo, AB (A, articulação; B, anel) com velocidade angular ω, no instante em que recebe um impulso $\vec{I}$ no ponto P.

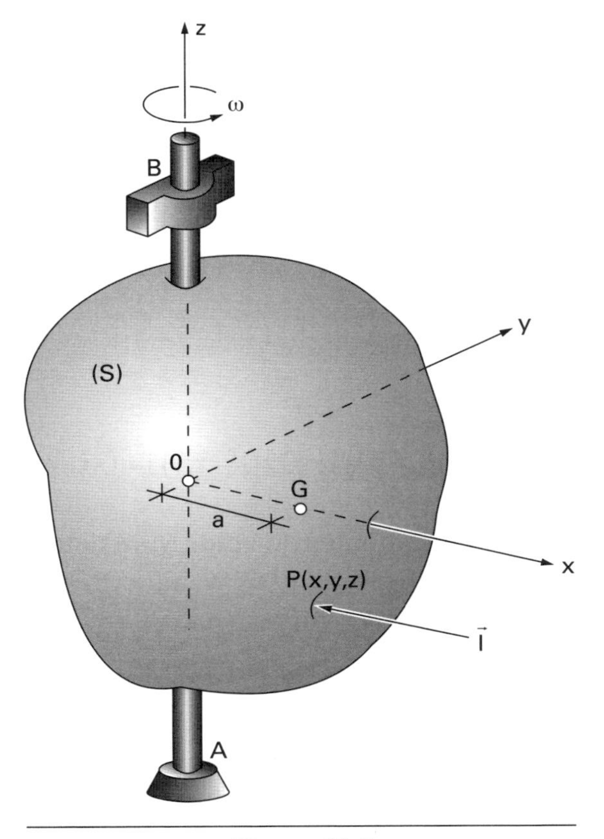

Figura 13.2

Vamos determinar:

a) A variação da velocidade angular de S.

b) A resultante $\vec{R}$ e o momento $\vec{M}_O$ dos impulsos reativos, dos vínculos em A e em B, sobre S.

Suponhamos o baricentro G não pertencente a AB; seja O o pé da perpendicular baixada de P sobre AB; seja $Ox = O\vec{i}$ o versor de OG e chamemos "a" a distância OG; seja $Oz = O\vec{k}$ o versor do eixo AB de rotação. Finalmente sejam (x, y, z) as coordenadas do ponto P, de aplicação do impulso $\vec{I} = (I_x, I_y, I_Z)$, no referencial $O\vec{i}\,\vec{j}\,\vec{k}$, ligado a S.

Aplicando o Teorema da resultante dos impulsos:

$$m\Delta\vec{v}_G = \vec{I} + \vec{R}$$

e, sendo $\vec{v}_G = a\omega\vec{j}$, vem

$$ma\Delta\omega\vec{j} = \vec{I} + \vec{R} \tag{13.8}$$

Aplicando o Teorema do Momento Angular, em relação ao ponto O: $\Delta\vec{H}_O = \vec{M}_G$, ou

$$I_O\Delta\vec{\omega} = (P - O) \wedge \vec{I} + \vec{M}_O$$

Ora,

$$I_O\vec{\omega} = \omega\left(-J_{xz}\vec{i} - J_{yz}\vec{j} + J_z\vec{k}\right)$$

decorrendo

$$I_O\Delta\vec{\omega} = \Delta\omega\left(-J_{xz}\vec{i} - J_{yz}\vec{j} + J_z\vec{k}\right) \tag{13.9}$$

Tem-se

$$(P - O) \wedge \vec{I} = \left(yI_z - zI_y\right)\vec{i} + \left(zI_x - xI_z\right)\vec{j} + \left(xI_y - yI_x\right)\vec{k}$$

Sejam $(M_x, M_y, 0)$ as componentes do vetor $\vec{M}_O$ a determinar (não havendo atrito no eixo, tem-se $M_Z = 0$). (13.9) fornece:

$$-J_{zx}\Delta\omega = (yI_z - zI_y) + M_x \tag{13.10}$$

$$-J_{zy}\Delta\omega = (zI_x - xI_z) + M_y \tag{13.11}$$

$$-J_z\Delta\omega = xI_y - yI_x \tag{13.12}$$

As 6 equações escalares obtidas de (13.8) e (13.9) fornecem as 6 incógnitas R_x, R_y, R_z, M_x, M_y e $\Delta\omega$, onde R_x, R_y, e R_z são as componentes do impulso reativo $\vec{R}$.

13.4.2 — Centro de percussão

Continuando sempre a supor $a \neq 0$, vamos procurar as condições para que S não transmita, ao eixo fixo, nenhum impulso.

De (13.8) resulta:

$$\vec{I} = ma\Delta\omega\vec{j}$$

e, portanto, o impulso $\vec{I}$ deve ser paralelo a $\vec{j}$, isto é, $\vec{I}$ *deve ser normal ao plano π definido por G e pelo eixo de rotação.*

Vamos escrever $\vec{I} = I\vec{j}$, decorrendo

$$I = ma\Delta\omega \qquad (13.13)$$

Sendo $I_x = I_z = 0$ e $I_y = I$, as equações (13.10), (13.11) e (13.12) se tornam

$$-J_{zx}\Delta\omega = -zI \qquad (13.14)$$

$$-J_{zy}\Delta\omega = 0 \qquad (13.15)$$

$$J_z\Delta\omega = xI \qquad (13.16)$$

Como a coordenada y, do ponto de aplicação P do impulso $\vec{I}$, não comparece nas equações, seu valor não influi nas condições procuradas.

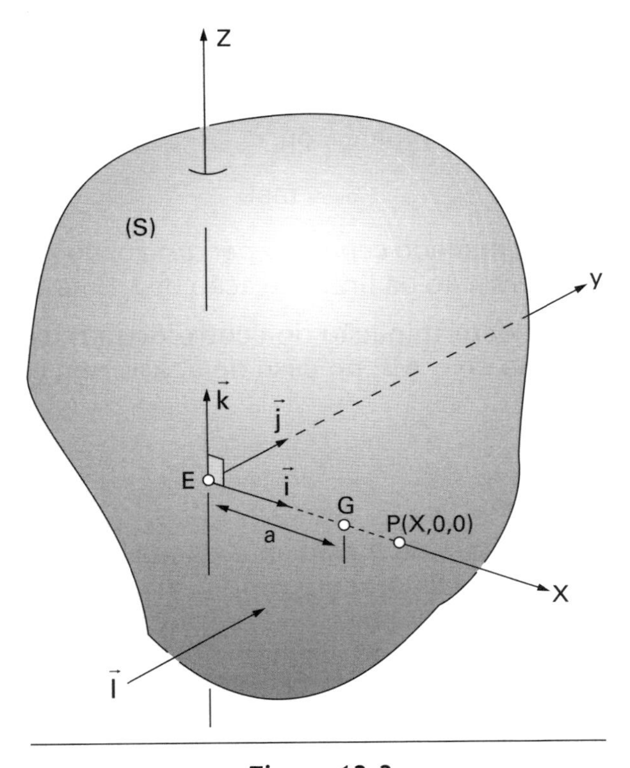

Figura 13.3

Vamos adotar $y = 0$, isto é, supor que P pertença ao plano $O\vec{i}\vec{k}$ (supor $\neq 0$ seria deslocar $\vec{I}$ ao longo de sua linha de ação).

As condições obtidas se simplificam adotando um novo referencial EXYZ, de eixos paralelos aos anteriores e tais que: EZ pertença à reta Oz e o ponto P pertença ao eixo Ox, isto é, $Z_P = 0$.

Assim as novas coordenadas de P serão (X, 0, 0).

Pela fórmula de translação de eixos, para produtos de inércia, vem:

$$J_{ZX} = J_{zx} + mz'_E x'_E = J_{zx} + ma \cdot 0 = J_{zx}$$

Substituindo $J_{zx} = J_{ZX}$, e $z = Z'_E = 0$ em (13.14), vem $J_{ZX} = 0$.

Observemos, por outro lado, que

$$J_{ZY} = J_{zy} = mZ_G Y_G$$

e, como $Y_G = Z_G = 0$, $J_{ZY} = J_{zy} = 0$.

Em resumo, as condições (13.14) e (13.15) se escrevem

$$J_{ZX} = J_{ZY} = 0,$$

isto é, *o eixo de rotação deve ser eixo principal de inércia de S, em um de seus pontos E.*

Resta a condição (13.15), a qual, denotando X por b e lembrando que $I = ma\Delta\omega$, se escreve $J_z\Delta\omega = bma\Delta\omega$, ou

$$J_z = mab.$$

O ponto P(b,0,0) é chamado *centro de percussão*, do sólido S, relativamente ao eixo AB [é a interseção da linha de ação de $\vec{I}$ com o plano $\pi = (G, AB)$].

Observe-se que a determinação do centro de percussão exige o conhecimento do ponto E do eixo AB; no caso de ocorrerem certas simetrias isto pode ser imediato.

■ EXEMPLO 13.4 ■

Uma barra homogênea de massa m e comprimento ℓ está pendurada, num arame horizontal, perfeitamente rígido. Na extremidade da barra está presa uma pequena esfera de massa M, conforme a figura. A barra pode mover-se, sem atrito, ao longo do arame.

O sistema recebe um impulso horizontal, num ponto da barra situado à distância h do ponto de suspensão O. Qual deve ser h para que o ponto O não se desloque por efeito do impulso?

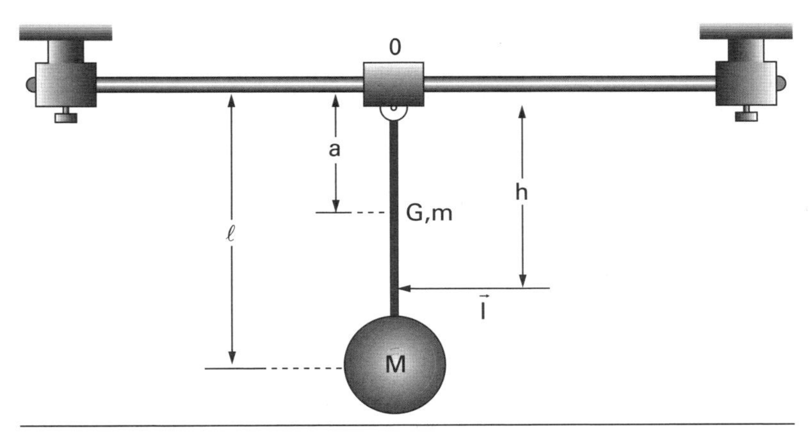

Exemplo 13.4

☐ Solução:

O ponto O podendo se mover livremente, não poderá haver impulso reativo em O.

Isto significa que O deve ser centro de percussão do sistema, relativamente ao eixo normal à figura, por O.

De acordo com a teoria acima deverá ser

$$J_z = (m + M)ah \tag{1}$$

onde J_z é o momento de inércia do sistema relativamente ao eixo, por O, normal à figura e *a* é a distância, a O, do baricentro do sistema.

Tem-se, imediatamente

$$J_z = (m\ell^2/3) + M\ell^2$$

e, pela fórmula do baricentro

$$a = \frac{m\frac{\ell}{2} + M\ell}{m + M}$$

A substituição em (1) fornece

$$h = \frac{2m + 6M}{3m + 6M}\ell$$

13.5 — Coeficiente de restituição

Suponhamos que dois sólidos (1) e (2) se choquem, de maneira que, no instante do choque, o ponto P_1, pertencente a (1), entre em contato com o ponto P_2, pertencente a (2).

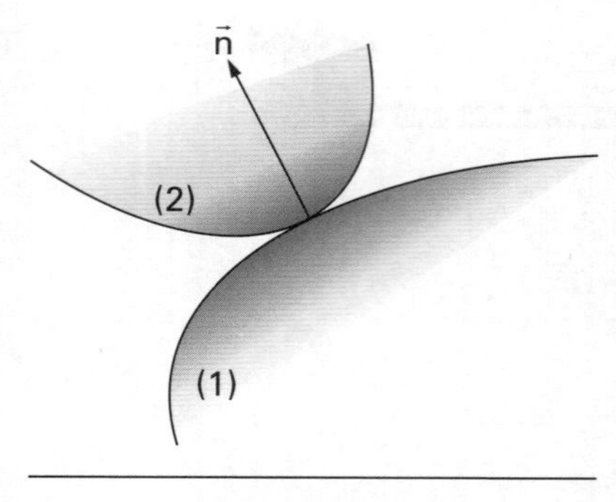

Figura 13.4

Chamando P a posição comum de P_1 e P_2, o choque ocasiona, em P_1 e P_2, os impulsos opostos $(\vec{I}, P)$ e $(-\vec{I}, P)$.

Os dois teoremas gerais, já vistos, da teoria do choque, não fornecem o valor de $\vec{I}$; assim, na maioria dos problemas de choque, é preciso uma equação empírica, que forneça $\vec{I}$ em função de um certo coeficiente, e, chamado *coeficiente de restituição*, característico dos materiais dos corpos que se chocam.

A respeito desse coeficiente vamos descrever as hipóteses de Newton e de Poisson.

Suporemos sempre que as superfícies que limitam (1) e (2) admitem a mesma normal no ponto P (*normal de choque*), caraterizada por um versor $\vec{n}$.

13.5.1 — Hipótese de Newton

É a hipótese mais empregada e expressa por

$$u' = -eu \tag{13.17}$$

onde $u' = (\vec{v}'_1 - \vec{v}'_2) \cdot \vec{n}$ e $u = (\vec{v}'_1 - \vec{v}'_2) \cdot \vec{n}$

$\vec{v}_1$ e $\vec{v}_2$ são as velocidades anteriores de P_1 e P_2;

$\vec{v}'_1$ e $\vec{v}'_2$ são as velocidades posteriores; o coeficiente de restituição é tal que

$$0 \leq e \leq 1$$

O sinal "–" na relação (13.17) exprime o fato de que, *antes* do choque há uma *aproximação* e depois um *afastamento* dos corpos.

Quando $e = 0$ o choque é dito *inelástico*.
Quando $e = 1$ o choque é dito (perfeitamente) *elástico*.

O choque é dito *sem atrito* quando $\vec{I}$ tem a direção da normal de choque $\vec{n}$; caso contrário o choque é dito *com atrito*.

13.5.2 — Hipótese de Poisson

Aqui o coeficiente de restituição é definido a partir de uma hipótese diferente.

Segundo Poisson o choque deve ser considerado em duas fases:

1ª fase: Compressão

Seja I_n a projeção, sobre a normal de choque, do impulso recebido pelo corpo (1), *nesta fase*.

Tal impulso acarreta o anulamento da velocidade relativa, projetada na normal de choque, entre os pontos P_1 e P_2 (que entram em contato). Este anulamento marca o fim da primeira fase.

2ª fase: Restituição

A projeção, sobre a normal de choque, do impulso recebido por (1), nesta fase é eI_n, sendo e o coeficiente de restituição.

As velocidades, no fim desta segunda fase, são as velocidades posteriores do fenômeno do choque.

O *impulso total*, recebido por (1), nas duas fases, terá, então, projeção sobre a normal de choque igual a $I_n(1 + e)$.

Demonstra-se que (Desloge [11]), se o choque for sem atrito ($\vec{I}$ tiver a direção de $\vec{n}$), as hipóteses de Newton e de Poisson dão os mesmos valores para o coeficiente e.

Verifica-se que, no caso de choque com atrito, as duas hipóteses podem fornecer resultados diferentes.

Do ponto de vista teórico, Kilmister & Reeve [21] dão preferência à hipótese de Poisson.

■ EXEMPLO 13.5 ■

Uma esfera homogênea de raio r e massa m gira com velocidade angular ω, ao redor de um diâmetro horizontal, quando se choca com um plano horizontal.

Nesse instante seu baricentro tem velocidade $\vec{V}_G = u_G\vec{i} - v_G\vec{j}$, na base $(\vec{i}, \vec{j})$ indicada.

Não há escorregamento no contato e o coeficiente de restituição é igual a e.

Calcular o impulso reativo do plano e as velocidades posteriores u'_G, v'_G, ω indicadas.

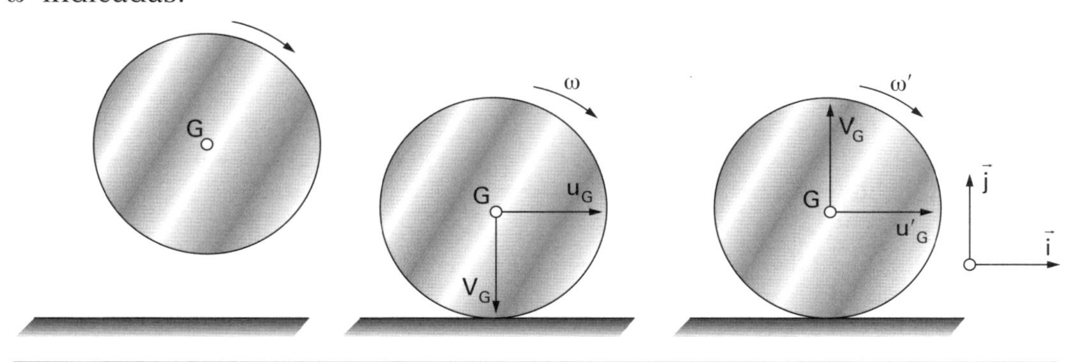

Exemplo 13.5

☐ Solução:

Teorema da resultante dos impulsos:

$$m(u'_G - u_G) = X \quad (1)$$

$$m(v'_G - v_G) = Y \quad (2)$$

Teorema do momento dos impulsos:

$$J(\omega' - \omega) = -Xr \quad (3)$$

onde $J = (2/5)mr^2$ é o momento de inércia da esfera em relação a seu diâmetro.

Coeficiente de restituição (Newton):

$$v'_G = ev_G \quad (4)$$

Ausência de escorregamento posterior ao choque:

$$u'_G = r\omega' \quad (5)$$

O valor de v'_G, dado por (4), levado em (1) fornece $Y = (1 + e)\, v_G$. (2), (3) e (5) fornecem

$$\omega = \frac{2r\omega + 5u_G}{7r}, \quad u_G = \frac{2r\omega + 5u_G}{7}, \quad X = \frac{2m(r\omega - u_G)}{7}$$

13.6 — Perda de energia cinética: Choque central e direto de sólidos

O choque de dois sólidos é dito *central* se a normal de choque contiver os baricentros G_1 e G_2.

O choque é dito *direto* se o movimento anterior dos sólidos for translatório, na direção da normal de choque, $\vec{n}$.

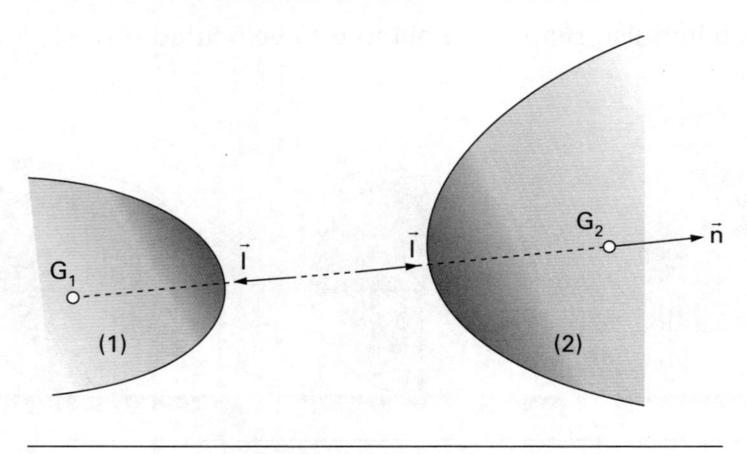

Figura 13.5

Sendo o choque sem atrito, os impulsos, que são diretamente opostos, têm a direção de $\vec{n}$.

O Teorema do Momento dos Impulsos, aplicado sucessivamente aos sólidos (1) e (2), mostra que esses sólidos não sofrem variação de velocidade angular e, portanto, continuam com movimento de translação imediatamente após o choque.

Pelo Teorema da Resultante dos Impulsos verifica-se que as velocidades posteriores de (1) e (2) continuam na direção de $\vec{n}$ e se tem:

$$m_1 \Delta v_1 = -I, \quad e \quad m_2 \Delta v_2 = I$$

ou

$$m_1 \Delta v_1 + m_2 \Delta v_2 = 0 \tag{13.18}$$

Utilizando a expressão de Newton para o coeficiente de restituição, vem

$$v_2' - v_1' = -e(v_2 - v_1) \tag{13.19}$$

O sistema (1), (2) fornece Δv_1 e Δv_2, pois de (2) resulta:

$$\Delta v_2 - \Delta v_1 = v_2' - v_2 - (v_1' - v_1) = -(1 + e)(v_2 - v_1) \tag{13.20}$$

Resolvendo o sistema (13.18), (13.20) obtém-se:

$$\begin{aligned} \Delta v_1 &= \frac{m_2}{m_1 + m_2}(1 + e)(v_2 - v_1) \\ \Delta v_2 &= -\frac{m_1}{m_1 + m_2}(1 + e)(v_2 - v_1) \end{aligned} \tag{13.21}$$

Calculando agora, neste tipo de choque, a perda de energia cinética, definida por

$$\Delta E \equiv E - E = \frac{m_1}{2}\left(v_1^2 - v_1^2\right) + \frac{m_2}{2}\left(v_2^2 - v_2^2\right)$$

obtém-se, usando (13.18) e (13.20):

$$\Delta T = \frac{m_1 m_2}{2(m_1 + m_2)}\left(1 - e^2\right)\left(v_2 - v_1\right)^2$$

Quando $e = 0$ o choque é dito *inelástico* e essa perda é máxima.

Quando $e = 1$ o choque é dito (perfeitamente) *elástico* e essa perda é nula.

No caso particular em que $v_2 = 0$, o cálculo mostra que a perda relativa, $\Delta T/T_1$, de energia cinética será:

$$\frac{\Delta T}{T_1} = \frac{m_2}{m_1 + m_2}\left(1 - e^2\right) \tag{13.22}$$

Observação:

1) Na ação de pregar um prego, deseja-se comunicar energia cinética a ele, e, portanto, é desejável uma pequena perda de energia cinética no choque. Num pequeno intervalo de tempo, anterior ao choque, supondo que este possa ser considerado como central e direto (supondo que o cabo do martelo tenha massa desprezível), a fórmula (13.22) mostra que será conveniente ter $m_1 \gg m_2$ (massa do martelo muito maior do que a massa do prego).

2) Se o martelo for utilizado para produzir uma deformação permanente no corpo (2) (caso de funilaria), a fórmula mostra que, para haver uma grande perda de energia cinética (a ser transformada em calor e deformação permanente), será conveniente ter a massa m_1 pequena.

Capítulo 14

INTRODUÇÃO À MECÂNICA ANALÍTICA

14.1 — Tipos de Vínculos

Consideremos um sistema S, formado por N pontos materiais, P_i, móvel em relação a um referencial inercial.

Suponhamos que estes pontos não estejam totalmente livres, mas existam vínculos, ou restrições, impostos às posições ou às velocidades dos pontos.

Por exemplo, suponhamos um pequeno corpo P, de coordenadas x e y, que possa se mover apenas na linha de maior declive de um plano inclinado, cuja equação seja y = 2x + 3. Essa equação será então uma relação vincular para o movimento do corpo

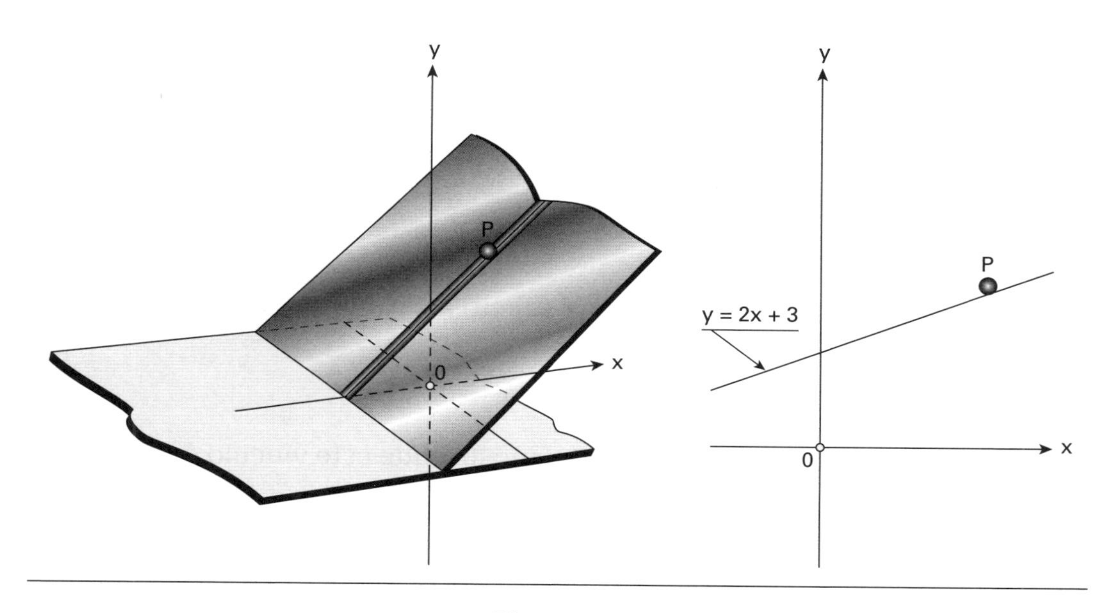

Figura 14.1

Relações dos tipos

$$F\left(P_i, \dot{P}_i, t\right) = 0 \qquad (14.1)$$

ou

$$F(P_i, t) = 0 \qquad (14.2)$$

serão ditas *vínculos* para os pontos materiais P_i. O vínculo será dito *cinemático* no caso de (14.1) e *geométrico* no caso de (14.2).

Derivando, membro a membro, em relação ao tempo t, a relação (14.2):

$$F(P_i, t) = F(x_i, y_i, z_i, t) = 0,$$

obtém-se

$$\sum_i^N \frac{\partial F}{\partial x_i}\dot{x}_i + \frac{\partial F}{\partial y_i}\dot{y}_i + \frac{\partial F}{\partial z_i}\dot{z}_i + \frac{\partial F}{\partial t} = 0 \qquad (14.3)$$

(14.3) é equivalente ao vínculo

$$F(P_i, t) = C \text{ (cte. arbitrária).}$$

Por este motivo, diz-se que (14.3) representa um *vínculo integrável.*

(14.1) ou (14.2) são ditos *independentes do tempo* se $\frac{\partial F}{\partial t} = 0$.

Definem-se como vínculos *holônomos* os geométricos, ou os cinemáticos integráveis.

Um sistema material, S, cujos vínculos são todos holônomos, diz-se um *sistema holônomo*. Se o sistema S possuir algum vínculo não holônomo este sistema será dito *não holônomo*.

■ EXEMPLO 14.1 ■

a) Vínculo holônomo

Suponhamos um disco que esteja sujeito a rolar sem escorregar sobre o eixo Ox do plano Oxy onde ele se move

$$v_C = 0 \Rightarrow v_A = R\omega \Rightarrow \dot{x} = R\dot{\varphi}$$

A equação vincular sendo $x = R\varphi + \text{cte.}$ mostra que este vínculo é holônomo.

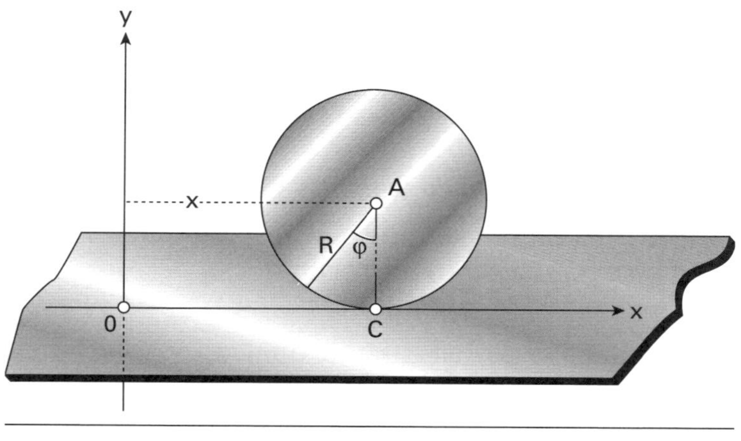

Figura 14.2

b) Vínculo não holônomo (um exemplo clássico)

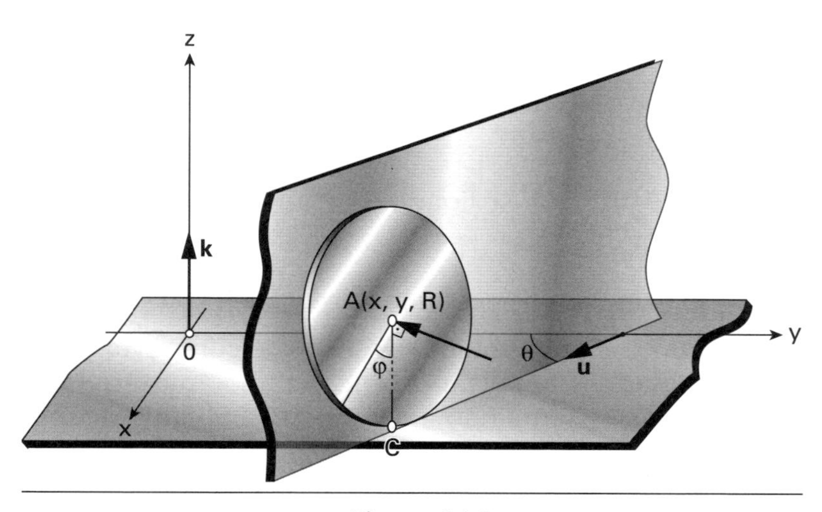

Figura 14.3

Supõe-se uma placa circular (que se mantém vertical), sujeita a rolar, sem escorregar, sobre o plano horizontal.

A posição da placa pode ser definida pelas 4 variáveis x, y, θ e φ.

Estas variáveis estão sujeitas a vínculos cinemáticos que decorrem da condição de ausência de escorregamento: $\mathbf{v}_c = \mathbf{0}$

Sendo $\mathbf{u} = -\cos\theta\mathbf{j} + \operatorname{sen}\theta\mathbf{i}$, decorrem as equações

$$\dot{x} = R\dot{y}\ \operatorname{sen}\theta; \quad \dot{y} = R\dot{y}\ \cos\theta$$

Estas equações diferenciais não são solúveis, *antes* de ser resolvido todo o problema dinâmico enunciado para um movimento deste disco. Então os vínculos correspondentes são não holônomos por não serem integráveis.

c) Exemplo de vínculo *dependente do tempo*:

Seja o ponto P obrigado a se mover sobre o eixo O**u** o qual gira (num plano) em torno do ponto fixo O, com velocidade angular cte., ω.

A equação vincular é $\varphi = \omega t + \varphi_0$, a qual mostra se tratar de um vínculo holônomo, dependente do tempo.

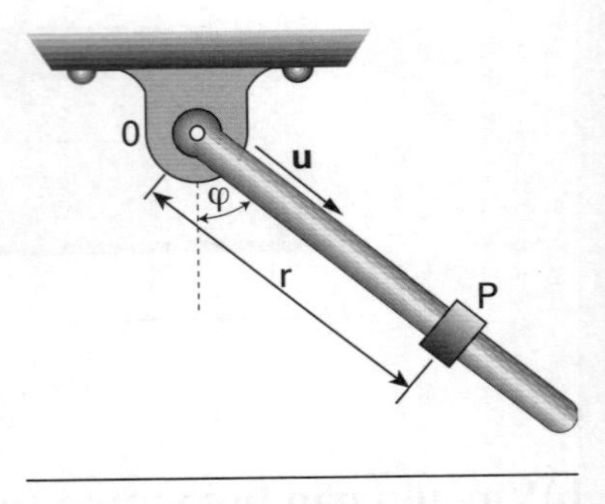

Figura 14.4

Até aqui consideramos, apenas, vínculos expressos por igualdades, os quais são chamados *vínculos bilaterais*.

Vínculos expressos por desigualdades são chamados *unilaterais*, e são do tipo

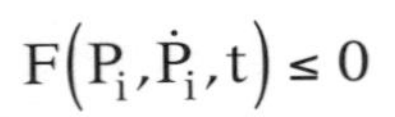

$$F\left(P_i, \dot{P}_i, t\right) \leq 0$$

■ **EXEMPLO 14.2** ■

Dois pontos P_1 e P_2 movem-se ligados por um fio de comprimento L = cte.

A relação vincular é $|P_1 - P_2| \leq L$.

Os pontos P_1 e P_2 movem-se de maneira que, ou $|P_1 - P_2| = L$, ou $|P_1 - P_2| < L$.

Na primeira hipótese (igualdade), o vínculo se comporta como bilateral; no caso da desigualdade, o fio, estando encolhido, não exerce forças e tudo se comporta como se o sistema não fosse sujeito a vínculo nenhum.

Para qualquer vínculo pode-se, em geral, fazer um raciocínio semelhante; por esta razão vamos considerar, apenas, vínculos bilaterais, isto é, expressos por igualdades.

Obs.: Sabe-se que, para fixar a posição de um sólido, que está livre, no espaço, são necessárias e suficientes 6 coordenadas; portanto, do ponto de vista cinemático, o estudo dos sistemas de sólidos equivale ao estudo dos sistemas com um número finito de pontos. Isto ocorreu nos exemplos de discos rolando que foram apresentados.

14.2 — Equação de D'Alembert ou Equação Geral da Dinâmica

Suponhamos que os N pontos P_i do sistema S devam satisfazer a p relações holônomas do tipo

$$f_k(P_i, t) = 0, \quad (k = 1, ..., p) \tag{14.4}$$

e a m relações não holônomas do tipo

$$\sum_{i=1}^{N} \boldsymbol{\alpha}_{\ell i} \cdot \dot{P}_i + \beta_\ell = 0, \quad (\ell = 1, \dots, m) \tag{14.5}$$

(onde os α^s e os β^s são funções dos P_i e do tempo t).

Derivando, em relação a t, as p relações (14.4), obtém-se:

$$\sum_{i=1}^{N} \frac{\partial fk}{\partial P_i} \dot{P}_i + \frac{\partial fk}{\partial t} = 0 \tag{14.6}$$

Qualquer vetor, $\dot{P}_i$, que satisfaça às equações (14.5) e (14.6), num certo instante, t, é chamado uma *velocidade possível*, no instante t, para o ponto $P_i \in S$.

Dessa maneira as velocidades possíveis são aquelas permitidas pelos vínculos (nos movimentos reais de S só poderão ocorrer velocidades possíveis).

Multiplicando por dt os vetores que satisfazem a (14.5) e (14.6), obtém-se os vetores dP_i, que satisfazem às relações (14.7) e (14.8) a seguir:

$$\sum_i \boldsymbol{\alpha}_{\ell i} \cdot dP_i + \beta_\ell dt = 0 \tag{14.7}$$

$$\sum_i \frac{\partial fk}{\partial P_i} dP_i + \frac{\partial fk}{\partial t} dt = 0 \tag{14.8}$$

tais vetores dP_i são chamados *deslocamentos possíveis* dos pontos P_i.

Se fizermos dt = 0 em (14.7) e em (14.8), teremos valores particulares de dP_i que serão denotados por δP_i e chamados *deslocamentos virtuais* dos pontos P_i.

Tais deslocamentos satisfazem, portanto às relações:

$$\sum_i \boldsymbol{\alpha}_{\ell i} \cdot \delta P_i = 0 \tag{14.9}$$

$$\sum_i \frac{\partial fk}{\partial P_i} \delta P_i = 0 \tag{14.10}$$

Definição:

Trabalho virtual do sistema de forças ($\mathbf{F}_i$, P_i), que atua nos pontos $P_i \in S$, é a somatória

$$\sum_i \mathbf{F}_i \cdot \delta P_i$$

Definição (Vínculos perfeitos):

Seja $\mathbf{R}_i$ a resultante das forças vinculares que atuam no ponto P_i.

O trabalho virtual do sistema de forças vinculares ($\mathbf{R}_i$, P_i) será, portanto:

$$\sum_i \mathbf{R}_i \cdot \delta P_i$$

Os vínculos são definidos como *perfeitos*, quando

$$\sum_i \mathbf{R}_i \cdot \delta P_i = 0 \tag{14.11}$$

quaisquer que sejam os deslocamentos virtuais, δP_i, com eles compatíveis.

■ EXEMPLO 14.3 ■ Casos comuns de vínculos perfeitos

a) Contato com ausência de atrito:

É, por exemplo, o caso apresentado da barra que gira num plano, supondo que o ponto P se mova, sem atrito, sobre a barra:

$$\mathbf{R} \cdot \delta P = 0,$$

porque **R** é sempre normal à barra.

b) Disco que rola, num plano, sobre uma reta fixa:

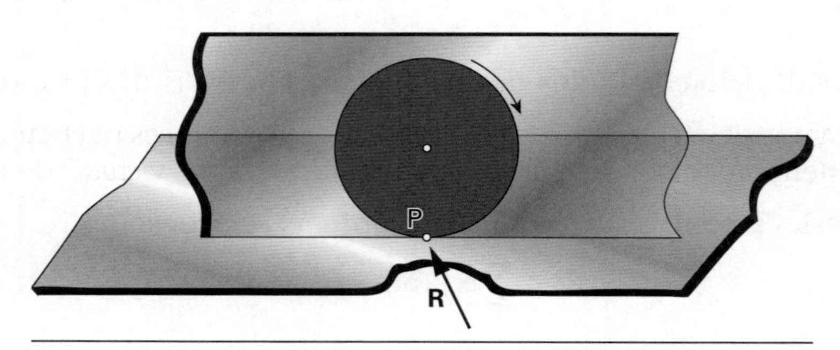

Figura 14.5

Sendo = $\mathbf{v}_P = \mathbf{0} \Rightarrow dP = \delta P = \mathbf{0} \Rightarrow \mathbf{R}.\ \delta P = 0$ (desprezando, naturalmente, o atrito de rolamento).

14.2.1 – Equação de D'Alembert

Consideremos um sistema com vínculos perfeitos. A lei de Newton aplicada aos pontos materiais P_i fornece:

$$m_i\mathbf{a}_i = \mathbf{F}_i + \mathbf{R}_i \tag{14.12}$$

onde $\mathbf{F_i}$ é a resultante das forças ativas e $\mathbf{R_i}$ a resultante das forças vinculares que atuam em P_i.

Substituindo (14.12) em (14.11), obtém-se:

$$\sum_i \left(m_i\mathbf{a}_i - \mathbf{F}_i\right)\cdot\delta P_i = 0 \tag{14.13}$$

Esta é a *Equação de D'Alembert*, ou *Equação Geral da Dinâmica*, para sistemas com vínculos perfeitos.

[Supõe-se, em (14.13), que os δP_i sejam os mais gerais que satisfaçam a (14.9) e a (14.10)].

14.2.2 – Sistemas Holônomos – Coordenadas Generalizadas

Suponhamos que os N pontos materiais do sistema S devam satisfazer apenas a p relações vinculares, holônomas, do tipo:

$$f_k(P_i,t) = 0, \quad (k = 1, \ldots, p) \tag{14.14}$$

Suponhamos, além disso, que exista um conjunto de $n = 3N-p$ variáveis independentes, $\{q_1, \ldots, q_n\}$, tais que, satisfeitas as (14.14), se possam escrever, para os N pontos P_i, relações do tipo $P_i = P_i(q_j, t)$, $(j = 1, \ldots, n)$, ou $P_i = P_i(\mathbf{q}, t)$, onde $\mathbf{q} = (q_1, \ldots, q_n)$, de maneira que a matriz $3N \times n$, $(\partial P/\partial\mathbf{q})$, a seguir:

$$\frac{\partial P}{\partial \mathbf{q}} \equiv \left(\frac{\partial P_i}{\partial q_j}\right) = \begin{pmatrix} \dfrac{\partial x_1}{\partial q_1} & \cdots & \dfrac{\partial x_1}{\partial q_n} \\ \dfrac{\partial y_1}{\partial q_1} & \cdots & \dfrac{\partial y_1}{\partial q_n} \\ \vdots & & \vdots \\ \dfrac{\partial z_N}{\partial q_1} & \cdots & \dfrac{\partial z_N}{\partial q_n} \end{pmatrix}$$

tenha posto n.

Nesse caso diz-se que as variáveis q_j são *coordenadas generalizadas* para o sistema S e que este sistema possui n *graus de liberdade*.

Obs.: Se o sistema S não possuísse vínculos, seria $n = 3N$. Os vínculos só poderão diminuir os graus de liberdade do sistema, decorrendo, em geral, $n < 3N$.

A matriz $(\partial P/\partial\mathbf{q})$ tendo posto igual a n, o teorema das funções implícitas garante que é possível obter as coordenadas q_j como funções de P_i e de t:

$$q_j = q_j(P_i, t),$$

ficando elas, assim, perfeitamente definidas.

■ Exemplo 14.4 ■

Seja S o sistema constituído pelos dois pontos $P_1(x_1, y_1)$ e $P_2(x_2, y_2)$ de um plano, tais que $|P_2 - P_1| = 2a = $ (cte.).

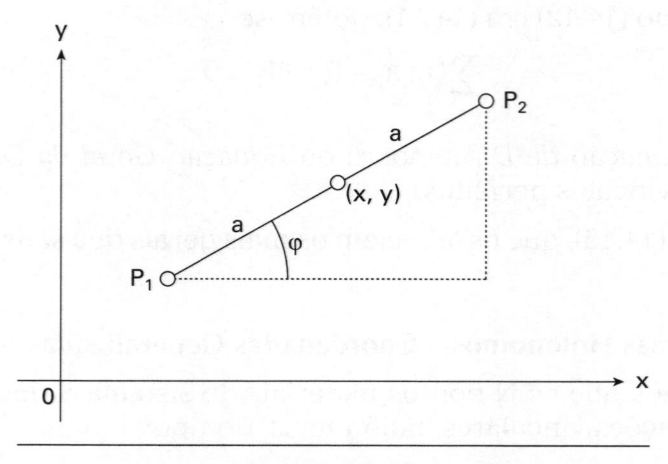

Figura 14.6

Verifica-se, facilmente, que S pode ser descrito, por exemplo, pelo sistema de 3 coordenadas generalizadas (x, y, φ), onde (x, y) são as coordenadas do ponto médio de P_1P_2 e $\varphi = $ âng.(Ox, P_1P_2).

■ EXEMPLO 14.5 ■

No exemplo, já citado, de vínculo dependente do tempo, tem-se

$$P = O + r\mathbf{u}, \quad P = P(r, \varphi), \quad \text{onde } \varphi = \omega t.$$

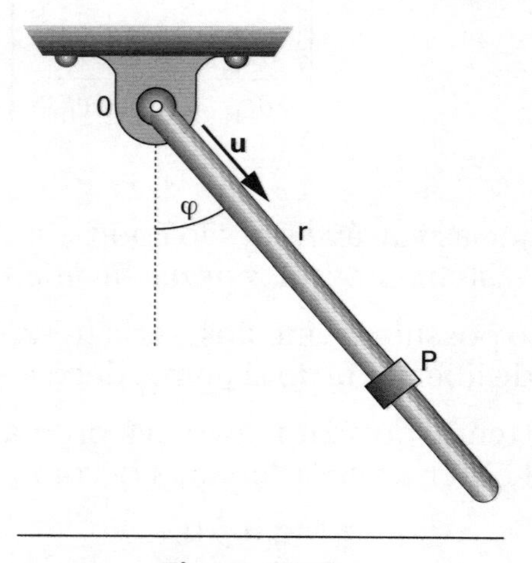

Figura 14.7

Pode-se então escrever P = P(r, t). Este sistema é holônomo, com um grau de liberdade, e fica descrito pela coordenada generalizada r.

14.2.3 – Deslocamentos no caso de Sistemas Holônomos

Os pontos P_i, de um sistema holônomo, S, satisfazem, então, a relações do tipo

$$P_i = P_i(q_1, \ldots, q_n, t) \tag{14.15}$$

Obs.: As relações (14.15) dependem da "geometria" do sistema, não dependendo das forças ativas presentes. São, por assim dizer, um dado inicial do problema de Mecânica. Dependendo das forças ativas que estiverem aplicadas, vai resultar um movimento específico do sistema, no qual os q_j serão funções bem determinadas de t.

Neste caso, de sistema holônomo, os deslocamentos possíveis, dP_i, serão as diferenciais

$$dP_i = \sum_{j=1}^{n} \frac{\partial P_i}{\partial q_j} dq_j + \frac{\partial P_i}{\partial t} dt$$

(onde dq_j e dt são arbitrários).

Obs.: Os chamados *deslocamentos reais*, dos pontos P_i, estão relacionados com movimentos particulares de S (dependerão do sistema de forças ativas). Estes deslocamentos reais obtêm-se a partir dos deslocamentos possíveis fazendo-se $q_j = q_j(t)$. Portanto, nos deslocamentos reais, os dq_j não são mais arbitrários.

Sabemos que os deslocamentos virtuais, δP_i, obtêm-se dos deslocamentos possíveis fazendo-se dt = 0. Resultam as expressões

$$\delta P_i = \sum_{j=1}^{n} \frac{\partial P_i}{\partial q_j} \delta q_j$$

No exemplo anterior apresentado:

$$\begin{aligned} P &= O + r\mathbf{u}, \\ dP &= dr\,\mathbf{u} + r\,\mathbf{du} = \\ &= dr\,\mathbf{u} + r\,d\varphi\boldsymbol{\tau} = \\ &= dr\,\mathbf{u} + r\omega\,dt\boldsymbol{\tau}, \end{aligned}$$

resultando

$$\delta P = \delta r\mathbf{u}.$$

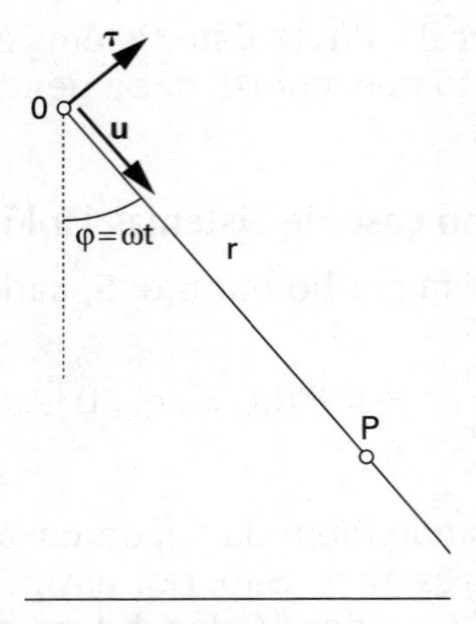

Figura 14.8

14.3 — Equações de Lagrange

O célebre matemático J. L. Lagrange publicou, em 1788, a sua *Mécanique Analytique*, na qual expôs a Mecânica Clássica como um ramo da Análise Matemática.

As Equações de Lagrange tratadas neste capítulo foram apresentadas, pela primeira vez, naquela ocasião.

14.3.1 – Caso de Sistemas Holônomos

Consideremos um sistema S, de N pontos materiais, sujeito a vínculos perfeitos.

Suponhamos apenas o caso de um sistema holônomo. Seja n o número de graus de liberdade.

Admitamos que as funções $P_i = P_i(q_1, ..., q_n, t)$ tenham derivadas parciais segundas contínuas.

Substituindo, na equação de D'Alembert, (14.13), a expressão

$$\delta P_i = \sum_j \frac{\partial P_i}{\partial q_j} \delta q_j$$

dos deslocamentos virtuais, obtém-se:

$$\sum_i^N (m_i \mathbf{a}_i - \mathbf{F}_i) \cdot \sum_j^n \frac{\partial P}{\partial q_j} \delta q_j = 0$$

$$\sum_i \left(m_i \mathbf{a}_i \cdot \sum_j \frac{\partial P_i}{\partial q_j} - \mathbf{F}_i \cdot \sum_j \frac{\partial P_i}{\partial q_j} \right) \delta q_j = 0$$

Invertendo a ordem das somatórias:

$$\sum_j \left(\sum_i m_i \mathbf{a}_i \cdot \frac{\partial P_i}{\partial q_j} - \sum_i \mathbf{F}_i \cdot \frac{\partial P_i}{\partial q_j} \right) \delta q_j = 0$$

Como os q_j são independentes, os δq_j são arbitrários; resulta que os n parêntesis têm que ser nulos, obtendo-se

$$\sum_i m_i \mathbf{a}_i \cdot \frac{\partial P_i}{\partial q_j} = \sum_i \mathbf{F}_i \cdot \frac{\partial P_i}{\partial q_j}, \quad (j = 1,\ldots,n) \qquad (14.16)$$

As equações (14.16) se transformarão nas n equações de Lagrange.

Quanto às reações vinculares, $\mathbf{R}_i$, elas serão obtidas das equações (14.12).

Antes de terminar a dedução das equações de Lagrange, vamos verificar uma fórmula de inversão da ordem de derivação.

Sendo $P = P(q_1, \ldots, q_n, t)$

$$v = \frac{dP}{dt} = \sum_j \frac{\partial P}{\partial q_j} \dot{q}_j + \frac{\partial P}{\partial t} = \mathbf{v}(q_i,\ldots,q_n,\dot{q}_i,\ldots,\dot{q}_n,t)$$

[verifica-se que comparecem, em geral, na expressão de **v**, outras n variáveis, que serão consideradas independentes; dessa maneira, **v** se exprime em função de (2n + 1) variáveis independentes].

Derivando, esta expressão de **v**, parcialmente, em relação a q_i:

$$\frac{\partial}{\partial q_i}\left(\frac{\partial P}{\partial t}\right) = \sum_j \frac{\partial^2 P}{\partial q_i \, \partial q_j} \dot{q}_j + \frac{\partial^2 P}{\partial q_i \, \partial t} =$$

$$= \sum_j \frac{\partial}{\partial q_j}\left(\frac{\partial P}{\partial q_i}\right) \dot{q}_j + \frac{d}{dt}\left(\frac{\partial P}{\partial q_i}\right)$$

Portanto:

$$\frac{\partial}{\partial q_i}\left(\frac{\partial P}{\partial t}\right) = \frac{d}{dt}\left(\frac{\partial P}{\partial q_i}\right)$$

Para desenvolver o primeiro membro de (14.16), vamos introduzir a energia cinética, T, do sistema material

$$T \equiv (1/2) \sum_i m_i v_i^2$$

Sendo $\mathbf{v_i} = \mathbf{v_i}(q_j, \dot{q}_i, t)$, T será função destas mesmas variáveis independentes:

$$T = T\left(q_j, \dot{q}_j, t\right).$$

Considerando, novamente, (14.16), verifica-se que, no seu primeiro membro, comparece o produto escalar

$$\mathbf{a}_i \cdot \frac{\partial P_i}{\partial q_j} = \frac{d\mathbf{v}}{dt} \cdot \frac{\partial P_i}{\partial q_j} = \frac{d}{dt}\left(\mathbf{v}_i \cdot \frac{\partial P_i}{\partial q_j}\right) - \mathbf{v}_i \frac{d}{dt}\left(\frac{\partial P_i}{\partial q_j}\right)$$

ou

$$\mathbf{a}_i \cdot \frac{\partial P_i}{\partial q_j} = \frac{d}{dt}\left(\mathbf{v}_i \cdot \frac{\partial P_i}{\partial q_j}\right) - \mathbf{v}_i \frac{\partial}{\partial q_j}(\mathbf{v}_i) \qquad (14.17)$$

Finalmente [para exprimir $(\partial P_i/\partial q_j)$ em função de $\mathbf{v_i}$], deriva-se, membro a membro, em relação a $\dot{q}_j$ a expressão

$$\mathbf{v}_i = \sum_j \frac{\partial P_i}{\partial q_j}\dot{q}_j + \frac{\partial P_i}{\partial t} = \mathbf{v}_i\left(q_j, \dot{q}_j, t\right)$$

obtendo-se

$$\frac{\partial v_i}{\partial \dot{q}_j} = \frac{\partial P_i}{\partial q_j}$$

Substituindo em (14.17) obtém-se

$$\mathbf{a}_i \cdot \frac{\partial P_i}{\partial q_j} = \frac{d}{dt}\left(\mathbf{v}_i \cdot \frac{\partial v_i}{\partial q_j}\right) - \mathbf{v}_i \cdot \frac{\partial \mathbf{v}_i}{\partial q_j} = \frac{d}{dt}\left(\frac{1}{2}\frac{\partial v_i^2}{\partial \dot{q}_j}\right) - \frac{1}{2}\frac{\partial v_i^2}{\partial q_j}$$

Multiplicando, membro a membro, por m_i

$$m_i\mathbf{a}_i \cdot \frac{\partial P_i}{\partial q_j} = \frac{d}{dt}\left(\frac{1}{2}\frac{\partial m_i v_i^2}{\partial \dot{q}_j}\right) - \frac{1}{2}\frac{\partial m_i v_i^2}{\partial q_j}$$

Somando agora, membro a membro, em relação a i:

$$\sum_i^N m_i\mathbf{a}_i \cdot \frac{\partial P_i}{\partial q_j} = \frac{d}{dt}\left(\frac{\partial T}{\partial \dot{q}_j}\right) - \frac{\partial T}{\partial q_j}$$

resultando de (14.16):

$$\frac{d}{dt}\left(\frac{\partial T}{\partial \dot{q}_j}\right) - \frac{\partial T}{\partial q_j} = \sum_i^N \mathbf{F}_i \cdot \frac{\partial P_i}{\partial q_j}, \quad (j = 1, \ldots, n) \qquad (14.18)$$

Para ter as equações de Lagrange, na forma habitual, basta transformar o trabalho virtual das forças ativas $(\mathbf{F}_i, P_i)$:

$$\sum_{i}^{N} \mathbf{F}_i \; \delta P_i = \sum_{i}^{N} \mathbf{F}_i \cdot \sum_{j}^{n} \frac{\partial P_i}{\partial q_j} \delta q_j = \sum_{j} \left(\sum_{i} \mathbf{F}_i \cdot \frac{\partial P_i}{\partial q_i} \right) \delta q_j = \sum_{j} Q_j \delta q_j,$$

definindo $Q_j = \sum_{i}^{N} \mathbf{F}_i \cdot \frac{\partial P_i}{\partial q_j}$,, como *força-generalizada* correspondente à coordenada q_j.

Finalmente as (14.18) se transformam nas n *equações de Lagrange*

$$\frac{d}{dt}\left(\frac{\partial T}{\partial \dot{q}_j}\right) - \frac{\partial T}{\partial q_j} = Q_j (j = t, \ldots, n) \tag{14.18a}$$

ou

$$\frac{d}{dt}\left(\frac{\partial T}{\partial \dot{\mathbf{q}}}\right) - \frac{\partial T}{\partial \mathbf{q}} = \mathbf{Q}^t \tag{14.18b}$$

onde $\mathbf{q} = (q_1, \ldots, q_n)^t$, e $\mathbf{Q} = (Q_1, \ldots, Q_n)^t$, (*vetor força-generalizada*).

14.3.2 – Exemplos de cálculo de forças-generalizadas:

1) Coordenadas cartesianas, no plano:

$$P = O + x\mathbf{i}y\mathbf{j}, \ (q_1 = x, \ q_2 = y), \ \mathbf{F} = F_x\mathbf{i} + F_y\mathbf{j},$$

$$\frac{\partial P}{\partial x} = i; \quad \frac{\partial P}{\partial y} = j \Rightarrow Q_x = \mathbf{F} \cdot \frac{\partial P}{\partial x} = \mathbf{F} \cdot \mathbf{i} = \mathbf{F}_x, \quad e \quad Q_y = F_y$$

2) Coordenadas polares no plano:

$$P = O + r\mathbf{u}; \quad \mathbf{F} = F_r\mathbf{u} + F_\varphi \boldsymbol{\tau}$$

$$\frac{\partial P}{\partial r} = u; \quad \frac{\partial P}{\partial \varphi} = r\frac{\partial P}{\partial \varphi} = r\tau$$

$$Q_r = \mathbf{F} \cdot \frac{\partial P}{\partial r} = \mathbf{F} \cdot \mathbf{u} = \mathbf{F}_r$$

$$Q_\varphi = \mathbf{F} \cdot \frac{\partial P}{\partial \varphi} = \mathbf{F} \cdot r\boldsymbol{\tau} = rF_\varphi$$

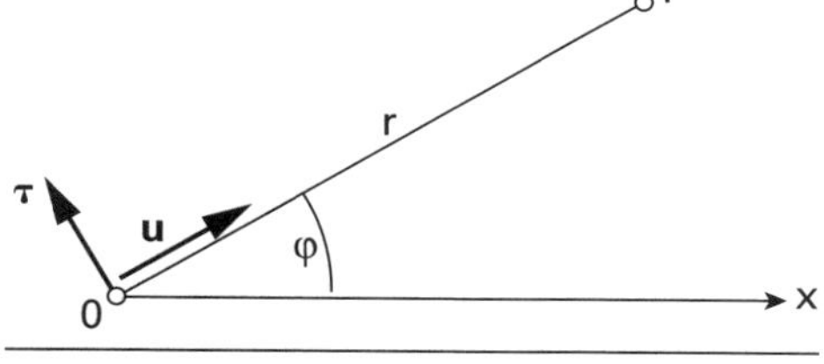

Figura 14.9

14.3.3 – Caso de forças-potenciais:

Suponhamos que as forças-generalizadas *derivem de um potencial*, V, isto é, sejam tais que

$$\mathbf{Q}^t = -(\partial V/\partial \mathbf{q})$$

admitindo que $V = V(q_1, ..., q_n, t)$ seja uma função das (n + 1) variáveis (q_j, t), com derivadas parciais primeiras, contínuas em relação aos q_j.

Nesse caso diz-se que as forças Q_j são *potenciais* e a função V é chamada *energia potencial* do sistema.

Se as forças ativas forem todas potenciais, as equações de Lagrange se escrevem

$$\frac{d}{dt}\left(\frac{\partial T}{\partial \dot{\mathbf{q}}}\right) - \frac{\partial T}{\partial \mathbf{q}} = -\frac{\partial V}{\partial \mathbf{q}} \tag{14.19}$$

Definindo, nesse caso, a *Lagrangiana* ou *função lagrangiana*

$$L \equiv T - V = L\left(q_j, \dot{q}_j, t\right),$$

resulta

$$\frac{d}{dt}\left(\frac{\partial L}{\partial \dot{\mathbf{q}}}\right) - \frac{\partial L}{\partial \mathbf{q}} = O^t \tag{14.20}$$

■ EXEMPLO 14.6 ■

Um ponto material de peso mg desliza sobre a aresta do prisma de peso Mg, indicado, causando o escorregamento deste sobre o plano horizontal. Pode-se admitir o sistema movendo-se num plano vertical. Admitindo ausência de atrito nos contatos, pedem-se as acelerações $\ddot{X}$e $\ddot{x}$

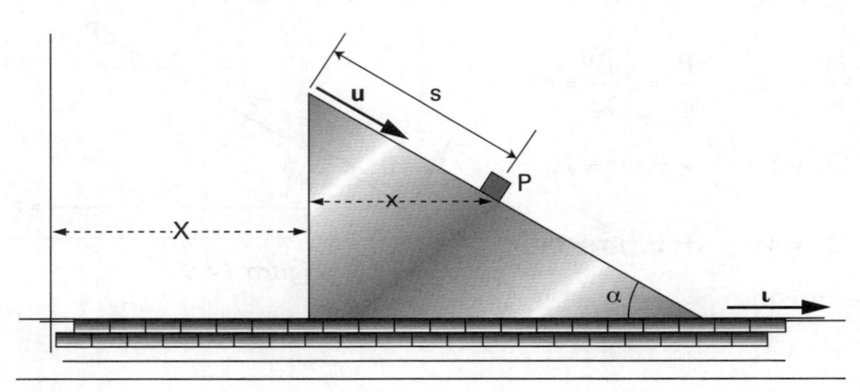

Figura 14.10

☐ **Solução:**

A energia cinética, T, do conjunto é:

$$T = T_{bl} + T_{pto} = \left(\frac{M}{2}\right)\dot{X}^2 + (m/2)(\dot{s}\mathbf{u} + \dot{\mathbf{X}}\mathbf{i})^2 =$$

$$= \left(\frac{M}{2}\right)\dot{X}^2 + (m/2)\left(\dot{s}^2 + \dot{x}^2 + \dot{s}\dot{X}\cos\alpha\right) =$$

$$= (M + m)\left(\dot{X}^2/2\right) + (m/2)\dot{x}^2\sec^2\alpha + m\dot{x}\dot{X} =$$

$$= (M/2)\dot{X}^2 + (m/2)\left(\dot{s}^2 + \dot{X}^2 + 2\dot{s}\dot{X}\cos\alpha\right) =$$

$$= (M + m)\left(\dot{X}^2/2\right) + (m/2)\dot{x}^2\sec^2\alpha + m\dot{x}\dot{X}.$$

A energia potencial do sistema é

$$V = -mgx\ \mathrm{tg}\alpha.$$

As derivadas parciais são

$$\frac{\partial T}{\partial \dot{X}} = (M + m)\dot{X} + m\dot{x}, \quad \frac{\partial T}{\partial X} = 0 \quad \text{e} \quad \frac{\partial V}{\partial X} = 0.$$

Decorre a equação de Lagrange correspondente à variável X:

$$(M + m)\ddot{X} + m\ddot{x} = 0.$$

Por outro lado

$$\frac{\partial T}{\partial \dot{x}} = m\left(\sec^2\alpha\right)\dot{x} + m\dot{X}, \quad \frac{\partial T}{\partial x} = 0 \quad \text{e} \quad \frac{\partial V}{\partial x} = -mg \cdot \mathrm{tg}\alpha.$$

A equação de Lagrange correspondente a x será

$$\left(\sec^2\alpha\right)\ddot{x} + \ddot{X} = g \cdot \mathrm{tg}\alpha.$$

Resolvendo o sistema das duas equações obtêm-se as acelerações

$$\ddot{X} = -g(\mathrm{sen}2\alpha/2)\left[(M/m) + \mathrm{sen}^2\alpha\right], \quad \text{e}$$

$$\ddot{x} = (M + m)g\left[\mathrm{sen}2\alpha\ /\ 2\left(M + m\ \mathrm{sen}^2\alpha\right)\right]$$

14.4 — Teorema da Energia

14.4.1 – Introdução: Forma Normal das Equações de Lagrange

Do ponto de vista matemático é fundamental ressaltar que as Equações de Lagrange são equações diferenciais expressas na forma normal. Vamos, a seguir, expor este fato.

Formas quadráticas

Uma *forma quadrática*, φ, nas n variáveis $x_1, ..., x_n$ é uma expressão do tipo

$$\varphi = \sum_{i,j,=1}^{n} a_{ij} x_i y_j .$$

Sempre se pode supor que a matriz (a_{ij}) seja simétrica, de maneira que a forma quadrática φ se escreva

$$\varphi = \mathbf{x}^t \, A \, \mathbf{x},$$

onde

$$A = \left(a_{ij}\right), \quad \mathbf{x} = \begin{pmatrix} x_1 \\ x_2 \\ \cdot \\ x_n \end{pmatrix}, \quad \mathbf{x}^t = \left(x_1, \ldots, x_n\right)$$

A matriz simétrica, A, associada a uma forma quadrática, é determinada de modo único.

Uma forma quadrática é dita *definida positiva (semidefinida positiva)*, se tomar apenas valores positivos (não negativos), para $\mathbf{x} \neq \mathbf{0}$. Nesse caso, sua matriz A é dita definida positiva (semidefinida positiva).

Considerando uma forma quadrática como função das variáveis x_i, demonstra-se que

$$\frac{\partial}{\partial \mathbf{x}}\left(\mathbf{x}^t A \mathbf{x}\right) = 2\mathbf{x}^t A$$

Demonstra-se também que, sendo **b** um n-vetor, cte.:

$$\frac{\partial}{\partial \mathbf{x}}(\mathbf{b} \cdot \mathbf{x}) = \frac{\partial}{\partial \mathbf{x}}\left(\mathbf{b}^t \mathbf{x}\right) = \mathbf{b}^t.$$

Consideremos agora a equação de Lagrange para um sistema holônomo:

$$\frac{d}{dt}\left(\frac{\partial T}{\partial \dot{\mathbf{q}}}\right) - \frac{\partial}{\partial \mathbf{q}} = \mathbf{Q}^t$$

Para investigar a forma da energia cinética, T, observemos que*

$$P_i = P_i(q_i, \ldots, q_n, t) \Rightarrow \mathbf{v}_i = \sum_j \frac{\partial P_i}{\partial q_j} \dot{q}_j + \frac{\partial P_i}{\partial t}$$

$$v_i^2 = \sum_j \left(\frac{\partial P_i}{\partial q_j} \dot{q}_j\right)^2 + 2\sum_j \frac{\partial P_i}{\partial q_j} \dot{q}_j \cdot \frac{\partial P_i}{\partial t} + \left(\frac{\partial P_i}{\partial t}\right)^2$$

Neste capítulo o livro citado de Gantmacher [12] é seguido de maneira especial.

Decorre:

$$T = \frac{1}{2}\sum_i m_i v_i^2 = \frac{1}{2}\sum_i m_i \left(\frac{\partial P_i}{\partial q_j}\dot{q}_j\right)^2$$

$$+m_i\left(\frac{\partial P_i}{\partial q_j}\dot{q}_j \cdot \frac{\partial P_i}{\partial t}\right) + \frac{1}{2}\sum_j m_i \left(\frac{\partial P_i}{\partial t}\right)^2$$

ou

$$T = T_2 + T_1 + T_0, \ (T_2 \geq \mathbf{0}),$$

onde

$$T_2 \equiv \frac{1}{2} m_i \sum_{r,s} \frac{\partial P_i}{\partial q_r}\dot{q}_r \cdot \frac{\partial P_i}{\partial q_s}\dot{q}_s = \left(\frac{1}{2}\right)\sum_{r,s}\left(\sum_i m_i \frac{\partial P_i}{\partial q_r}\cdot\frac{\partial P_i}{\partial q_s}\right)\dot{q}_r\dot{q}_s$$

ou

$$T_2 = \left(\frac{1}{2}\right)\sum_{r,s} a_{rs}\dot{q}_r\dot{q}_s, \qquad (a_{rs} = a_{sr}).$$

ou

$$T_2 = \left(\frac{1}{2}\right)\dot{q}A\dot{q}^t; \qquad A = (a_{rs})$$

[Os coeficientes da forma T_2, quadrática em $\dot{q}_1, ..., \dot{q}_n$, são, em geral, funções de $(q_1, ..., q_n, t)$].

$$T_1 \equiv \sum_i m_i \left(\sum_j \frac{\partial P_i}{\partial q_j}\dot{q}_j \cdot \frac{\partial P_i}{\partial t}\right) = \sum_j \left(\sum_i m_i \frac{\partial P_i}{\partial q_j}\dot{q}_j \cdot \frac{\partial P_i}{\partial t}\right) = \sum_j b_j \dot{q}_j = \mathbf{b}^t\mathbf{q}$$

onde $b_j = b_j(q_1,...,q_n,t)$ e $\mathbf{b}^t = (b_1,...b_n)$.

$$T_0 \equiv \left(\frac{1}{2}\right)\sum_i m_i \left(\frac{\partial P_i}{\partial t}\right)^2 = T_0(q_1,\ldots,q_n,t)$$

Obs.: Se os vínculos não dependerem do tempo, t não comparece nas expressões de P_i e se tem:

$$\frac{\partial P_i}{\partial t} = \mathbf{0} \Rightarrow T_1 = T_0 = 0 \Rightarrow T = T_2.$$

Neste caso os coeficientes a_{rs} da forma quadrática T_2 (ou T) serão apenas funções dos $(q_1, ..., q_n)$.

1º Teorema:

"T_2 se anula quando e somente quando

$$\sum_j \frac{\partial P_i}{\partial q_j} \dot{q}_j = \mathbf{0}, \quad \text{(para todos os índices i).''}$$

De fato, basta ver a expressão inicial de T_2.

2º Teorema:

"Se, para todos os índices i

$$\sum_j \frac{\partial P_i}{\partial q_j} \dot{q}_j = \mathbf{0},$$

então $\dot{q}_1, \ldots, \dot{q}_n = 0$, e reciprocamente."

De fato, se a somatória for nula, havendo N pontos P_i, resultam 3N equações escalares:

$$\frac{\partial x_1}{\partial q_1}\dot{q}_1 + \frac{\partial x_1}{\partial q_n}\dot{q}_n = 0$$

$$\dots\dots\dots\dots\dots\dots\dots\dots$$

$$\frac{\partial z_N}{\partial q_1}\dot{q}_1 + \ldots + \frac{\partial z_N}{\partial q_n}\dot{q}_n = 0$$

Este sistema linear e homogêneo nas n incógnitas $\dot{q}_j$ tem como matriz dos coeficientes

$$\begin{pmatrix} \dfrac{\partial x_1}{\partial q_1} & \cdots & \dfrac{\partial x_1}{\partial q_n} \\ \dots & \dots & \dots \\ \dfrac{\partial z_N}{\partial q_1} & \cdots & \dfrac{\partial z_N}{\partial q_n} \end{pmatrix}$$

a qual já vimos que tem posto n.

Então o sistema linear é compatível, determinado e só admite a solução trivial

$$\dot{q}_1 = \cdots = \dot{q}_n = 0$$

Obs.: T_2 se anulando quando e somente quando todos os $\dot{q}_j$ forem nulos, ela é uma forma quadrática definida positiva.

Conclui-se portanto que:

3º Teorema:

"T_2 sendo definida positiva, o determinante da matriz $A = (a_{rs})$ é positivo."

Para evidenciar a forma normal da equação de Lagrange considerada

$$\left(\frac{d}{dt}\right)\frac{\partial T}{\partial \dot{\mathbf{q}}} - \frac{\partial T}{\partial \mathbf{q}} = \mathbf{Q}^t,$$

vamos escrever as derivadas do primeiro membro, considerando

$$T = T_2 + T_1 + T_0:$$

$$\frac{\partial T}{\partial \dot{\mathbf{q}}} = \frac{\partial T_2}{\partial \dot{\mathbf{q}}} + \frac{\partial T_1}{\partial \dot{\mathbf{q}}} = \dot{\mathbf{q}}^t A + \mathbf{b}^t$$

$$\left(\frac{d}{dt}\right)\frac{\partial T}{\partial \dot{\mathbf{q}}} = \ddot{\mathbf{q}}^t A + \dot{\mathbf{q}}^t \dot{A} + \dot{\mathbf{b}}^t = \ddot{\mathbf{q}}^t A + \mathbf{f}^t(\mathbf{q}, \dot{\mathbf{q}}, t) \qquad (14.20)$$

Indicando

$$\frac{\partial T}{\partial \mathbf{q}} = \Phi^t(\mathbf{q}, \dot{\mathbf{q}}, t), \qquad (14.21)$$

a equação de Lagrange se escreve:

$$\ddot{\mathbf{q}}^t A + \mathbf{f}^t - \Phi^t = \mathbf{Q}^t$$

Tomando as transpostas e isolando o primeiro termo:

$$A\ddot{\mathbf{q}} = \mathbf{Q} - \mathbf{f} + \Phi$$

Multiplicando os dois membros por A^{-1}, esta equação se escreve na forma

$$\ddot{\mathbf{q}} = \theta(\mathbf{q}, \dot{\mathbf{q}}, t)$$

Em geral, nos problemas de Mecânica, o segundo membro desta equação satisfaz às condições de existência e unicidade de solução. (Basta, por exemplo, que a função seja contínua e tenha derivadas primeiras contínuas em relação aos q_j e aos $\dot{q}_j$).

Portanto, quando o sistema é holônomo, com vínculos perfeitos, seu movimento, em geral, fica univocamente determinado pelas *posições iniciais*, q_0, e pelas *velocidades iniciais*, $\dot{q}_0$.

14.4.2 – Teorema de Euler para funções homogêneas

Definição: f(**x**) se diz *função homogênea de grau* m, nas variáveis x_j, se $f(p\mathbf{x}) = p^m f(\mathbf{x})$, qualquer que seja $p > 0$.

Para deduzir o teorema de Euler, vamos derivar, parcialmente, a relação anterior, membro a membro, em relação a p, empregando a regra da cadeia:

$$\frac{\partial f(p\mathbf{x})}{\partial p} = \frac{\partial f(p\mathbf{x})}{\partial (p\mathbf{x})}\mathbf{x} = mp^{m-1}f(\mathbf{x})$$

Fazendo p = 1 obtém-se a relação que exprime o teorema de Euler, para a função homogênea, f(**x**), de grau m, nas variáveis x_j:

$$\frac{\partial f(\mathbf{x})}{\partial \mathbf{x}} = mf(\mathbf{x})$$

14.4.3 – Teorema da Energia

Para deduzir, agora, o Teorema da Energia, continuamos supondo o sistema holônomo com vínculos perfeitos. Vamos, entretanto, supor um caso um pouco mais geral, admitindo que, além das forças potenciais, possam atuar, no sistema, forças não potenciais correspondendo a uma força generalizada

$$\mathbf{G} = \mathbf{G}\,(\mathbf{q},\dot{\mathbf{q}},t),$$

denotando a força generalizada total

$$\mathbf{Q}^t = -\frac{\partial V}{\partial \mathbf{q}} + \mathbf{G}^t.$$

Por definição a *energia total* do sistema é a soma

$$E = T + V.$$

Para verificar como varia a energia total durante o movimento de um sistema, calculemos a derivada dE/dt. Para isso calculemos, antes, dT/dt, lembrando que $T = T(\mathbf{q}, \dot{q}, t)$.

$$\frac{dT}{dt} = \frac{\partial T}{\partial \mathbf{q}}\dot{\mathbf{q}} + \frac{\partial T}{\partial \dot{\mathbf{q}}}\ddot{\mathbf{q}} + \frac{\partial T}{\partial t} =$$

$$= \frac{\partial T}{\partial \mathbf{q}}\dot{\mathbf{q}} + \frac{d}{dt}\left(\frac{\partial T}{\partial \dot{\mathbf{q}}}\dot{\mathbf{q}}\right) - \left[\left(\frac{d}{dt}\right)\left(\frac{\partial T}{\partial \dot{\mathbf{q}}}\right)\right]\dot{\mathbf{q}} =$$

$$= \left[\frac{\partial T}{\partial \mathbf{q}} - \frac{d}{dt}\left(\frac{\partial T}{\partial \dot{\mathbf{q}}}\right)\right]\dot{\mathbf{q}} + \frac{d}{dt}\left(\frac{\partial T}{\partial \mathbf{q}}\dot{\mathbf{q}}\right) + \frac{\partial T}{\partial t}.$$

O termo entre colchetes será transformado com auxílio da equação de Lagrange e o termo seguinte usando o teorema de Euler, lembrando que $T = T_2 + T_1 + T_0$ e que

$$\frac{\partial T}{\partial \dot{\mathbf{q}}}\dot{\mathbf{q}} = \left(\frac{\partial T_2}{\partial \dot{\mathbf{q}}} + \frac{\partial T_1}{\partial \dot{\mathbf{q}}} + \frac{\partial T_0}{\partial \dot{\mathbf{q}}}\right)\dot{\mathbf{q}}$$

Sendo T_2, T_1, T_0, funções homogêneas de graus respectivamente 2, 1, 0, nas variáveis $\dot{q}_j$:

$$\frac{\partial T_2}{\partial \dot{\mathbf{q}}}\dot{\mathbf{q}} = 2T_2; \quad \frac{\partial T_1}{\partial \dot{\mathbf{q}}}\dot{\mathbf{q}} = T_1; \quad \frac{\partial T_0}{\partial \dot{\mathbf{q}}}\dot{\mathbf{q}} = 0$$

Substituindo na derivada dT/dt, sendo

$$\frac{d}{dt}\left(\frac{\partial T}{\partial \dot{\mathbf{q}}}\right) - \frac{\partial T}{\partial \mathbf{q}} = -\frac{\partial V}{\partial \mathbf{q}} + \mathbf{G}^t$$

obtém-se:

$$\frac{d}{dt}\left(\frac{\partial V}{\partial \dot{\mathbf{q}}} - \mathbf{G}^t\right)\dot{\mathbf{q}} + \frac{d}{dt}(2T_2 + T_1)$$

Por outro lado, sendo $2T = 2T_2 + 2T_1 + 2T_0$,

$$2T_2 + T_1 = 2T - T_1 - 2T_0.$$

Lembrando também que

$$\frac{dV}{dt} = \frac{\partial V}{\partial \mathbf{q}}\dot{\mathbf{q}} + \frac{\partial V}{\partial t} \quad \text{decorre}$$

$$\frac{dT}{dt} = \left(\frac{dV}{dt} - \frac{\partial V}{\partial t}\right) - \mathbf{G}^t\dot{\mathbf{q}} + \left(\frac{d}{dt}\right)(2T - T_1 - 2T_0) + \frac{\partial T}{\partial t}.$$

Isolando

$$\frac{dT}{dt} + \frac{dV}{dt} = \frac{dE}{dt}:$$

$$\frac{dE}{dt} = \mathbf{G}^t\dot{\mathbf{q}} + \left(\frac{d}{dt}\right)(T_1 + 2T_0) - \frac{\partial T}{\partial t} + \frac{\partial T}{\partial t}. \tag{14.22}$$

Observações:

1) A expressão $\mathbf{G}^t\,\dot{q}$ é, por definição, a *potência das forças não potenciais*.

2) A soma $\left(\frac{d}{dt}\right)(T_1 + 2T_0) - \frac{\partial T}{\partial t}$ só poderá ser diferente de zero quando os

vínculos dependerem do tempo, pois, para vínculos independentes do tempo:

$$T_1 = T_0 \equiv 0, \quad \text{e} \quad \frac{\partial T}{\partial t} \equiv 0.$$

3) O termo $\frac{\partial V}{\partial t}$ só será diferente de zero quando a energia potencial, V, depender explicitamente do tempo.

Casos particulares da equação (14.22)

a) Vínculos independentes do tempo:

$$\frac{dE}{dt} = \mathbf{G}^t\dot{\mathbf{q}} + \frac{\partial V}{\partial t}$$

b) Vínculos independentes do tempo e potencial não dependente do tempo:

$$\frac{dE}{dt} = \mathbf{G}^t\dot{\mathbf{q}} \tag{14.23}$$

c) *Sistema conservativo,* isto é, por definição:

1º) Todas as forças são potenciais.

2º) Os vínculos são independentes do tempo.

3º) A energia potencial, V, não depende explicitamente do tempo.

Neste caso dE/dt = 0,

$$E = T + V = cte. = h.$$

A função $E = T + V = E(q_j, \dot{q}_j)$, a qual se mantém constante ao longo de cada movimento (o qual é caracterizado pela constante h), é chamada uma *integral primeira* das equações diferenciais do movimento.

Observação:

1. As forças não potenciais serão chamadas *giroscópicas* se a sua potência for nula, isto é:

$$\mathbf{G}^t\dot{\mathbf{q}} \equiv 0 \tag{14.24}$$

2. Se a sua potência for menor ou igual a zero, elas serão chamadas *dissipativas*:

$$\mathbf{G}^t\dot{\mathbf{q}} \leq 0$$

3. Se as forças não potenciais forem todas giroscópicas, supondo vínculos e potencial não dependentes do tempo, obtém-se de (14.23) e (14.24):

$$dE/dt = 0 \Rightarrow E = T + V = \text{cte.}$$

e também existirá a integral da energia.

14.4.4 – Função-dissipação de Rayleigh

Suponhamos que as forças generalizadas não potenciais, que atuam no sistema, sejam do tipo:

$$\mathbf{G} = -D\dot{\mathbf{q}}$$

onde D é uma matriz simétrica, semidefinida positiva, e, portanto, a forma quadrática (nos $\dot{q}_j$), $\dot{q}^t D\dot{q}$, é semidefinida positiva.

A potência dessas forças não potenciais será:

$$\mathbf{G}^t\dot{\mathbf{q}} = (-D\dot{\mathbf{q}})^t\dot{\mathbf{q}} = -\dot{\mathbf{q}}^t D\dot{\mathbf{q}} \leq 0$$

Portanto essas forças generalizadas são dissipativas. Nesse caso a forma quadrática

$$\mathcal{R} = \left(\frac{1}{2}\right)\dot{\mathbf{q}}^t D\dot{\mathbf{q}}$$

é chamada *Função-dissipação de Rayleigh*.

Sendo $\frac{\partial\mathcal{R}}{\partial\dot{\mathbf{q}}} = \dot{\mathbf{q}}^t D$, resulta

$$\mathbf{G}^t = -\frac{\partial\mathcal{R}}{\partial\dot{\mathbf{q}}}$$

Supondo que no sistema (além das forças dissipativas) atuem forças correspondentes a uma energia potencial V:

$$\mathbf{G}^t = -\frac{\partial V}{\partial\mathbf{q}} - \frac{\partial\mathcal{R}}{\partial\dot{\mathbf{q}}}$$

a equação de Lagrange, usando a função Lagrangiana, L = T - V, será

$$\frac{d}{dt}\left(\frac{\partial L}{\partial\dot{\mathbf{q}}} - \frac{\partial L}{\partial\mathbf{q}}\right) = -\frac{\partial\mathcal{R}}{\partial\dot{\mathbf{q}}}$$

Observe-se que, se os vínculos e o potencial não dependerem do tempo:

$$\frac{dE}{dt} = \mathbf{G}^t\dot{\mathbf{q}} = -\frac{\partial\mathcal{R}}{\partial\dot{\mathbf{q}}}\dot{\mathbf{q}}$$

Sendo $\mathcal{R}$ função homogênea, de grau 2, nos $\dot{q}_j$, decorre:

$$dE/dt = -2\mathcal{R}.$$

14.4.5 – Aplicação ao caso de referenciais não inerciais

Integral da Energia no movimento relativo

Sabemos que, no caso de o referencial não ser inercial, devem ser acrescentadas, às forças ativas, as forças de inércia, de arrastamento e de Coriolis.

As forças de Coriolis são giroscópicas.

De fato, a força de Coriolis correspondente a um ponto material de massa m_i e velocidade (relativa ao referencial não inercial) $\mathbf{v}_i$ é

$$F_{c,i} = -\,2m_i\omega \wedge \mathbf{v}_i$$

onde ω é o vetor de rotação do movimento de arrastamento, no instante considerado.

A potência da força de Coriolis, nesse instante, é

$$F_{ci} \cdot \mathbf{v}_i = -2m_i\omega \wedge \mathbf{v}_i \cdot \mathbf{v}_i = 0 \qquad \sum_i F_{ci} \cdot \mathbf{v}_i = 0$$

Suponhamos o caso de as forças de inércia de arrastamento serem potenciais e da energia potencial não depender de t. Se, no sistema relativo, os vínculos não dependerem de t, valerá a Integral da Energia no movimento relativo.

■ Exemplo 14.2 ■

Um ponto P de massa m move-se, sem atrito, numa reta definida pelo eixo O**u** (movimento relativo).

A reta, por sua vez, gira, num plano horizontal, em torno do ponto fixo O, com velocidade angular cte. (movimento de arrastamento).

Supondo que nenhuma força ativa atue em P, pede-se:

1) Escrever a integral da energia no movimento de P relativo a O.
2) Supondo que, na posição $r = r_0$, P tenha velocidade relativa nula, determinar $r = r(t)$ e a equação da trajetória de P no plano do movimento.
3) Qual a força horizontal que a reta móvel exerce sobre P?

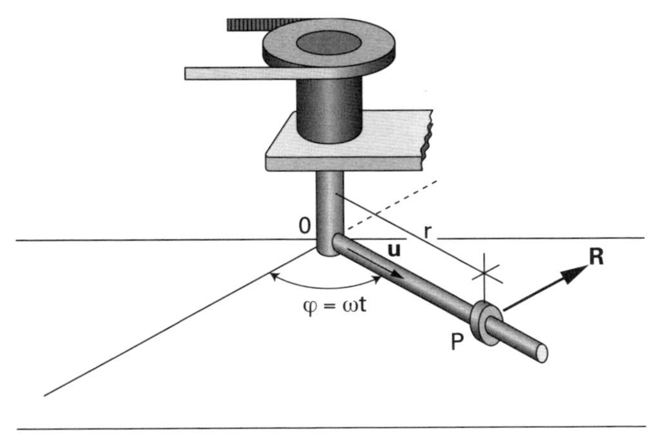

Figura 14.11

☐ Solução:

A aceleração de arrastamento e a força de inércia correspondente serão, respectivamente:

$$\mathbf{a}_a = -\,\omega^2\, r\mathbf{u}; \quad \mathbf{F}_a = m\,\omega^2\, r\mathbf{u}$$

O trabalho elementar dessa força será

$$\tau_a = \mathbf{F}_a \cdot dP = m \cdot \omega^2\, r dr$$

Decorre o potencial da força de inércia de arrastamento

$$V_a = -m\omega^2\, r^2/2.$$

Chamando T_r a a energia cinética no movimento relativo à reta, a integral da energia procurada se escreve:

$$T_r + V_a = \text{cte.}; \quad (m/2)\dot{r}^2 - m\omega^2 r^2/2 = -m\omega^2 r_0^2/2$$

Portanto $\dot{r} = \pm\,\omega(r^2 - r_0^2)^{1/2}$ e, para $t > 0$,

$$\dot{r} = \omega(r^2 - r_0^2)^{1/2}$$

Integrando a equação diferencial

$$dr/dt = \omega(r^2 - r_0^2)^{1/2}, \tag{1}$$

obtém-se

$$r = (r_0/2)\,(e^{\omega t} + e^{-\omega t}) = r_0\, \text{ch}\omega t.$$

Chamando φ o ângulo polar que define a posição da reta, obtém-se a equação da trajetória procurada:

$$r = (r_0/2)\,(e^{\varphi} + e^{-\varphi}) = r_0\, \text{ch}\, \varphi$$

Finalmente o Teorema da Resultante aplicado a P fornece:

$$m(\mathbf{a}_r + \mathbf{a}_a + \mathbf{a}_c) = \mathbf{R},$$

onde

$$\mathbf{a}_r = \ddot{r}\mathbf{u} \text{ é a aceleração relativa de P,}$$

$$\mathbf{a}_a = -\,\omega^2 r\mathbf{u}, \text{ a aceleração de arrastamento,}$$

$$\mathbf{a}_c = 2\omega\mathbf{k} \wedge \mathbf{v}_r = 2\omega\dot{r}\boldsymbol{\tau}, \text{ a aceleração de Coriolis.}$$

Substituindo na expressão acima

$$m(\ddot{r}\mathbf{u} - \omega^2 r\mathbf{u} + 2\omega\dot{r}\boldsymbol{\tau}) = R\boldsymbol{\tau}.$$

Portanto

$$\ddot{r} - \omega_r^2 = 0$$

e

$$R = 2m\dot{r}$$

A primeira dessas equações é uma equação diferencial de 2ª ordem que fornece a mesma expressão de $r = r(t)$, já obtida.

Levando em conta (1), obtém-se, finalmente

$$R = 2m\omega\,(r^2 - r_0^2)^{1/2}$$

14.5 — Equilíbrio e estabilidade

14.5.1 – Posições de Equilíbrio

Seja S um sistema material, com vínculos holônomos, perfeitos e *independentes do tempo.*

Supondo que as equações de Lagrange do movimento de S admitam soluções do tipo

$$\mathbf{q}(t) = \mathbf{q}_E(\text{cte.})$$

o ponto $P_E(\mathbf{q}_E)$ é chamado um *ponto de equilíbrio*, uma *posição de equilíbrio*, ou uma *solução de equilíbrio*.

Teorema:

"Uma condição necessária e suficiente para que as equações de Lagrange admitam soluções do tipo $\mathbf{q}(t) = \mathbf{q}_E$ é que a força generalizada:

$$\mathbf{Q}^t(\mathbf{q},\dot{\mathbf{q}},t) = -\frac{\partial V}{\partial \mathbf{q}} + \mathbf{G}^t(\mathbf{q},\dot{\mathbf{q}},t)$$

calculada para $\mathbf{q} = \mathbf{q}_E$, $\dot{q} = \mathbf{0}$, seja nula, qualquer que seja t."

De fato, seja $T = T_2 = (1/2)\ \dot{q}^t A \dot{q}$, vimos que

$$\frac{\partial T}{\partial \dot{\mathbf{q}}} = \dot{\mathbf{q}}^t A \Rightarrow \left(\frac{d}{dt}\right)\left(\frac{\partial T}{\partial \dot{\mathbf{q}}}\right) = \ddot{\mathbf{q}}^t A + \dot{\mathbf{q}}^t \dot{A}, \qquad \text{cfr. (14.20)}$$

$$\left(\frac{\partial T}{\partial \dot{\mathbf{q}}}\right) = \left(\frac{\partial T}{\partial \mathbf{q}_1}, \ldots, \frac{\partial T}{\partial \mathbf{q}_n}\right) \equiv \Phi^t(\mathbf{q}, \dot{\mathbf{q}}) \qquad \text{cfr. (14.21)}$$

A equação de Lagrange se torna

$$\ddot{\mathbf{q}}^t A + \dot{\mathbf{q}} \dot{A} - \Phi^t = \mathbf{Q}^t \tag{14.25}$$

1°) Supondo $\mathbf{q}(t) = \mathbf{q}_E \Rightarrow \dot{q} = \ddot{q} = \mathbf{0}$, qualquer que seja t, decorre

$$\mathbf{Q}^t(\mathbf{q}_E, \mathbf{0}, t) = -\Phi^t(\mathbf{q}_E, \mathbf{0}).$$

Ora, as componentes de Φ são formas quadráticas nos $\dot{q}_j$, e portanto

$$\Phi(\mathbf{q}_E, \mathbf{0}) = \mathbf{0} \quad \text{e} \quad \mathbf{Q}(\mathbf{q}_E, \mathbf{0}, t) = \mathbf{0},$$

qualquer que seja t.

2º) Inversamente, se

$$\mathbf{Q}(\mathbf{q}_E, \mathbf{0}, t) = \mathbf{0}, \text{ qualquer que seja t,}$$

substituindo, $\mathbf{q} = \mathbf{q}_E$, $\dot{q} = \ddot{q} = \mathbf{0}$, na equação de Lagrange (14.25), verifica-se que esta equação fica satisfeita.

Se esta equação de Lagrange tiver solução única, tal solução será a solução de equilíbrio $\mathbf{q}(t) = \mathbf{q}_E$.

Com essa ressalva, para pesquisar as posições de equilíbrio de um sistema, bastará igualar a zero a força generalizada, $\mathbf{Q}$, obtendo os $\mathbf{q}_E$ correspondentes.

Corolário:

Se o sistema for conservativo, uma condição necessária e suficiente para que ele admita o ponto de equilíbrio $\mathbf{q}(t) = \mathbf{q}_E$ é que se tenha

$$\left(\frac{\partial V}{\partial \mathbf{q}}\right)_{\mathbf{q}=\mathbf{q}_E} = \mathbf{0}^t$$

Obs.: No caso de o sistema ser conservativo, sendo

$$L = T - V = (1/2)\ \dot{q}^t A \dot{q} - V(\mathbf{q}),$$

$$\left(\frac{\partial L}{\partial \mathbf{q}}\right) = \Phi^t - \frac{\partial V}{\partial \mathbf{q}}$$

Na posição de equilíbrio $\mathbf{q} = \mathbf{q}_E$, $\dot{\mathbf{q}} = \mathbf{0}$, decorrendo

$$\Phi^t(\mathbf{q}_E, \mathbf{0}) = \mathbf{0}^t, \quad \left(\frac{\partial V}{\partial \mathbf{q}}\right)_{\mathbf{q}=\mathbf{q}_E} = \mathbf{0}^t$$

e, portanto

$$\left(\frac{\partial L}{\partial \mathbf{q}}\right)_{\mathbf{q}=\mathbf{q}_E, \dot{\mathbf{q}}=0} = \mathbf{0}^t$$

14.5.2 – Princípio dos Trabalhos Virtuais

Seja S um sistema de N pontos materiais, sujeito a vínculos perfeitos, holônomos e independentes do tempo. Seja n o número de graus de liberdade de S.

"Uma condição necessária e suficiente para que o ponto

$$\mathbf{q}_E = (q_{1E}, q_{2E}, \ldots, q_{nE}); \dot{\mathbf{q}}_E = \mathbf{0}$$

seja de equilíbrio para o sistema S é que o trabalho virtual das forças ativas, que atuam em S, seja nulo para todos os deslocamentos virtuais correspondentes a essa posição."

De fato, se o ponto considerado for de equilíbrio, vimos que $\mathbf{Q}(\mathbf{q}_E, \mathbf{0}, t) = \mathbf{0}$, qualquer que seja t, decorrendo

$$\sum_i F_i \cdot \delta P_i = \sum_j Q_j \cdot \delta P_i = 0$$

Inversamente, se

$$\sum_i F_i \cdot \delta P_i = \sum_j Q_j \cdot \delta P_i = 0$$

resulta, pela arbitrariedade dos δq_j,

$$Q_j = 0, \ (j = 1, \ldots, n).$$

Portanto, nesse caso, a força generalizada $\mathbf{Q}(\mathbf{q}_E, \mathbf{0}, t)$ é nula, qualquer que seja t, assim como o vetor $\ddot{q}_E$, o que indica que $(\mathbf{q}_E, \mathbf{0})$ é ponto de equilíbrio.

Obs.: Nesta exposição, um tanto elementar, da Mecânica Analítica, o Princípio dos Trabalhos Virtuais foi demonstrado para o equilíbrio de um ponto material, sob condições muito restritivas.

De fato, verifica-se (ver, por exemplo, Pérès[33]) que se pode enunciar um Princípio dos Trabalhos Virtuais numa situação totalmente geral. Considerando também o trabalho virtual das forças de inércia, o princípio (sob o nome mais adequado de Princípio de D'Alembert) equivale à Lei Fundamental da Dinâmica, podendo servir de base à toda Mecânica Clássica.

■ EXEMPLO 14.3 ■

As barras OA = AB = 2a, homogêneas e de peso P estão articuladas pelo pino A, presas no pino fixo O e ligadas ao anel B que pode deslizar livremente no eixo horizontal Ox.

Dada a força horizontal F, determine o ângulo θ de equilíbrio do sistema.

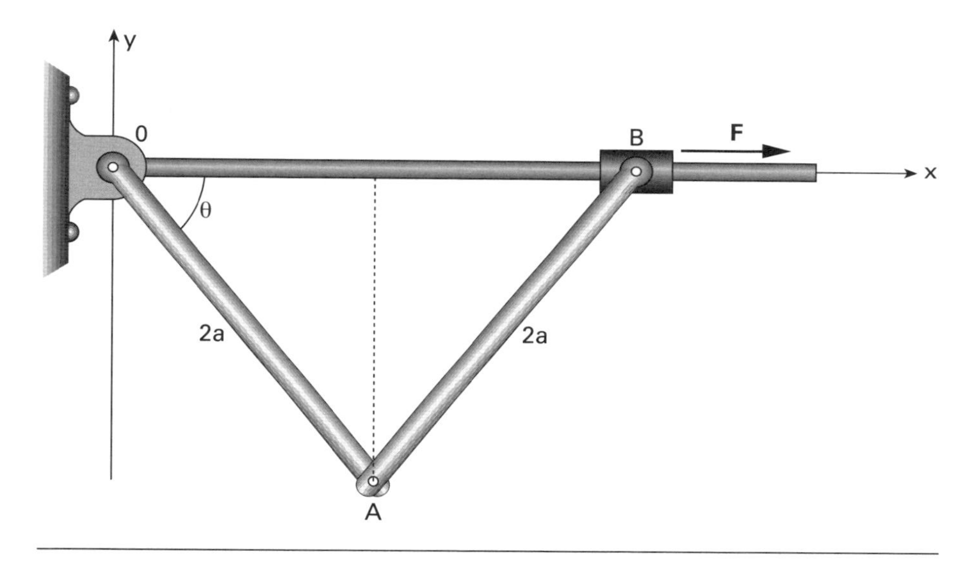

Figura 14.12

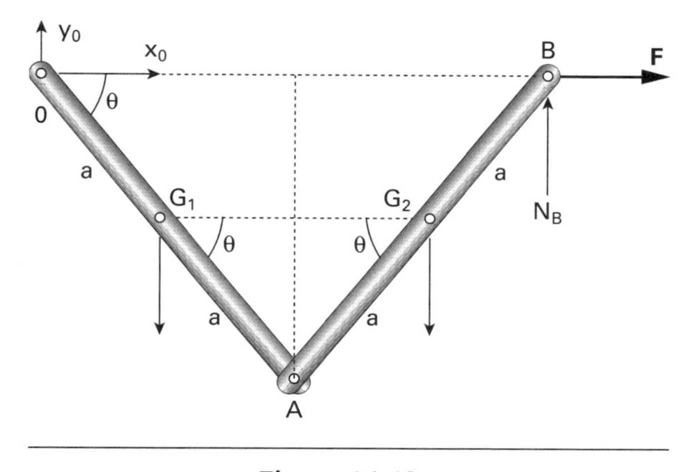

Figura 14.13

☐ **Solução:**

Uma condição necessária e suficiente para o equilíbrio é que o trabalho virtual do sistema de forças externas seja nulo para quaisquer deslocamentos virtuais (ou que as forças generalizadas sejam nulas para esses deslocamentos).

As forças externas ao sistema são ($F\mathbf{i}$,B) e os pesos ($-P\mathbf{j}$) aplicados nos baricentros G_1 e G_2, das barras.

A reação no ponto O não precisa ser considerada pois seu trabalho virtual, $\mathbf{R_O} \cdot \delta\, O$, é nulo, sendo O fixo.

No equilíbrio teremos

$$F\mathbf{i} \cdot \delta\, B - P\mathbf{j} \cdot \delta\, G_1 - P\mathbf{j} \cdot \delta\, G_2 = 0.$$

Basta considerar o trabalho realizado na direção da força, pois em qualquer outra direção o trabalho virtual é nulo. Tem-se

$$F\mathbf{i} \cdot \delta\, x_B\mathbf{i} - P\mathbf{j} \cdot \delta\, y_1\mathbf{j} - P\mathbf{j} \cdot \delta\, y_2\mathbf{j} = 0$$

As coordenadas dependem apenas de um único parâmetro, por exemplo o ângulo θ:

$$x_B = 4a\cos\theta; \quad y_1 = y_2 = -a\,\mathrm{sen}\theta$$

$$\delta\, x_B = -4a\,\mathrm{sen}\theta\,\delta\theta; \quad \delta y_1 = \delta y_2 = -a\cos\theta\,\delta\theta$$

Assim

$$[F(-4a\,\mathrm{sen}\theta) - 2P(-a\cos\theta)]\delta\,\theta = 0 \qquad (1)$$

para θ arbitrário.

Então

$$-4F\,\mathrm{sen}\theta + 2P\cos\theta = 0$$

e

$$\mathrm{tg}\theta = (P/2F)$$

[Como o sistema tem apenas um grau de liberdade, existe só uma força generalizada, Q, a qual é o coeficiente de $\delta\,\theta$ em (1)]

■ EXEMPLO 14.4 ■

As barras AO = AB = 2a, homogêneas e de peso P estão articuladas pelo pino A, presas pelo pino fixo O e tracionadas em B, por uma força horizontal F. Determine os ângulos θ e φ no equilíbrio do sistema.

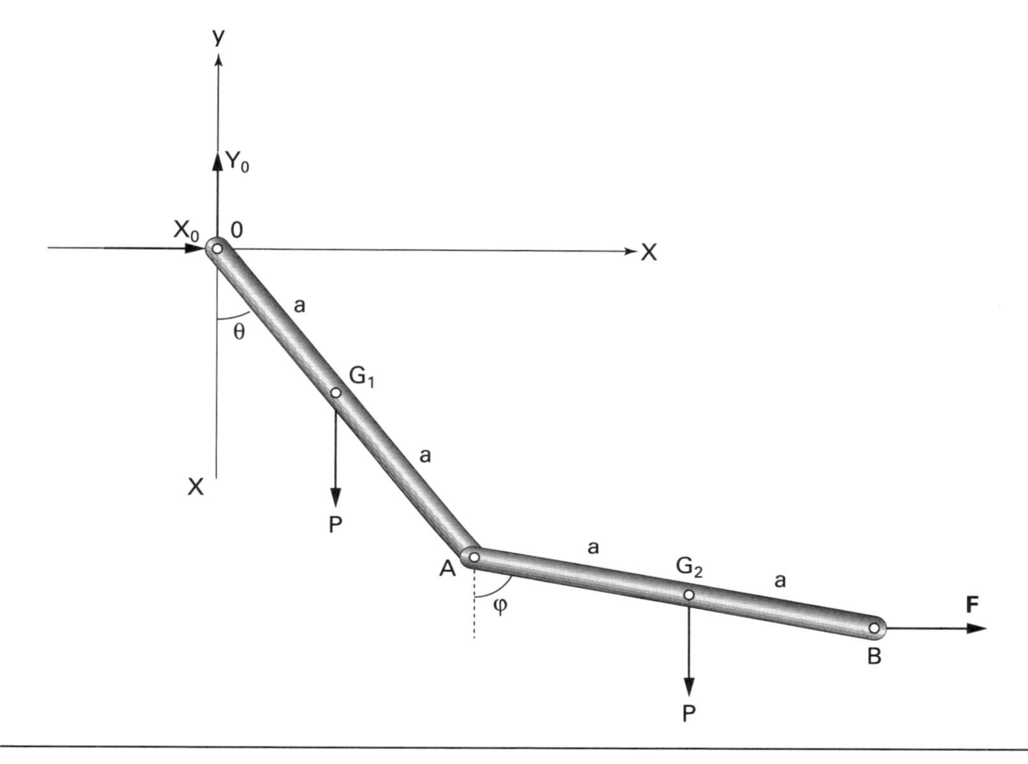

Figura 14.14

□ Solução:

$$F\delta x_B - P\delta y_1 - P\delta y_2 = 0$$

$$x_B = 2a\,\text{sen}\theta + 2a\,\text{sen}\varphi$$

$$y_1 = -\,a\cos\theta$$

$$y_2 = -\,2a\cos\theta - a\cos\varphi$$

$$\delta x_B = 2a\cos\theta\,\delta\theta + 2a\cos\varphi\,\delta\varphi$$

$$\delta y_1 = a\,\text{sen}\theta\,\delta\theta$$

$$\delta y_2 = 2a\,\text{sen}\theta\,\delta\theta + a\,\text{sen}\varphi\,\delta\varphi$$

$$Fa(2\cos\theta\,\delta\theta + 2\cos\varphi\,\delta\varphi) - Pa\,\text{sen}\theta\,\delta\theta - Pa(2\,\text{sen}\theta\,\delta\theta + \text{sen}\varphi\,\delta\varphi) = 0$$

$$(2F\cos\theta - P\,\text{sen}\theta - 2P\,\text{sen}\theta)\,\delta\theta$$

$$+(2F\cos\varphi - P\text{sen}\varphi)\,\delta\varphi = 0$$

Como os vínculos permitem que θ e φ sejam escolhidos independente e arbitrariamente (o sistema tem 2 graus de liberdade), decorre:

$$2F\cos\theta - 3P\,\text{sen}\theta = 0; \quad \text{tg}\theta = (2F/3P)$$

$$2F\cos\varphi - P\text{sen}\varphi = 0; \quad \text{tg}\varphi = (2F/P)$$

Obs: Neste caso, as duas forças generalizadas que, no equilíbrio, devem ser nulas, são os coeficientes de $\delta\theta$ e $\delta\varphi$, respectivamente:

$$Q_1 = 2F\cos\theta - 3P\,\mathrm{sen}\theta \quad \text{e} \quad Q_2 = 2F\cos\varphi - P\mathrm{sen}\varphi.$$

14.5.3 – Equilíbrio Estável

Seja um sistema com vínculos perfeitos, holônomos e independentes do tempo.

Nos pontos de equilíbrio (e somente nesses pontos) a força generalizada é nula, qualquer que seja t.

O ponto de equilíbrio ($\mathbf{q} = \mathbf{q}_E$; $\dot{\mathbf{q}} = \mathbf{0}$) é dito estável se, e somente se, satisfizer à condição seguinte:

"Considerada uma posição inicial $P_0(\mathbf{q}_0; \dot{\mathbf{q}}_o)$ tal que $|\mathbf{q}_0 - \mathbf{q}_E|$ e $|\dot{\mathbf{q}}_0|$ sejam suficientemente pequenos, $|\mathbf{q}(t) - \mathbf{q}_E|$ e $|\dot{\mathbf{q}}(t)|$ não ultrapassem limites arbitrariamente fixados, durante todo movimento subsequente", isto é:

"Dado, arbitrariamente, $\varepsilon > 0$, existir um correspondente $\delta > 0$, tal que sendo

$$|\mathbf{q}_0 - \mathbf{q}_E| < \delta \quad \text{e} \quad |\dot{\mathbf{q}}_0| < \delta,$$

resulte

$$|\mathbf{q}(t) - \mathbf{q}_E| < \varepsilon \quad \text{e} \quad |\dot{\mathbf{q}}(t)| < \varepsilon, \quad \text{para todo} \quad t > 0"$$

No caso de n = 1 as desigualdades anteriores têm uma interpretação geométrica simples no plano (q; $\dot{q}$), (*plano de fase*).

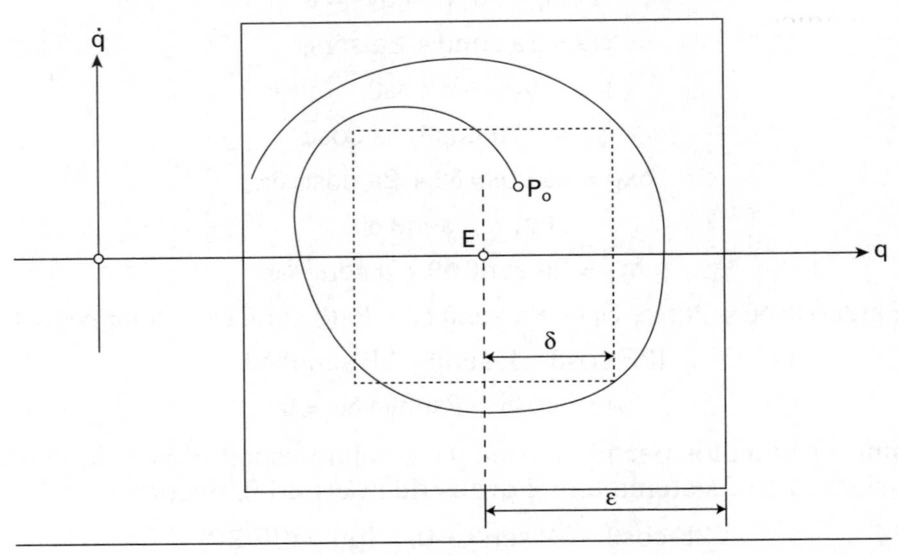

Figura 14.15

Equilíbrio instável

Instável significa "não estável". Assim, se as condições

$$\left|q_j(t) - q_{jE}\right| < \varepsilon \quad \text{ou} \quad \left|\dot{q}_j(t)\right| < \varepsilon$$

não se verificarem, pelo menos para um índice j, a posição de equilíbrio é dita *instável*.

14.5.4 – Teorema de Estabilidade (Lagrange-Dirichlet)

"Se, numa posição $M(\mathbf{q}_E)$, de um sistema conservativo, a energia potencial $V(\mathbf{q})$ tiver um mínimo relativo isolado, então $(\mathbf{q}_E; \mathbf{0})$ é uma posição de equilíbrio estável para o sistema."

A demonstração deste teorema pode ser feita de maneira extremamente simples, com a aplicação do Método Direto de Liapunov, da Teoria da Estabilidade.

Efeito de forças dissipativas e/ou giroscópicas

Consideremos um sistema conservativo, com energia potencial V.

A esse sistema acrescentemos forças generalizadas dissipativas, **D**, e forças generalizadas giroscópicas, **G**.

Demonstra-se que os pontos que eram de equilíbrio antes da adição das forças D e G continuarão a ser de equilíbrio*.

Supondo que V possua mínimo relativo, isolado, nesses pontos de equilíbrio, demonstra-se que tais pontos continuarão de equilíbrio estável, mesmo depois da adição das forças **D** e **G****.

■ EXEMPLO 14.5 ■

Duas barras iguais, homogêneas, de peso mg, estão soldadas em ângulo reto. As barras podem mover-se num plano vertical, tangenciando, sem atrito, o disco fixo de raio r, conforme a fig.

*Ver, a esse respeito, o livro citado de Gantmacher [12].

**Ver, a esse respeito, o livro citado de Gantmacher [12].

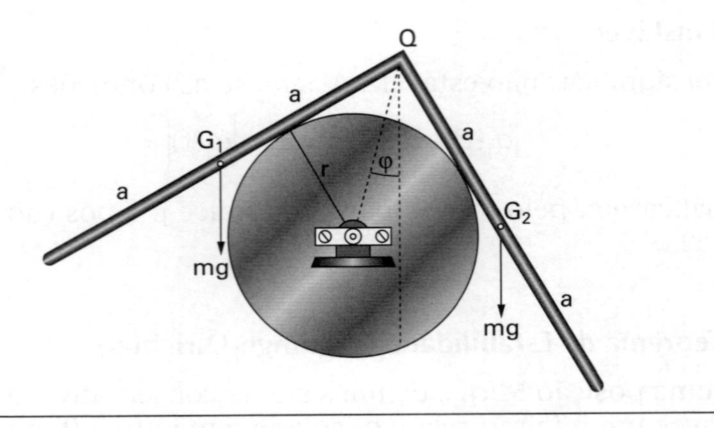

Figura 14.15

Pesquisar a estabilidade da posição de equilíbrio $\varphi = 0$.

☐ Solução:

$$V = mg[OQ\cos\varphi - QG_1\cos(45+\varphi)] + mg[OQ\cos\varphi - QG_2\cos(45-\varphi)] =$$
$$= mg[r\sqrt{2}\cos\varphi - a\cos(45+\varphi)] + mg[r\sqrt{2}\cos\varphi - a\cos(45-\varphi)].$$

$$V' = dV/d\varphi = mg[-r\sqrt{2}\,\text{sen}\varphi + a\,\text{sen}(45+\varphi)] + mg[-r\sqrt{2}\,\text{sen}\varphi + a\,\text{sen}(45-\varphi)] =$$
$$= mg[-2\sqrt{2}\,r\,\text{sen}\varphi + a\,\text{sen}(45+\varphi) - a\,\text{sen}(45-\varphi)].$$

$V'(0) = 0 \Rightarrow \varphi = 0$ é ponto de equilíbrio, realmente.

$$V'' = d^2V/d\varphi^2 = mg[-2\sqrt{2}r\cos\varphi + a\cos(45+\varphi) + a\cos(45-\varphi)].$$

$$V''(0) = mg(2\sqrt{2}r + 2a\cos 45) = 2\sqrt{2}\,mg[(a/2) - r].$$

Tem-se mínimo relativo se $V''(0) > 0$, isto é $a > 2r$. Esta é a condição suficiente de estabilidade.

14.5.5 – Teorema de Instabilidade (Liapunov)

"Seja $\mathbf{q}_E$ ponto de equilíbrio de um sistema conservativo com $V(\mathbf{q}_E) = 0$.

Suponhamos que, pelo desenvolvimento da função V, pelo polinômio de Taylor, até o grau 2, no ponto crítico $\mathbf{q}_E$, se conclua que V não tem mínimo em $\mathbf{q}_E$, então $\mathbf{q}_E$ será um ponto de equilíbrio instável do sistema."*

Obs.: A pesquisa de extremos relativos para funções de duas variáveis pode ser feita usando o seguinte Teorema**:

** A respeito desse teorema podem ser consultados os livros citados de Gantmacher [12] ou de Meirovitch [28].*

*** A respeito desse teorema pode ser visto, por exemplo, o livro de Lima, Elon Lages, Curso de Análise, vol.2 - Projeto Euclides.*

"Seja $P_0(x_0, y_0)$ ponto crítico isolado da função V(x, y), com derivadas segundas contínuas.

Seja C a matriz das derivadas segundas de V(x, y) calculada em P_0:

$$C = \begin{pmatrix} V_{xx} & V_{xy} \\ V_{xy} & V_{yy} \end{pmatrix}_{P=P_o}$$

a) Se det C > 0 e $(V_{xx}) > 0$, [ou $(V_{yy}) > 0$], V terá mínimo relativo em P_o.

b) Se det C > 0 e $(V_{xx}) < 0$, [ou $(V_{yy}) < 0$], V terá máximo relativo em P_o.

c) Se det C < 0, V não terá máximo nem mínimo em P_o."

■ Exemplo 14.6 ■

O anel de peso mg, indicado, move-se, com dois graus de liberdade, num plano vertical. Escrever as equações de Lagrange para as coordenadas r e φ.

Determinar posições de equilíbrio do sistema e pesquisar sua estabilidade ($r > 0$ e $0 \le \varphi \le \pi$).

São dados o comprimento natural, r_0, da mola e sua cte. elástica, K ($r_0 > mg/K$).

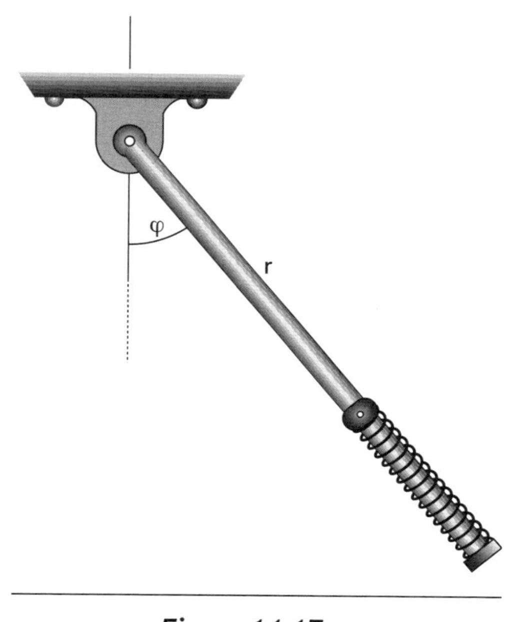

Figura 14.17

□ **Solução:**

A energia potencial do anel é

$$V = (K/2)(r - r_0)^2 - mgr\cos\varphi.$$

Suas derivadas primeiras são:

$$V_r = K(r - r_0) - mg\cos\varphi, \quad \text{e } V_\varphi = mgr\,\text{sen}\varphi.$$

As posições de equilíbrio serão $\varphi_1=0$ e $\varphi_2=\pi$, correspondendo a

$$r_1 = r_0 + (mg/K) \text{ e } r_2 = r_0 - (mg/K).$$

Calculando as derivadas segundas para pesquisar a estabilidade:

$$V_{rr} = K > 0;\ V_{\varphi\varphi} = mgr\cos\varphi;\ V_{\varphi r} = mg\,\text{sen}\varphi.$$

Nos pontos de equilíbrio $P_1(r_1, \varphi_1)$ e $P_2(r_2, \varphi_2)$:

$$(\det C)_1 = Kmgr_1 > 0 \text{ e } (\det C)_2 = -Kmgr_2 < 0$$

Então P_1 é ponto de mínimo relativo e o equilíbrio é estável nessa posição (por Lagrange-Dirichlet).

Em P_2 não há máximo nem mínimo e o equilíbrio é instável (pelo teorema de Liapunov).

14.5.6 – Equilíbrio em relação a referencial não inercial e sua estabilidade

Suponhamos que as forças ativas e as forças de inércia de arrastamento (em relação a um referencial não inercial) admitam potenciais, V e V_a, não dependentes do t. Os possíveis pontos de equilíbrio em relação ao referencial serão dados por

$$\partial(V + V_a)/\partial\mathbf{q} = \mathbf{0}^t.$$

Não há necessidade de considerar as forças de Coriolis, pois sabemos que elas, sendo giroscópicas, não irão desfazer o equilíbrio que for dado pela equação anterior.

Se a energia potencial $(V + V_a)$ evidenciar equilíbrio estável, tal equilíbrio também não será afetado pelas forças de Coriolis.

Capítulo 15

EXERCÍCIOS SUPLEMENTARES

15.1 — Dinâmica do ponto material

Um ponto material P de peso mg desloca-se livremente sobre a superfície do círculo de raio R, indicado, partindo do ponto $x = 0$ com velocidade v_0. Determine a cota y da posição onde P abandona o círculo.

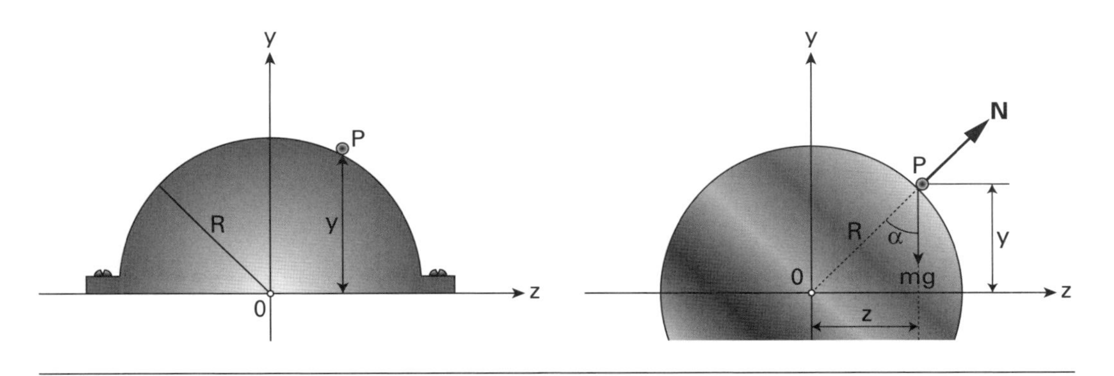

Figura 15.1

☐ Solução:

Aplicando o Teorema da Energia entre a posição inicial e uma posição genérica, obtém-se

$$T + V = T_0 + V_0,$$

denotando por T a energia cinética e por V a energia potencial, decorre

$$\left(\frac{1}{2}\right)mv^2 + mgy = \left(\frac{1}{2}\right)mv_0^2 + mgR,$$

ou

$$v^2 = v_0^2 + 2g(R - y).$$

P abandonará o círculo no instante em que se anular a reação N sobre ele.

Pela Equação Fundamental da Dinâmica

$$m\mathbf{a}_G = m\mathbf{g} + N(-\mathbf{n}),$$

onde **n** é o versor da normal, no contacto, ou seja

$$m\left[\dot{v}\mathbf{t} + \left(\frac{v^2}{R}\right)\mathbf{n}\right] = mg(\text{sen}\ \alpha\mathbf{t} + \cos\ \alpha\mathbf{n}) - N\mathbf{n}.$$

Multiplicando escalarmente por **n** a equação anterior, obtém-se:

$$m\frac{v^2}{R} = mg\cos\ \alpha - N,$$

ou

$$N = mg\left(\frac{y}{R}\right) - \frac{mv^2}{R}.$$

Substituindo a expressão de y obtida, resultará

$$N = \left[\left(\frac{3gy}{R}\right) - \frac{v_0^2}{R} - 2g\right]$$

Fazendo N = 0 resulta a cota y procurada

$$y = \frac{v_0^2}{3g} + \frac{2R}{3}$$

15.2 — Dinâmica do sólido – I

O disco homogêneo de centro G, raio R e peso mg rola sem escorregar no plano inclinado indicado. Determine a reação no contacto do disco com o plano.

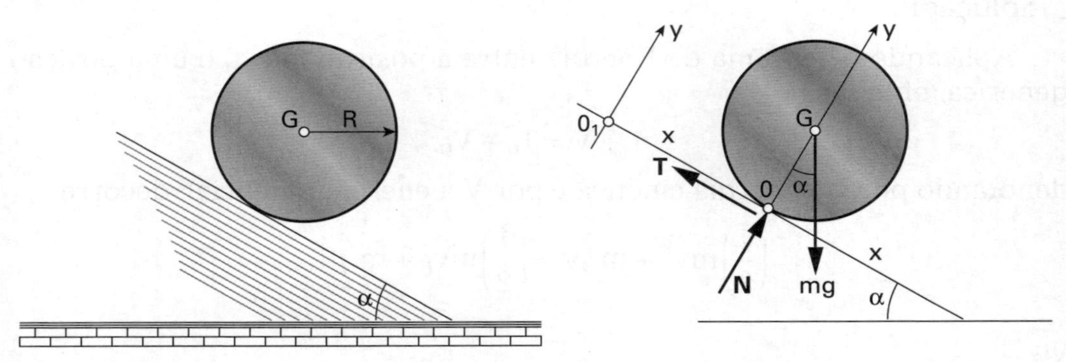

Figura 15.2

☐ Solução:

Sejam os eixos O_1XY, fixo, e Oxy, móvel, de maneira que O_1Ox seja o linha de maior declive do plano inclinado e $G - O = R\mathbf{j}$.

O momento angular do disco em relação ao ponto O de contato é

$$H_o = I_o\omega = \begin{pmatrix} J_x & 0 & 0 \\ 0 & J_y & 0 \\ 0 & 0 & J_z \end{pmatrix}\begin{pmatrix} 0 \\ 0 \\ \omega \end{pmatrix} = J_z\omega\mathbf{k}$$

Por outro lado o momento, em relação a O, das forças externas ao disco é

$$\mathbf{M}_o = (G - O) \wedge mg(\text{sen}\ \alpha\ \mathbf{i} - \cos\alpha\ \mathbf{j})$$

O Teorema do Momento Angular fornece

$$\left(\frac{d\mathbf{H}_o}{dt}\right) = \mathbf{M}_o$$

ou

$$J_z\dot{\omega}\mathbf{k} = R\mathbf{j} \wedge mg\ \text{sen}\ \alpha\mathbf{i} = -mgR\ \text{sen}\ \alpha\ \mathbf{k},$$

então

$$J_z\dot{\omega} = -mgR\ \text{sen}\ \alpha$$

Como

$$J_z = \left(\frac{3}{2}\right)mR^2,$$

decorre

$$\dot{\omega} = \left(\frac{-2g}{3R}\right)\text{sen}\ \alpha$$

Para obter a reação vamos calcular, antes, a aceleração do baricentro G:

$$G - O_1 = R\theta\mathbf{i} + R\mathbf{j},$$

$$\mathbf{v}_G = R\dot{\theta}\mathbf{i}, \quad \text{onde} \quad \dot{\theta} = -\omega$$

Sendo

$$\mathbf{v}_G = R\omega\mathbf{i}, \quad \mathbf{a}_G = -R\dot{\omega}\mathbf{i},$$

isto é

$$\mathbf{a}_G = \left(\frac{2g}{3}\right)\text{sen}\ \alpha\ \mathbf{i}.$$

O Teorema do Movimento do Baricentro fornece:

$$m\mathbf{a}_G = m\mathbf{g} - T\mathbf{i} + N\mathbf{j},$$

onde N e T são as componentes da reação do plano.

Então

$$\left(\frac{2mg}{3}\right)\text{sen}\,\alpha\,\mathbf{i} = mg(\text{sen}\,\alpha\,\mathbf{i} - \cos\alpha\,\mathbf{j}) - T\mathbf{i} + N\mathbf{j},$$

fornecendo as respostas

$$T = \left(\frac{mg}{3}\right)\text{sen}\,\alpha; \quad N = mg\cos\alpha.$$

15.3 – Dinâmica dos sistemas

No sistema indicado o fio é inextensível e tem peso desprezível. Os momentos de inércia das polias são desprezíveis.

Escrever as equações de Lagrange, para o sistema, usando as coordenadas x e y.

Calcular as acelerações $\ddot{x}$ e $\ddot{y}$.

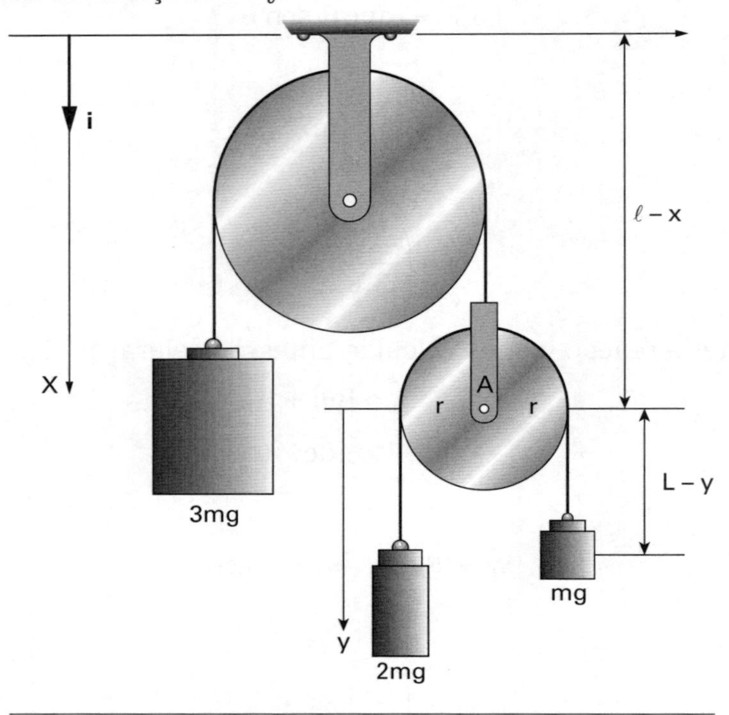

Figura 15.3

□ Solução:

A energia cinética é a soma das energias das massas m, 2m e 3m, isto é:

$$T = \left(\frac{m}{2}\right)\left[\frac{d}{dt}(L + \ell - x - y)\right]^2 + \left(\frac{2m}{2}\right)\left[\frac{d}{dt}(\ell - x + y)\right]^2 + \left(\frac{3m}{2}\right)\cdot \dot{x}^2$$

$$= \left(\frac{m}{2}\right)\left[(\dot{x} + \dot{y})^2 + 2(\dot{y} - \dot{x})^2 + 3\dot{x}^2\right] = \left(\frac{m}{2}\right)\left(6\dot{x}^2 + 3\dot{y}^2 - 2\dot{x}\dot{y}\right).$$

A energia potencial é

$$V = -mg\left(L + \ell - x - y\right) - 2mg\left(\ell + y - x\right) - 3mgx = -mg \;\; L + \ell + y \;\; .$$

Sendo

$$\frac{\partial T}{\partial \dot{x}} = m\left(6\dot{x} - \dot{y}\right), \quad \frac{\partial T}{\partial x} = 0, \quad \frac{\partial T}{\partial \dot{y}} = m\left(3\dot{y} - \dot{x}\right),$$

$$\frac{\partial T}{\partial y} = 0, \quad \frac{\partial V}{\partial x} = 0, \quad \text{e} \quad \frac{\partial V}{\partial y} = -mg,$$

decorrem as equações de Lagrange:

$$6\ddot{x} - \ddot{y} = 0, \quad \text{e} \quad 3\ddot{y} - \ddot{x} = g,$$

fornecendo

$$\ddot{x} = \frac{g}{17} \quad \text{e} \quad \ddot{y} = \frac{6g}{17}.$$

15.4 — Dinâmica do Sólido – II

O sistema indicado consta do disco homogêneo de peso Mg e raio R e da barra homogênea AB, de peso mg e comprimento 2a, articulada em A. O sistema move-se num plano vertical, o disco rolando sem escorregar sobre a reta horizontal.

Escrever as equações de Lagrange para o movimento do sistema usando as coordenadas generalizadas x e φ.

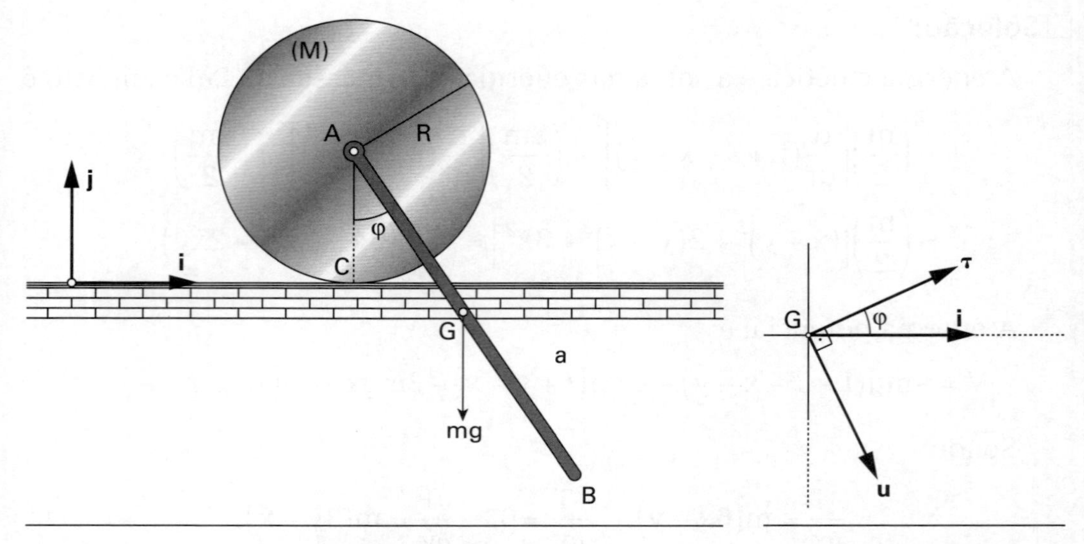

Figura 15.4

Figura 15.5

□ Solução:

A energia cinética total do sistema é a soma das energias do disco e da barra:

$$T = \left(\frac{1}{2}\right)J_C\omega^2 + \left(\frac{1}{2}\right)mv_G^2 + \left(\frac{1}{2}\right)J_G\omega^2$$

onde J_C é o momento de inércia do disco, em relação ao seu centro instantâneo de rotação, C; ω a sua velocidade angular; v_G a velocidade escalar do baricentro da barra; J_G o momento de inércia desta última em relação ao seu baricentro. Tem-se:

$$J_C = \left(\frac{3}{2}\right)MR^2; \quad \omega = \frac{v_A}{R}; \quad J_G = \frac{ma^2}{3}.$$

A velocidade $\mathbf{v_G}$ de G, pela relação fundamental da cinemática dos sólidos é

$$\mathbf{v}_G = \mathbf{v}_A + \dot{\varphi}\mathbf{k} \wedge (G - A) = \dot{x}\mathbf{i} + \dot{\varphi}\mathbf{k} \wedge a\mathbf{u} = \dot{x}\mathbf{i} + a\dot{\varphi}\boldsymbol{\tau},$$

sendo $\boldsymbol{\tau} = \cos\varphi\,\mathbf{i} + \operatorname{sen}\varphi\,\mathbf{j}$. Decorre

$$v_G^2 = \dot{x}^2 + 2a\dot{x}\dot{\varphi}\cos\varphi + a^2\dot{\varphi}^2.$$

Assim a energia cinética do sistema será:

$$T = \left(\frac{3}{4}\right)M\dot{x}^2 + \left(\frac{m}{2}\right)\dot{x}^2 + ma\dot{x}\dot{\varphi}\cos\varphi + \left(\frac{2m}{3}\right)a^2\dot{\varphi}^2.$$

A energia potencial é devida ao peso da barra:

$$V = -\,mga\cos\varphi$$

As equações de Lagrange serão escritas para as duas variáveis, x e φ:

$$\left(\frac{d}{dt}\right)\frac{\partial T}{\partial \dot{q}_j} - \frac{\partial T}{\partial q_j} = -\frac{\partial V}{\partial q_j}.$$

Para a variável x:

$$\frac{\partial T}{\partial \dot{x}} = \left(\frac{3}{2}\right)M\dot{x} + m\dot{x} + ma\dot{\varphi}\cos\varphi,$$

$$\frac{\partial T}{\partial x} = 0, \quad e \quad \frac{\partial V}{\partial x} = 0,$$

decorrendo:

$$\left(\frac{d}{dt}\right)\frac{\partial T}{\partial \dot{x}} = 0.$$

Portanto a primeira equação de Lagrange é:

$$\left[\left(\frac{3M}{2}\right) + m\right]\ddot{x} + ma\left(\ddot{\varphi}\cos\varphi - \dot{\varphi}^2 \operatorname{sen}\varphi\right) = 0.$$

Para a variável φ:

$$\frac{\partial T}{\partial \dot{\varphi}} = ma\dot{x}\cos\varphi + \left(\frac{4m}{3}\right)a^2\dot{\varphi}$$

$$\frac{\partial T}{\partial \varphi} = -ma\dot{x}\operatorname{sen}\varphi, \quad e \quad \frac{\partial V}{\partial \varphi} = mga\operatorname{sen}\varphi$$

$$\left(\frac{d}{dt}\right)\frac{\partial T}{\partial \dot{\varphi}} = ma\left(\ddot{x}\cos\varphi - \dot{x}\dot{\varphi}\operatorname{sen}\varphi\right) + \left(\frac{4m}{3}\right)a^2\ddot{\varphi}$$

A segunda equação, depois da divisão por ma, se torna:

$$3\ddot{x}\cos\varphi + 4a\ddot{\varphi} + 3g\operatorname{sen}\varphi = 0.$$

15.5 — Movimento em relação a referencial não inercial – I

O anel C de peso mg, indicado, desliza livremente na barra OABC, partindo de B com velocidade v_0 e dirigindo-se para C.

A barra gira em torno do eixo vertical z com velocidade angular ω cte.

Determinar as componentes da reação da barra ao movimento do anel, em função da ordenada BC = y.

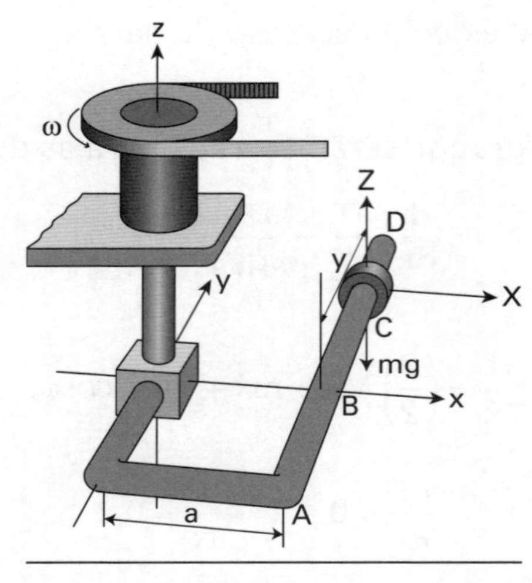

Figura 15.6

☐ Solução:

Escrevendo a aceleração absoluta de C:

$$\mathbf{a} = \mathbf{a}_{rel} + \mathbf{a}_{arr} + \mathbf{a}_{cor}$$

A aceleração relativa é

$$\mathbf{a}_{rel} = \ddot{y}\mathbf{j}$$

Sendo a velocidade de arrastamento

$$\mathbf{v}_{arr} = \omega\mathbf{k} \wedge (C - O) = \omega\mathbf{k} \wedge (a\mathbf{i} + y\mathbf{j}),$$

a aceleração de arrastamento será:

$$\mathbf{a}_{arr} = \omega\mathbf{k} \wedge (a\omega\mathbf{j} - y\omega\mathbf{i}) = - a\omega^2\mathbf{i} - y\omega^2\mathbf{j}.$$

A aceleração de Coriolis é

$$\mathbf{a}_{cor} = 2\omega\mathbf{k} \wedge \mathbf{v}_{rel} = - 2\dot{y}\omega\mathbf{i}$$

As forças aplicadas são X**i**, e (Z - mg)**k**, de modo que o Teorema da Resultante fornece

$$m\left(\ddot{y}\mathbf{j} - a\omega^2\mathbf{i} - y\omega^2\mathbf{j} - 2\dot{y}\omega\mathbf{i}\right) = X\mathbf{i} + \left(Z - mg\right)\mathbf{k},$$

donde

$$X = m\left(-a\omega^2 - 2\dot{y}\omega\right)$$

$$\ddot{y} - \omega^2 y = 0$$

$$Z = mg.$$

Vamos obter y = y(t) resolvendo a equação diferencial acima. Ela possui solução da forma $y = e^{rt}$, e, portanto

$$\dot{y} = re^{rt}, \ddot{y} = r^2 e^{rt}.$$

Por substituição na equação $\ddot{y} - \omega^2 y = 0$, vem $r = \pm\,\omega$, e a solução geral

$$y = Ae^{\omega t} + Be^{-\omega t}$$

Decorre

$$\dot{y} = A\omega e^{\omega t} - B\omega e^{-\omega t}$$

Impondo as condições iniciais $y(0) = 0$ e $\dot{y}(0) = v_0$

obtém-se

$$A = \left(\frac{-v_0}{2\omega}\right) \quad \text{e} \quad B = \left(\frac{v_0}{2\omega}\right)$$

e, finalmente

$$y = \left(\frac{v_0}{2\omega}\right)\left(e^{\omega t} - e^{-\omega t}\right) \quad \text{ou} \quad y = \left(\frac{v_0}{\omega}\right)\text{sh}\omega t$$

Resta, apenas, calcular, em função de y, a componente X da reação.

Sendo $\dot{y} = (v_0/\omega)\,\text{ch}\omega t$, tem-se, substituindo na equação que fornece X:

$$X = m\left[-a\omega^2 - 2\omega\left(\frac{v_0}{\omega}\right)\text{ch}\omega t\right].$$

Ora,

$$\text{ch}\omega t = \left(1 + \text{sh}^2\omega t\right)^{1/2} = \left(\frac{1 + \omega^2 y^2}{v_0^2}\right)^{1/2}.$$

Então

$$X = m\left[-a\omega^2 - 2\omega\left(\frac{v_0}{\omega}\right)\left(\frac{1 + y^2}{v_0^2}\right)^{1/2}\right] = -m\left[a\omega^2 + 2v_0\left(1 + \frac{\omega^2 y^2}{v_0^2}\right)^{1/2}\right].$$

15.6 — Movimento em relação a referencial não inercial – II

O anel P, de peso mg, desliza livremente na guia circular de centro O e raio R que, por sua vez, gira em torno do eixo vertical Oz com velocidade angular constante, tal que

$$\omega^2 R < g \qquad (1)$$

1) Supondo que P parta de A com velocidade v_0, calcular sua velocidade v, relativa à circunferência, em função da ordenada z.
2) Obter o intervalo de variação de neste movimento relativo. Supor este intervalo contido em $(-\pi, \pi)$.
3) Calcular a reação normal N (na direção AO), durante o movimento, em função de z.

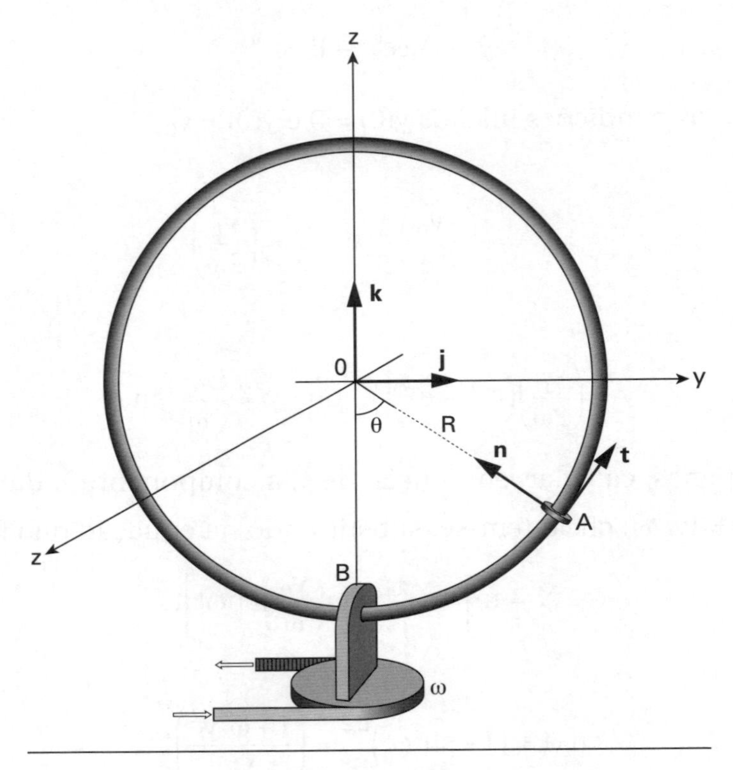

Figura 15.7

□ Solução:

1) Vamos aplicar o Teorema da Energia para o movimento relativo:

$$T_{rel} + V = \text{cte.}$$

onde $T_{rel} = mv^2/2$ e $V = V_{peso} + V_{arr}$, sendo $V_{peso} = mgz$, a energia potencial devida ao peso e V_{arr}, a energia potencial devida à força de inércia de arrastamento (força centrífuga).

A aceleração de arrastamento é $\mathbf{a}_{arr} = -\omega^2 y\mathbf{j}$, decorrendo a expressão da força centrífuga $\mathbf{F}_{arr} = m\omega^2 y\mathbf{j}$ e o trabalho elementar relativo à força centrífuga:

$$d\tau = m\omega^2 y\mathbf{j} \cdot dy\mathbf{j} = m\omega^2 y dy.$$

Decorrem as expressões

$$V_{arr} = -m\omega^2 \frac{y^2}{2}, \quad \text{e} \quad V = mgz - m\omega^2 \frac{y^2}{2}.$$

Exprimindo V em função de z:

$$V = mgz - \left(m\frac{\omega^2}{2}\right)\left(R^2 = z^2\right).$$

Portanto a expressão do Teorema da Energia se torna

$$\frac{mv^2}{2} + mgz - \left(\frac{m\omega^2}{2}\right)\left(R^2 - z^2\right) = \frac{mv_0^2}{2} + mg(-R),$$

decorrendo

$$v^2 = -\omega^2 z^2 - 2gz + \left(\frac{v_0^2}{2} - 2gR + \omega^2 R^2\right).$$

Então v^2 é um trinômio da forma

$$v^2 = az^2 + bz + c,$$

onde

$$a = -\omega^2, \quad b = -2g \quad \text{e} \quad c = \frac{v_0^2}{2} - 2gR + \omega^2 R^2.$$

2) Só poderá haver movimento se for $v^2 > 0$. A parábola que representa $v^2 = f(z)$ tem a concavidade voltada para baixo, porque $a < 0$; portanto o trinômio deverá ter raízes reais, o que exige $(b/2)^2 - ac \geq 0$, isto é

$$g^2 \geq -\omega^2\left(\frac{v_0^2}{2} - 2gR + \omega^2 R^2\right)$$

ou

$$v_0^2 \geq (2g\omega^2 R - \omega^4 R^2 - g^2) \qquad (2)$$

Supondo que v_0^2 satisfaça à condição (2) as duas raízes do trinômio serão

$$z_1 = -\frac{1}{\omega^2}\left[g + \left(g^2 + \omega^2 c\right)^{1/2}\right] \quad \text{e} \quad z_2 = -\frac{1}{\omega^2}\left[g - \left(g^2 + \omega^2 c\right)^{1/2}\right]$$

Verifiquemos que será sempre $z_1 < -R$.

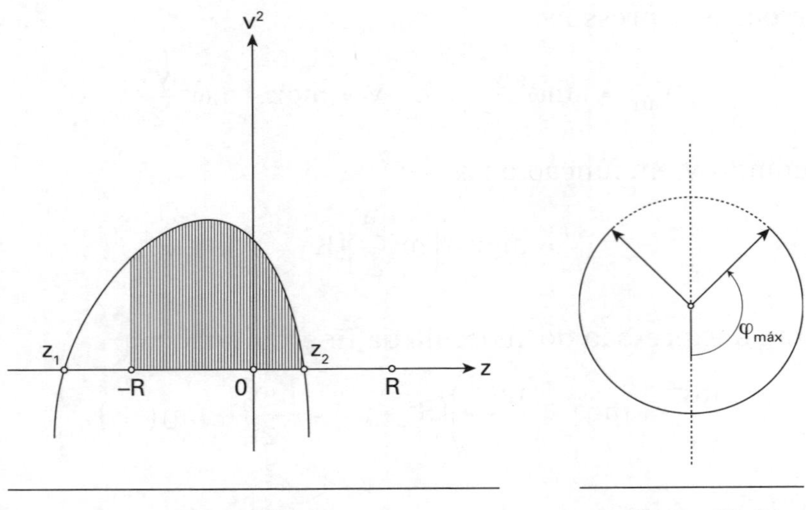

Figura 15.8 *Figura 15.9*

De fato, a condição procurada será

$$-\frac{1}{\omega^2}\left[g+\left(g^2+\omega^2 c\right)^{1/2}\right]<-R \quad \text{ou} \quad \frac{1}{\omega^2}\left[g+\left(g^2+\omega^2 c\right)^{1/2}\right]>R$$

isto é

$$g-\ \omega^2 R > -\left(g^2+\omega^2 c\right)^{1/2}$$

Entretanto essa condição, devido a (1), será sempre verificada, e a ordenada z_1 não será atingida durante o movimento.

Como $\cos\theta = - z/R$ o movimento relativo de A será do tipo pendular, o ângulo variando entre os extremos

$$\theta_{mín} = -\text{arc }\cos\left(\frac{-z_2}{R}\right), \quad \theta_{máx} = \text{arc }\cos\left(\frac{-z_2}{R}\right).$$

$\theta_{máx}$ será agudo ou obtuso conforme for $z_2 \lesseqgtr 0$ ou $c \lesseqgtr 0$, isto é

$$\frac{v_0^2}{2} \lesseqgtr 2gR - \omega^2 R^2.$$

Observemos que, se for $z_2 > R$, v não se anulará e o movimento relativo será periódico, mas não do tipo pendular; v oscilará entre dois valores extremos, mantendo sinal constante.

A condição para que isso aconteça deriva de

$$z_2 = -\frac{1}{\omega^2}\left[g-\left(g^2+\omega^2 c\right)^{1/2}\right] > R,$$

decorrendo

$$c > \omega^2R^2 + 2gR,$$

isto é

$$v_0^2 > 8gR.$$

3) O valor da reação normal, N, em função de z decorrerá do Teorema da Resultante, aplicado ao movimento relativo.

$$m\mathbf{a_{rel}} = m\mathbf{g} + \mathbf{F}_{arr} + N\mathbf{n}.$$

ou

$$m\left[\left(\frac{dv}{dt}\right)\mathbf{t} + \left(\frac{v^2}{R}\right)\mathbf{n}\right] = m\mathbf{g} + \mathbf{F}_{arr} + N\mathbf{n}.$$

Multiplicando escalarmente por **n**:

$$m\left(\frac{v^2}{R}\right) = m\mathbf{g}\cdot\mathbf{n} + m\omega^2y\mathbf{j}\cdot\mathbf{n} + N$$

ou

$$N = m\frac{v^2}{R} + mg\cos\theta + m\omega^2y\,\mathrm{sen}\theta =$$

$$= \left(\frac{m}{R}\right) - \left(-\omega^2z^2 - 2gz + c\right) + mg\left(\frac{-z}{R}\right) + m\omega^2\left(\frac{y^2}{R}\right).$$

Substituindo o valor de c e notando que $y^2 = R^2 - z^2$, decorrerá

$$N = \left(\frac{m}{R}\right)\left[-2\omega^2z^2 - 3gz + \left(v_0^2 - 2gR + 2\omega^2R^2\right)\right]$$

15.7 – Princípio dos trabalhos virtuais – I

Determine o ângulo de equilíbrio em função das forças P e F indicadas.

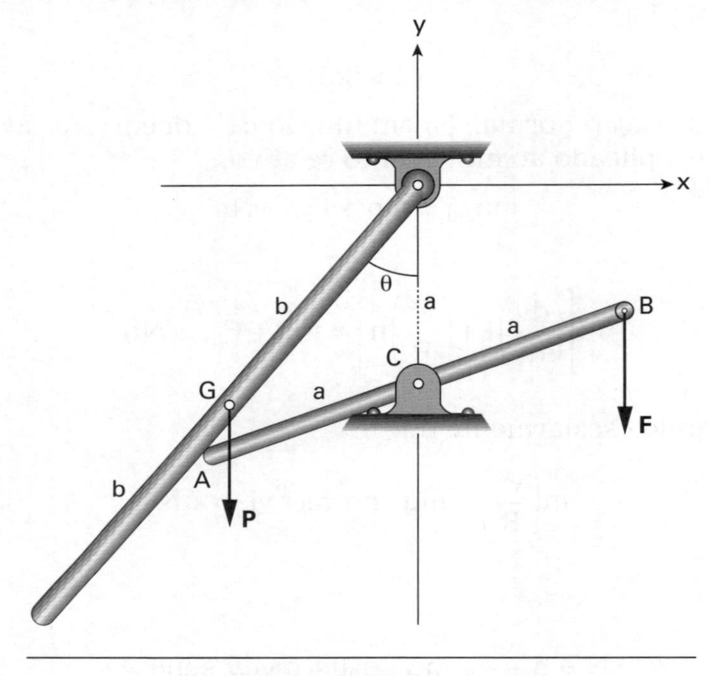

Figura 15.10

☐ Solução:

Tem-se

$$\mathbf{F} \cdot \delta y_B \mathbf{j} + \mathbf{P} \cdot \delta y_G \mathbf{j} = 0, \text{ ou } -F\mathbf{j} \cdot \delta y_B \mathbf{j} - P\mathbf{j} \cdot \delta y_G \mathbf{j} = 0$$

onde

$$y_B = -a + a\cos 2\theta;\ y_G = -b\cos\theta$$

$$\delta y_B = -2a\,\text{sen}2\theta\delta\theta;\ \delta y_G = b\,\text{sen}\theta\delta\theta.$$

Decorre

$$[-F(-2a\,\text{sen}2\theta) - Pb\,\text{sen}\theta]\delta\theta = 0$$

$$(4aF\cos\theta - Pb)\,\text{sen}\theta = 0$$

A solução sen θ = 0 deve ser desprezada, sendo fisicamente inexequível pela realização física das articulações O e C.

Decorre

$$\cos\theta = \left(\frac{Pb}{4aF}\right)$$

15.8 — Princípio dos trabalhos virtuais – II

As barras AC = BC = 2a, homogêneas e de peso P cada, estão articuladas pelo pino C, onde atua a mola vertical CD de coeficiente k.

Nas extremidades A e B existem pequenos rodízios que permitem o livre deslocamento na horizontal (eixo Ox).

Determinar a ordenada de C no equilíbrio. A mola está em repouso quando C coincide com O.

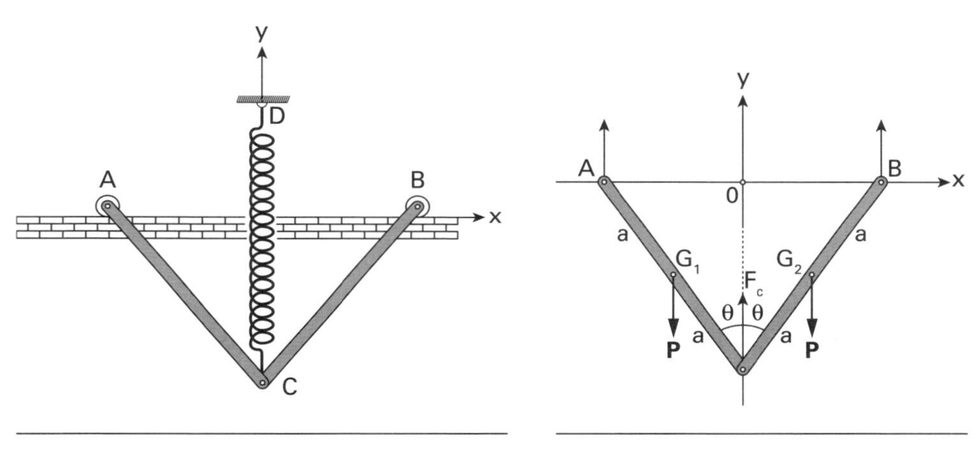

Figura 15.11 *Figura 15.12*

☐ Solução:

O trabalho virtual das forças externas às barras é

$$-P\delta y_1 - P\delta y_2 + F\delta y_C + N_A\delta y_A + N_B\delta Y_B = 0.$$

$$y_1 = y_2 = -a\cos\theta;\ y_C = -2a\cos\theta;\ y_A = y_B = 0.$$

$$\delta y_1 = \delta y_2 = a\,\mathrm{sen}\theta\delta\theta;\ y_C = -2a\,\mathrm{sen}\theta\delta\theta;\ \delta y_A = \delta Y_B = 0.$$

Sendo OD o comprimento natural da mola,

$$F = k(\text{alongamento}) = k(2a\cos\theta),$$

resultando

$$[-2P(a\,\mathrm{sen}\theta) + k(2a\cos\theta)(2a\,\mathrm{sen}\theta)]\delta\theta = 0$$

A solução $\mathrm{sen}\theta = 0$ resulta numa impossibilidade física.

A solução procurada decorrerá de

$$\cos\theta = \left(\frac{P}{2ka}\right)$$

Sendo $y_C = -2a \cos\theta$, decorre, no equilíbrio

$$y_C = -\frac{P}{k}$$

Sugestão:

Encontre a resposta acima pelos métodos da Estática tradicional, sem usar o Princípio dos Trabalhos Virtuais.

15.9 – Equilíbrio e estabilidade

A barra homogênea OA, de peso P e comprimento 2a, pode girar, num plano vertical, em torno de sua extremidade fixa O. Sua outra extremidade está presa por uma mola elástica a um ponto acima de O conforme a figura. A mola tem constante elástica k e comprimento natural a.

Obter as posições de equilíbrio da barra e verificar sua estabilidade, sendo $0 \leq \varphi < \pi$.

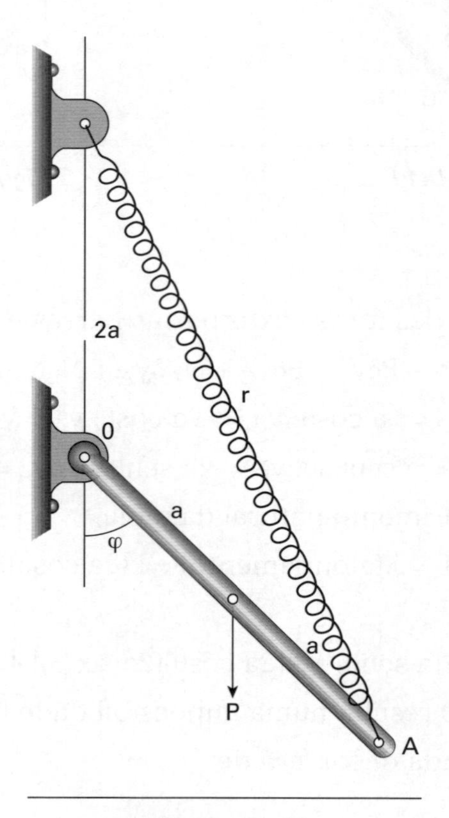

Figura 15.13

☐ Solução:

A energia potencial do sistema é

$$V = \left(\frac{k}{2}\right)(r-a)^2 - Pa\cos\varphi,$$

onde r é o comprimento da mola na posição definida pelo ângulo φ.

O triângulo da figura sendo isósceles

$$r = 2a\cos(\varphi/2),$$

decorrendo

$$V = \left(\frac{ka^2}{2}\right)\left[2\cos\left(\frac{\varphi}{2}\right) - 1\right]^2 - Pa\cos\varphi.$$

Derivando em relação a φ, para obter posições de equilíbrio:

$$V' = ka^2\left[\text{sen}\left(\frac{\varphi}{2}\right) - 2\text{sen}\left(\frac{\varphi}{2}\right)\cos\left(\frac{\varphi}{2}\right)\right] + Pa\,\text{sen}\varphi.$$

Igualando a zero obtém-se duas soluções:

$$\varphi_0 = 0 \quad \text{e} \quad \varphi_e = 2\text{arc}\cos\left[\frac{ka}{(2ka - 2P)}\right],$$

esta segunda solução existindo se for 2P<ka.

O caráter da estabilidade dependerá da derivada segunda

$$V'' = ka^2\left[\left(\frac{1}{2}\right)\cos\left(\frac{\varphi}{2}\right) - \cos\varphi\right] + Pa\cos\varphi.$$

No ponto $\varphi_0 = 0$,

$$V'' = (0) = a\left[P - \left(\frac{ka}{2}\right)\right],$$

decorrendo estabilidade para P > (ka/2) e instabilidade para P < (ka/2).

No ponto $\varphi = \varphi_e$ obtém-se

$$V'' = (\varphi_e) = \frac{ka^2}{4(ka - p)} \cdot (3ka - 4p),$$

decorrendo instabilidade para $ka < \frac{4P}{3}$ e estabilidade para $ka > \frac{4P}{3}$.

15.10 — Equilíbrio em relação a referencial não inercial

A barra homogênea em forma de "T", indicada, que tem peso 2mg, pode girar livremente em torno do eixo Ox e pode mover-se no plano vertical que a contém. Os eixos horizontais Ox e Oy giram em torno do eixo vertical, Oz, com velocidade angular ω = cte. Quando o ângulo da barra com Oy for θ ela estará numa posição de equilíbrio relativamente ao referencial móvel Oxyz.

Determinar o ângulo θ.

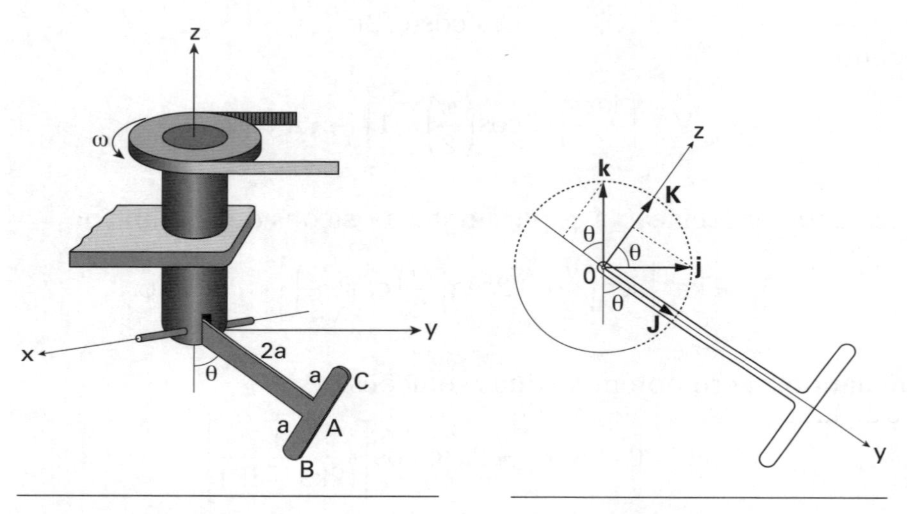

Figura 15.14 *Figura 15.15*

O exercício é análogo ao Exemplo 12.3, portanto a solução é semelhante. A diferença está na matriz de inércia I_O pois , nesse caso, $J_Y = (1/3)ma^2$, e será: $J_Z = J_1 + J_2$, onde J_1 e J_2 são os momentos de inércia em relação a OZ, de cada um dos dois trechos retilíneos da barra, cada um de massa m.

Tem-se $J_1 = (m/3)(2a)^2$ e, pela propriedade de translação de eixos

$$J_2 = J_A + m\,(2a)^2 = 4ma^2.$$

Então,

$$J_z = \left(\frac{16}{3}\right)ma^2$$

O vetor rotação da barra em relação a um referencial fixo é:

$$= \dot{\theta}\mathbf{i} + \omega\left(\text{sen}\theta\ \mathbf{K} - \cos\theta\ \mathbf{J}\right)$$

e

$$I_o \quad = J_x\dot{\theta}\mathbf{i} - J_y\omega\cos\theta\ \mathbf{J} + J_z\omega\ \text{sen}\theta\ \mathbf{K}$$

Derivando e observando que deve ser cte., obtém-se

$$\left(\frac{d}{dt}\right)(I_o\Omega) = \left(J_y - J_z\right)\omega^2 \ (\text{sen}\theta \cos\theta)\mathbf{i} = -5ma^2\omega^2(\text{sen}\theta \cos\theta)\mathbf{i}.$$

Para aplicar o Teorema do Momento Angular, vamos igualar o resultado acima ao momento em relação ao ponto O, do peso da barra:

$$\mathbf{M}_O = (G - O) \wedge (-mg\mathbf{k}) + (A - O) \wedge (-mg\mathbf{k}) = -3a\ mg\ \text{sen}\theta\mathbf{i}.$$

Aplicando o TMA e descartando a solução sen $\theta = 0$, decorre a solução procurada

$$\cos\theta = \frac{3g}{5a}.$$

15.11 — Estabilidade com dois graus de liberdade – I

Um ponto P, de massa m, move-se no plano horizontal.

O referencial Oxy gira, neste plano, com velocidade angular cte., ω, em torno da origem O.

P é atraído pelos eixos Ox e Oy com forças respectivamente iguais a $-k_2y\mathbf{j}$ e $-k_1x\mathbf{i}$ ($k_1 < k_2$, ctes.). Pede-se:

Escrever as equações de Lagrange para o movimento de P, relativamente ao referencial Oxy.

Obter as posições de equilíbrio relativo de P e discutir sua estabilidade.

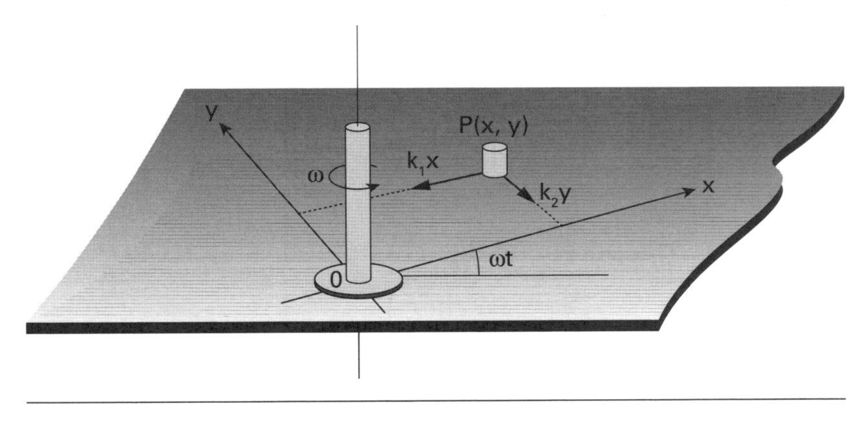

Figura 15.16

□ Solução:

1) A equação de Lagrange se escreve

$$\left(\frac{d}{dt}\right)\frac{\partial T}{\partial \dot{\mathbf{q}}} - \frac{\partial T}{\partial \mathbf{q}} = -\frac{\partial V}{\partial \mathbf{q}} + \mathbf{Q}_c^t,$$

onde T é a energia cinética no movimento relativo. A energia potencial, V, é a soma

$$V = V_{atr} + V_{arr},$$

onde V_{atr} é a energia potencial correspondente às forças atrativas e V_{arr} a energia potencial devida à força de inércia de arrastamento.

Q_c^t é a força generalizada correspondente à força de inércia de Coriolis.

Tem-se

$$T = \left(\frac{m}{2}\right)\left(\dot{x}^2 + \dot{y}^2\right); \quad V_{atr} = \left(\frac{k_1}{2}\right)x^2 + \left(\frac{k_2}{2}\right)y^2.$$

Para calcular a energia potencial devida às forças de inércia de arrastamento, V_{arr}, vamos partir da aceleração de arrastamento do ponto P

$$\mathbf{a}_a = -\omega^2 r\mathbf{u} = -\omega^2(x\mathbf{i} + y\mathbf{j})$$

decorrendo a força de inércia de arrastamento

$$\mathbf{F}_a = m\omega^2(x\mathbf{i} + y\mathbf{j})$$

e o trabalho elementar correspondente

$$\mathbf{F}_a \cdot dP_{rel} = m\omega^2(x\mathbf{i} + y\mathbf{j}) \cdot (dx\mathbf{i} + dy\mathbf{j}) = m\omega^2(xdx + ydy)$$

O trabalho realizado, até uma posição genérica, pela força de arrastamento, será então

$$\tau = \int^{P(x,y)} m\omega^2(xdx + ydy) = \left(\frac{m\omega^2}{2}\right)\left(x^2 + y^2\right).$$

Decorrem a energia potencial de arrastamento

$$V_{arr} = -\left(\frac{m\omega^2}{2}\right)\left(x^2 + y^2\right.$$

e a energia potencial total

$$V = \left(\frac{1}{2}\right)\left[k_1x^2 + k_2y^2 - m\omega^2\left(x^2 + y^2\right)\right].$$

Por outro lado a aceleração de Coriolis é

$$\mathbf{a}_c = 2\omega \wedge v_r,$$

decorrendo a força de Coriolis que designaremos por:

$$\mathbf{F}_C = -2m\omega \wedge \mathbf{v}_r = -2m\omega \wedge \left(\dot{x}\mathbf{i} + \dot{y}\mathbf{j}\right) = 2m\omega\left(\dot{y}\mathbf{i} - \dot{x}\mathbf{j}\right).$$

A força generalizada correspondente à força de Coriolis será

$$\mathbf{Q}_c^t = \mathbf{F}_c \cdot \frac{\partial P}{\partial \mathbf{q}},$$

decorrendo

$$Q_{c,x} \equiv \mathbf{F}_c \cdot \mathbf{i} = 2m\omega\dot{y}, \quad \text{e}$$
$$Q_{c,y} \equiv F_c \cdot \mathbf{j} = -2m\omega\dot{x}$$

Sendo

$$\frac{\partial T}{\partial x} = 0, \quad \frac{\partial T}{\partial \dot{x}} = m\dot{x} \quad \text{e} \quad \frac{\partial V}{\partial x} = \left(k_1 - m\omega^2\right)x,$$

a equação de Lagrange relativa à variável x é:

$$m\ddot{x} = -\left(k_1 - m\omega^2\right)x + 2m\omega\dot{y}$$

Sendo

$$\frac{\partial T}{\partial y} = 0, \quad \frac{\partial T}{\partial \dot{y}} = m\dot{y}, \quad \frac{\partial V}{\partial y} = \left(k_2 - m\omega^2\right)y,$$

decorre a equação de Lagrange relativa à variável y:

$$m\ddot{y} = -\left(k_2 - m\omega^2\right)y - 2m\omega\dot{x}$$

2) Para obter pontos de equilíbrio, igualam-se a zero as derivadas primeiras da energia potencial

$$V_x = (k_1 - m\omega^2)x = 0 \Rightarrow x = 0 \text{ ou } (k_1 - m\omega^2) = 0,$$

para x qualquer.

$$V_y = (k_2 - m\omega^2)y = 0 \Rightarrow y = 0 \text{ ou } (k_2 - m\omega^2) = 0,$$

para y qualquer.

O único ponto isolado que é solução desse sistema é

$$x = y = 0, \text{ para } k_1 \neq m\omega^2 \text{ e } k_2 \neq m\omega^2.$$

Além disso $V_{xx} = k_1 - m\omega^2$, $V_{yy} = k_2 - m\omega^2$, $V_{xy} = 0$.

A matriz C das derivadas segundas é

$$C = \begin{pmatrix} k_1 - m\omega^2 & 0 \\ 0 & k_2 - m\omega^2 \end{pmatrix}$$

$\det C = (k_1 - m\omega^2)(k_2 - m\omega^2)$, portanto, se

$$k_1 < m\omega^2 < k_2 \Rightarrow \det C < 0$$

$\Rightarrow$ A origem, $x = y = 0$ é instável; se

$$m\omega^2 < k_1 < k_2 \Rightarrow \det C > 0,\ V_{xx} > 0$$

$\Rightarrow$ A origem é estável; se

$$k_1 < k_2 < m\omega^2 \Rightarrow \det C > 0,\ V_{xx} < 0$$

$\Rightarrow$ A origem é instável.

15.12 – Estabilidade com dois graus de liberdade – II

Um ponto material P, de massa m, pode mover-se no plano Oxy. P sofre o efeito de 4 molas idênticas, de constante elástica k, presas aos 4 pontos: $P_1(a, 0)$, $P_2(0, a)$, $P_3(-a, 0)$ e $P_4(0, -a)$. As molas têm comprimento natural L.

Verificar que $x = y = 0$ é ponto de equilíbrio e discutir sua estabilidade.

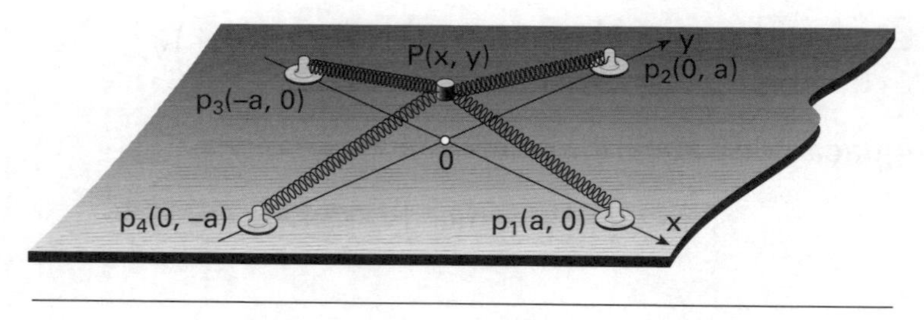

Figura 15.17

☐ Solução:

A energia potencial do sistema é

$$V = (k/2)\Sigma\,(r_i - L)^2,$$

onde $r_i = |P - P_i|$, e a somatória (no decorrer de todo este exercício) se refere ao índice i variando de 1 a 4.

A distância r_i é função das variáveis x e y, sendo dada por

$$r_i^2 = (x - x_i)^2 + (y - y_i)^2. \tag{1}$$

Sejam r_{ix} e r_{iy} as derivadas parciais de r_i

Derivando (1), membro a membro, em relação a x e a y obtém-se:

$$r_{ix} = \frac{(x - x_i)}{r_i} \quad e \quad \frac{(y - y_i)}{r_i}.$$

Decorrem para derivadas parciais de V:

$$V_x = k\Sigma(r_i - L)r_{ix} \quad e \quad V_y = k\Sigma(r_i - L)r_{iy}$$

ou

$$V_x = k\Sigma(r_i - L)\frac{(x - x_i)}{r_i} \quad e \quad V_y = k\Sigma(r_i - L)\frac{(y - y_i)}{r_i}.$$

Derivando mais uma vez obtém-se

$$V_{xx} = k\Sigma\left(\frac{1}{r_i^2}\right)\left[r_i(r_i - L) + \left(\frac{L}{r_i}\right)(x - x_i)^2\right], \quad e$$

$$V_{yy} = k\Sigma\left(\frac{1}{r_i^2}\right)\left[r_i(r_i - L) + \left(\frac{L}{r_i}\right)(y - y_i)^2\right].$$

No ponto (0,0) todos os r_i são iguais a a, decorrendo

$$(V_x)_o = k\Sigma(a - L)\frac{(x - x_i)}{a} = k\frac{(a - L)}{a}(-a + 0 + a + 0) = 0$$

e

$$(V_y)_o = k\Sigma(a - L)\frac{(y - y_i)}{a} = k\frac{(a - L)}{a}(0 + a + 0 - a) = 0$$

Confirma-se que a origem é ponto de equilíbrio, o que, aliás, é imediato pelo equilíbrio das forças das 4 molas.

Na origem a derivada segunda, em relação a x, vale

$$(V_{xx})_o = \frac{k}{a}(2a - L)$$

que é o mesmo valor, na origem, da derivada $_{yy}$.

As derivadas segundas mistas, sendo nulas, conclui-se: estabilidade para $L < 2a$ e instabilidade para $L > 2a$.

15.13 — Regulador centrífugo

O sistema está representado num plano vertical (regulador centrífugo esquematizado); todo o conjunto gira, com velocidade angular constante ω em torno da vertical fixa OC.

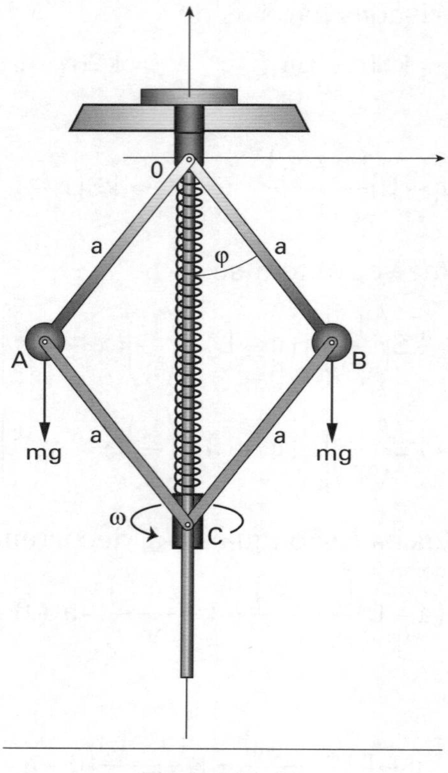

Figura 15.18

Achar o ângulo φ que as barras formam com a vertical, na posição de equilíbrio relativo do sistema definida por $\varphi = \varphi_E$, $(0 < \varphi_E \pi/2)$.

As esferas têm peso mg. A mola tem constante elástica K e comprimento natural L = 2a.

Desprezam-se os pesos das barras e da mola e admite-se que $g < \omega^2 a$.

Verificar a estabilidade da posição de equilíbrio obtida.

☐ Solução:

A energia potencial total é

$$V = V_{peso} + V_{mola} + V_{arr},$$

onde

$$V_{peso} = 2mgy,$$

é a energia potencial devida ao peso das esferas;

$$V_{mola} = (K/2)(r - L)^2$$

a energia potencial elástica, cfr.(9.3.3), e

$$V_{arr} = - mr^2$$

a energia potencial devida à força centrífuga.

Então

$$V = 2mgy + \left(\frac{k}{2}\right)(r - L)^2 - m\omega^2 r^2.$$

Exprimindo as variáveis em função do ângulo φ:

$$V(\varphi) = -2mga\cos\varphi + \left(\frac{K}{2}\right)\left(2a\cos\varphi - 2a\right)^2 - m\omega^2 a^2 \operatorname{sen}^2\varphi$$

Derivando em relação ao tempo

$$V' = 2mga\operatorname{sen}\varphi + 4Ka^2(\cos\varphi - 1)(-\operatorname{sen}\varphi) - 2m\,\omega^2 a^2 \operatorname{sen}\varphi\cos\varphi =$$

$$= 2a\left[mg + 2Ka(1 - \cos\varphi) - m\,a\cos\varphi\right]\operatorname{sen}\varphi$$

Impondo a condição $V' = 0$ para obter a posição de equilíbrio relativo (e descartando a solução $\operatorname{sen}\varphi = 0$), decorre

$$mg = 2Ka\,(\cos\varphi_E - 1) + m\,\omega^2 a\cos\varphi_E,$$

ou

$$\cos\varphi_E = \frac{\left(2Ka + mg\right)}{\left(2Ka + ma\omega^2\right)}$$

Para investigar a estabilidade dessa solução de equilíbrio, vamos observar que

$$(V'/2a) = mg\operatorname{sen}\varphi + 2Ka(1 - \cos\varphi)\operatorname{sen}\varphi - (m/2)\omega^2 a\operatorname{sen}2\varphi$$

Derivando

$$\left(\frac{V''}{2a}\right) = \left(mg + 2Ka\right)\cos\varphi - \left(2Ka + m\omega^2 a\right)\cos 2\varphi.$$

Substituindo o valor de $\cos\varphi_E$, na posição de equilíbrio, decorre, depois de algumas simplificações

$$\left(\frac{V''}{2a}\right) = \frac{\left[(2Ka + ma)^2 - 2(2Ka + mg)^2\right]}{\left(2Ka + m\omega^2 a\right)} > 0.$$

Sendo, na posição de equilíbrio, $V'' > 0$ (pois $g < \omega^2 a$), conclui-se a estabilidade dessa posição.

Obs.: O exercício acima foi inspirado num problema proposto em MESHERSKI, I., *Problemas de Mecânica Teórica,* Moscou, Editorial Mir, 1974.

De fato o funcionamento e a estabilidade do regulador centrífugo envolvem outros aspectos que não são abordados aqui.

Bibliografia

[1] ALBANESE, B. & MATSUMURA, A. Z., *Mecânica,* São Paulo, Escola de Engenharia Mauá, 1966.

[2] APPELL, P., *Traité de Mécanique Rationelle,* Paris, Gauthier-Villars, 1926.

[3] ARNOLD,V.,*Méthodes Mathématiques de la Mécanique Classique,* Moscou, Éditions Mir, 1976.

[4] BARGER, V. & OLSSON, M.,*Classical Mechanics,* N, York, McGraw-Hill, 1973.

[5] BARUH, H., *Analytical Dynamics,* N. York, Mc Graw-Hill, 1999.

[6] BÉGHIN, H., *Cours de Mécanique Théorique et Appliquée,* Paris, Gauthier-Villars, 1952.

[7] BREVES FILHO, J. A., *Mecânica Analítica,* (notas de aula - Curso de Pós -Graduação), São Paulo, EPUSP, 1962.

[8] BREVES FILHO, J. A., *Mecânica Racional,* São Paulo, Escola Politécnica da USP, 1956.

[9] CABANNES, H., *Cours de Mécanique Générale,* Paris, Dounod, 1962.

[10 CHETAEV, N. G., *Theoretical Mechanics,* Moscou, Mir Publishers, 1989.

[11] DESLOGE, E. A., *Classical Mechanics,* Malabar FA, Robert E. Krieger Publ. Co., 1989.

[12] GANTMACHER, F., *Lectures in Analytical Dynamics,* Moscou, Mir Publishers, 1970.

[13] GIACAGLIA, G. E. O., *Mecânica Analítica,* Rio de Janeiro, Almeida Neves-Editores, 1978.

[14] GIACAGLIA, G. E. O., *Mecânica Geral,* Rio de Janeiro, Editora Campus, 1982.

[15] GINSBERG, J. H., *Advanced Engineering Dynamics,* Cambridge, Cam-

bridge University Press, 1999.

[16] GOLDSTEIN, H., *Classical Mechanics*, Reading MA, Addison-Wesley (2. ed.), 1980.

[17] GREENWOOD, D. T., *Principles of Dynamics*, Englewood Cliffs NJ, Prentice-Hall, 1965.

[18] GUIDORIZZI, H. L., *Um Curso de Cálculo*, Rio de Janeiro, LTC-Livros Técnicos e Científicos Editora, v. I, (4. Ed.), 2000.

[19] JANSSENS, P., *Cours de Mécanique Rationelle*, Paris, Dunod, 1968.

[20] JOSÉ, J. V. & SALETAN, E. J., *Classical Dynamics*, Cambridge, Cambridge University Press,1998.

[21] KILMISTER, C. W. & REEVE, J. E., *Rational Mechanics*, London, Longmans, 1966.

[22] LEVI-CIVITA, T. & AMALDI, U., *Lezioni di Meccanica Razionale*, Bologna, N.Zanichelli, 1922.

[23] LIMA, E. L., *Curso de Análise*, (v.2), Rio de Janeiro, Instituto de Matemática Pura e Aplicada, 1981.

[24] LUR'E, L., *Mécanique Analytique*, Paris, Masson, 1968.

[25] MACH. E., *The Science of Mechanics*, La Salle IL., Open Court Publ. Co., 1942.

[26] MARION, J. B.,*Classical Dynamics of Particles and Systems*, N. York, Academic Press,1965.

[27] MEIROVITCH, L. *Introduction of Dynamics and Control*, N. York, John Wiley & Sons, 1985

[28] MEIROVITCH, L., *Methods of Analytical Dynamics*, New York, McGraw-Hill, 1970.

[29] MERIAM, J. L. & KRAIGE, L. G., *Engineering Mechanics*, N. York, John Wiley & Sons, 1998.

[30] MESHERSKI, I., *Problemas de Mecanica Teorica*, Moscou, Editorial Mir, 1974.

[31] MOON, F. C., *Applied Dynamics*, N. York, John Wiley & Sons,1998.

[32] MOREAU, J. J., *Mécanique Classique*, Paris, Masson, 1968.

[33] PÉRÈS, J., *Mécanique Générale*, Paris, Masson, 1953.

[34] ROUTH, E. J.,*Treatise on the Dynamics of a System of Rigid Bodies*, N. York, Dover, 1955.

[35] ROY, M., *Mécanique*, Paris, Dunod, 1965.

[36] SKINNER, R., *Mechanics,* Waltham MA, Blaisdell Publ. Co., 1969.

[37] SOMMERFELD, A., *Mechanics,* N. York, Academic Press, 1952.

[38] SYNGE, J. L. & GRIFFITH, B. A., *Principles of Mechanics,* N. York, Mc Graw-Hill,1959.

[39] TIMOSHENKO, S. & YOUNG, D. H., Advanced Dynamics, N. York, Mc Graw-Hill, 1948.

Índice de nomes

Índice alfabético

GRÁFICA PAYM
Tel. [11] 4392-3344
paym@graficapaym.com.br